사출기술
이론과 실제

이성출 저

기전연구사

Introduce | 머리말

　무릇 기술은 이론만 가지고는 안 되며, 실무가 뒷받침되어야 제대로 된 기술로 자리매김 할 수 있습니다. 그런 의미에서 이론과 실무는 수레의 앞바퀴와 뒷바퀴와 같은 것입니다.

　현장기술 체험서인 <플라스틱 사출 성형조건 CONTROL 법>을 저술하고 나서 독자들로부터 많은 호응을 받은 바 있습니다. 성원에 힘입어 알 권리를 좀 더 충족시켜줘야겠다는 생각이 들어 본 서 집필에 이르렀습니다.

　본 서 전반부는 플라스틱 재료, 사출금형, 사출성형기 및 주변기기에 대해 기술하였고, 후반부는 사출조건 제어 구조에 대한 해설과 더불어 현장에서 부딪칠 수 있는 다양한 유형의 트러블에 대해 기술하였습니다.

　사출기술은 철저한 조작기술(操作技術, control technology)입니다. 조작의 90%는 사출성형기가 차지하며, 조작 중에서도 가장 으뜸 되는 조작은 사출조건 조작(Injection condition control)입니다. 본 서는 이러한 점에 착안하여 사출조건 제어 메커니즘(Injection condition control mechanism)에 대해 집중적으로 해설하였습니다.

　본 서는 사출업계에 종사하는 실무자를 비롯, 유관업계 종사자를 두루 망라한 종합 필독서로서의 역할을 할 수 있도록 구성하였습니다. 모쪼록 본 서를 통해 미력이나마 업계의 발전에 보탬이 될 수 있기를 진심으로 바라며, 본 서 집필에 협조를 아끼지 않으신 기전연구사 나영찬 사장님을 위시해서 임직원 여러분들께 심심한 사의를 표합니다.

2013년 6월
저 자

Contents | 차 례

Chapter 1 플라스틱 ■ 9

1. 개론(概論) ·· 11
   - 1.1 유래 / 12
   - 1.2 역사 / 12
2. 플라스틱과 고분자(高分子) ·· 14
3. 플라스틱 제조 ·· 18
4. 플라스틱 분류 ·· 22
   - 4.1 열경화성 플라스틱(thermo setting plastic) / 22
   - 4.2 열가소성 플라스틱(thermo plastic) / 27
   - 4.3 결정성 플라스틱과 비결정성 플라스틱 / 33
5. 플라스틱의 유동 ··· 35
   - 5.1 분자 길이에 따른 유동 특성 / 35
   - 5.2 분자배향 / 36

■ 연습문제 ·· 38

Chapter 2 사출금형 ■ 41

1. 개요 ·· 43
2. 사출금형의 종류 ··· 44
   - 2.1 2단 금형 / 44

2.2　3단 금형 / 44
　　　2.3　특수 금형 / 44

3. 유로(流路) ·· 48
4. 게이트의 종류 ·· 50
■ 연습문제 ·· 56

Chapter 3　사출성형기 ■ 57

1. 개요 ·· 59
2. 사출성형기의 분류 ·· 60
　　　2.1　구동방식에 따른 분류 / 60
　　　2.2　형체방식에 따른 분류 / 60
　　　2.3　사출방식에 따른 분류 / 61
3. 형체부와 사출부 ·· 63
　　　3.1　형체부 / 64
　　　3.2　사출부 / 64
■ 연습문제 ·· 70

Chapter 4　주변기기 ■ 71

1. 개요 ·· 73
2. 각종 주변기기 ·· 73
■ 연습문제 ·· 77

Chapter 5 가공기술 ■ 79

1. 플라스틱의 가공 ·· 81
2. 다양한 가공기술 ··· 81
■ 연습문제 ·· 85

Chapter 6 사출성형기술 ■ 87

1. 개요 ··· 89
2. 성형조건 제어 ·· 91
    2.1 조건 구성요소 / 95
        2.1.1 주 조건 / 95
        2.1.2 보조조건 / 222
3. 초기조건 컨트롤 ··· 233
4. 방향의 원리 ·· 237
■ 연습문제 ·· 240

Chapter 7 트러블과 대책 ■ 261

1. 서론 ··· 263
2. 트러블과 대책 ·· 264
    2.1 미성형(short shot) / 264
    2.2 플래시(flash) / 275
    2.3 수축(收縮, sink mark) / 282
    2.4 곰보 / 297
    2.5 플로 마크(flow mark) / 302
    2.6 제팅(jetting) / 306
    2.7 웰드라인(weld line) / 314

2.8 태움(burn, 탄화) / 316
2.9 치수 및 중량 불균일 / 319
2.10 긁힘 / 323
2.11 크랙/크레이징(crack/crazing) / 325
2.12 백화(白化, white mark) / 328
2.13 박힘 / 331
2.14 변형(strain) / 332
2.15 기포(void) / 336
2.16 실버 스트리크(silver streak, 은줄) / 341
2.17 블랙 스트리크(black streak, 흑줄) / 342
2.18 흑점 / 343
2.19 뺀질이 / 345
2.20 실 끌림 / 346
2.21 광택 불량 / 347
2.22 색상 변화 / 348
2.23 색의 얼룩 / 349
2.24 가스 얼룩 / 349
2.25 박리(delamination) / 350
2.26 몰드 마크(mold mark, 금형 상처) / 352
2.27 금형 이상 소음 / 352
2.28 FRP(fiber reinforced plastics) 성형 시 트러블과 대책 / 352

Chapter 8 부　　록 ■ 357

1. 성형 사이클 단축방안 ·· 359
2. 과열 수지 배출작업 ··· 360
3. 퍼지(purge) ·· 361
4. 분쇄요령 ··· 362

01 플라스틱

1. 개론(概論)
2. 플라스틱과 고분자(高分子)
3. 플라스틱 제조
4. 플라스틱 분류
5. 플라스틱의 유동

플라스틱

1. 개론(概論)

수려한 외관에 가볍고 녹이 슬지 않으며 다양한 컬러와 모양을 낼 수 있는 플라스틱은 우수한 가공성을 바탕으로 생활용품을 비롯, 일상생활에 쓰이지 않는 곳이 없을 정도로 광범위하게 퍼져 있다.

플라스틱의 성질

① 가볍고 녹이 슬지 않는다. ② 완충성이 크다.
③ 자기 윤활성이 풍부하다. ④ 가공이 용이하고 다양한 컬러(color)를 낼 수 있다.
⑤ 재질 개량이 가능하다. ⑥ 열팽창계수가 높아 치수가 불안정하다.
⑦ 기계적 강도가 낮다. ⑧ 내구성이 낮다.

각종 플라스틱 성형품

1.1 유래

플라스틱(plastic)은 그리스어인 플라세인(plassein, "형태를 만든다")에서 유래되었으며, 이후 "거푸집에 부어 만들 수 있는"이라는 뜻의 플라스티코스(plastikos)로 불리어지다가 라틴어인 플라스티커스(plasticus)로 한 차례 변형을 거치면서 오늘날 플라스틱(plastic)으로 자리매김하였다. 플라스틱(plastic)의 의미는, "마음대로 모양을 만들 수 있는"이란 뜻이다.

1.2 역사

인류 최초의 플라스틱은 자연계에 존재하는 천연수지를 주성분으로 한 셀룰로이드(celluloid)로서, 1869년 미국의 J.W. 하이야트란 사람에 의해 발명되었다.

⇨ 당구공 재료로 쓰이는 상아의 품귀 현상으로 대체 물질을 찾던 것이 계기가 된 셀룰로이드(celluloid)는 천연수지인 니트로셀룰로오스와 장뇌를 섞어 만든 매우 단단한 물질이다.

- ■ 수지(樹脂, resin)
  수목(樹木)에서 나오는 진(津)을 수지(樹脂)라고 하며, 진(津)은 침엽수 껍질에 상처를 내면 분비되는데 송진이 좋은 예다. 플라스틱을 수지(樹脂)라 부르는 것은, 수목(樹木)에서 나오는 진(津, 송진)이 석탄산인 페놀(phenol)과 물리적 성질이 비슷하다 하여 동일시하게 된 것이다. 수지(樹脂)는 천연수지와 인공수지로 나뉘는데, 플라스틱은 인공수지(합성수지(合成樹脂)라고 한다)이다.
- ■ 페놀(phenol)
  석탄산(石炭酸)이라고도 하며, 포름알데히드(formaldehyde)와 반응시키면 절연성이 뛰어난 페놀 수지(열경화성 수지의 일종)가 만들어진다. 페놀 수지는 인류가 만든 최초의 합성수지로서, 1909년 베이클라이트(bakelite)라는 이름으로 상품화되었다(베이클라이트(bakelite)는 페놀 수지의 일반명).

베이클라이트(bakelite)의 실용화를 계기로 요소 수지(urea resin, 1921년), 멜라민 수지(melamine resin, 1939년) 등 열경화성 수지가 속속 개발되는 한편, 최초의 열가소성 수지인 메타크릴(metacrylate, 1934년)이 개발된다.

■ 열경화성과 열가소성

열을 가해 녹인 뒤 굳히면 매우 단단해져서 재차 열을 가해도 녹지 않는 성질을 열경화성(熱硬化性)이라 하고, 열을 가할수록 연화되어 자유자재로 변형이 가능한 성질을 열가소성(熱可塑性)이라 한다. 플라스틱은 크게 열경화성과 열가소성, 두 부류로 분류된다.

■ 메타크릴(methacrylate)

폴리 메틸 메타크릴레이트(poly methyl methacrylate, 약칭 PMMA)로 불리는 수지로서, 열가소성 수지의 시초가 되는 수지이다.

뒤이어, 폴리염화비닐(polyvinyl chloride, 약칭 PVC) · 폴리스티렌(polystyrene, 약칭 PS) · 폴리프로필렌(polypropylene, 약칭 PP) · 폴리에틸렌(polyethylene, 약칭 PE) 등 열가소성 플라스틱이 속속 개발되는데, 이들은 전체 생산량의 60% 이상을 점유할 정도로 널리 이용되는 플라스틱이다.

⇨ 이 같은 플라스틱을 범용 플라스틱이라 부른다. 범용 플라스틱은 성형성이 우수하고 까다롭지를 않아 널리 이용되는 플라스틱이다.

1938년 나일론(nylon)으로 명명되는 폴리아미드(polyamide, 약칭 PA)를 필두로, 폴리카보네이트(polycarbonate, 약칭 PC) · 폴리아세탈(polyacetal, 약칭 POM) 등 고성능 플라스틱이 줄줄이 개발됨으로써 명실상부한 금속대체용 재료로 자리잡기 시작한다.

⇨ 기계부품에 들어가는 고성능 플라스틱을 엔지니어링 플라스틱(engineering plastic, 약칭 ENPLA 또는 EP)이라 부른다. 열가소성 플라스틱은 범용 플라스틱과 엔지니어링 플라스틱 및 특수 엔지니어링 플라스틱(super engineering plastic, super EP)으로 분류된다.

플라스틱 제조공법의 비약적인 발달로, 합성고무를 플라스틱 속에 집어넣어 만든 ABS(acrylonitrile · butadiene · styrene)와 합성섬유를 플라스틱 속에 집어넣어 만든 섬유강화 플라스틱(fiber reinforced plastic, 약칭 FRP) 등은 플라스틱의 용도를 획기적으로 변화시킨 쾌거로 평가된다.

⇨ 섬유강화 플라스틱(fiber reinforced plastic, 약칭 FRP)을 간략히 강화 플라스틱이라고 하며, 주로 열경화성 플라스틱에 합성섬유를 집어넣어 만들었으나 플라스틱 제조공법의 발달로 열가소성 플라스틱에도 적용이 가능하게 되었다. 열가소성 플라스틱에 합성섬유를 집어넣은 것을 특별히 FRTP(fiber reinforced thermo plastics)라 부른다.

오늘날은 폴리머 얼로이(polymer alloy)라고 하는 제조방식에 의해 새로운 플라스틱이 속속 출시되고 있다.

⇨ 플라스틱은 중합(重合)과 공중합(共重合) 및 폴리머 블랜드(polymer bland), 폴리머 얼로이(polymer alloy)에 의해 다양한 형태로 제조된다.

2. 플라스틱과 고분자(高分子)

플라스틱은 고분자 화합물(高分子 化合物)이다. 고분자 화합물은 많은 수의 분자(分子)들로 구성되어 있다.

⇨ 물질의 기본단위는 분자다. 고로, 어떤 물질이든 한 개의 분자로부터 출발할 수밖에 없으며 분자 수가 많으면 고분자(高分子), 적으면 저분자(低分子)로 명명된다. 플라스틱은 10,000개 이상의 분자들로 구성된 고분자 화합물(高分子 化合物)이다.

Note

분자량 1,000 이하를 저분자, 1,000~10,000까지 중간분자, 10,000 이상을 고분자라 칭한다. 고분자 화합물은 기계적 강도를 위시해서 물리적, 화학적 성질을 가지는 등 저분자 화합물에서는 볼 수 없는 다양한 물성(物性)을 지니고 있다.

고분자 화합물로 이루어진 고분자 물질(物質)은 천연상태로 존재하기도 하고, 인공적으로 합성(合成)해서 만들기도 한다.

⇨ 천연상태로 존재하는 고분자 화합물(천연 고분자 화합물)에는 천연산 운모와 마·양모·면 등이 있으며, 인공적으로 합성해서 만든 고분자 화합물(인공 고분자 화합물 또는 합성 고분자 화합물)에는 플라스틱(plastic)이 있다.

고분자 화합물은 다시, 유기 고분자 화합물(有機 高分子 化合物)과 무기 고분자 화합물(無機 高分子 化合物)로 나뉜다.

⇨ 고분자 화합물은 탄소(카본(carbon), 원소기호 'c'로 표기)를 포함하고 있느냐 포함하고 있지 않느냐에 따라 유기(有氣)와 무기(無氣)로 나뉜다. 유기 고분자 화합물(有氣 高分子 化合物)은 구성 분자 내에 탄소를 포함하고 있으며, 탄소 이외의 원소로 구성된 고분자 화합물은 모두 무기 고분자 화합물(無氣 高分子 化合物)이다.

플라스틱은 유기 고분자 화합물로서, 중합(重合)이라고 하는 방식에 의해 합성해서 만든다.

⇨ 중합(重合)이란 다수의 분자를 결합시켜 분자량이 큰 화합물을 만드는 것을 말한다. 중합방식으로는 축합중합 · 부가중합 · 개환중합 · 부가축합 · 중부가 반응 등 몇 가지 방식이 있는데, 이 중 축합중합(縮合重合)과 부가중합(附加重合)이 대표적인 고분자 합성법으로 이용된다.

■ 축합중합(縮合重合)

산(酸)과 알코올(alcohol)을 반응시키면 물이 생성되어 나오는데, 생성된 물을 반응계 밖으로 방출시키면서 연속적으로 반응을 되풀이하면 다수의 에스테르(ester) 기(氣)를 가진 폴리에스테르(polyester)가 만들어진다. 이와 같이 물(또는 암모니아, 탄산가스 등)을 분리해내면서 중합하는 방식을 축합중합(縮合重合) 또는 중축합(重縮合)이라고 한다.

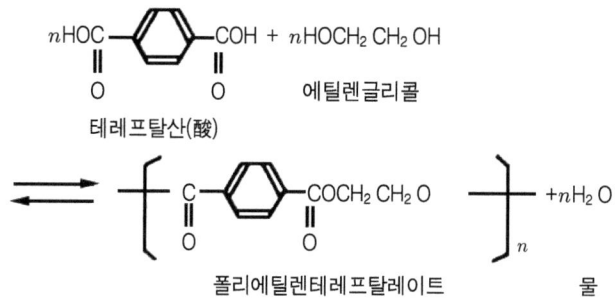

그림 1.1 **축합중합**

■ 부가중합(附加重合)

중합반응을 함에 있어 별다른 부산물의 생성 없이 부가(附加)만을 되풀이하며 고분자 화합물을 생성하는 방식이다. 폴리스티렌(polystyrene)은 스티렌(styrene)을 부가중합(附加重合)시켜 만든다. 부가중합의 핵심은 전기적 성질에 좌우되는데, 전기적으로 중성이냐 이온성이냐에 따라 라디칼 중합과 이온중합으로 나뉜다.

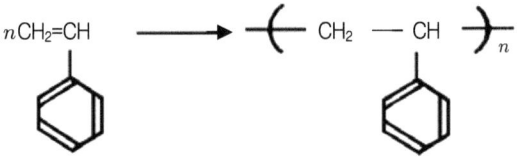

그림 1.2 부가중합

중합에 의해 생성된 화합물을 중합체(重合體)라 하고, 중합의 최초 단위가 되는 저분자의 화합물을 단량체(單量體)라 한다.

> ⇨ 중합체를 폴리머(polymer)라고 하는데, 폴리(poly-)는 다수(多數)란 뜻이고 머(-mer)는 물질(物質)이란 뜻으로서 합치면 다수의 물질인 중합체(重合體, polymer)가 된다. 단량체(單量體)는 그리스어로 모노머(monomer)라고 하며, 모노(mono-)는 하나란 뜻이고 머(-mer)는 물질이란 뜻으로서 합치면 하나의 물질인 단량체(單量體, monomer)가 된다.

Note

고분자 화합물을 얻기 위해서는 저분자인 모노머부터 만들어야 하며, 모노머를 다수 결합시키면 플라스틱이라고 하는 고분자 화합물이 만들어진다. 폴리프로필렌(poly-propylene)을 예로 들면, 다수(多數)의 프로필렌 모노머(propylene monomer)를 가진 중합체란 해석이 가능하여 폴리머(polymer)로 명명되는 것이다.

■ 다이머(dimer)와 트리머(trimer)

모노머 두 개가 모여 새로운 분자를 만들면 다이머(dimer), 모노머 세 개가 모여 새로운 분자를 만들면 트리머(trimer)로 명명된다. 여기서 폴리머가 되는 것은 모노머를 제외한 다이머(dimer), 트리머(trimer)이나 통상적인 폴리머의 개념은 분자량이 10,000 이상인 고분자 화합물을 말하는 것임에 유의한다.

■ 플라스틱(plastic)과 폴리머(polymer)

플라스틱은 분자량이 10,000 이상인 고분자 화합물을 말하는 것이고, 폴리머 또한 분자량이 10,000 이상인 고분자 화합물을 말하는 것인바 결과적으로 같은 뜻을 가진 동의어(同意語)이다.

저분자의 단량체가 중합체로 되기 위해 반복적으로 결합하는 수를 '반복수'라고 한다.

⇨ 고분자 화합물은 많은 수의 저분자가 손을 뻗어 서로 연결된 상태이므로 각각의 저분자가 연결되기 위해서는 단위분자가 되는 한 개의 저분자에 두 개 이상의 손('관능기'라고 한다)이 나와 있어야 한다. 손이 하나밖에 없으면 연속적인 결합이 불가능하기 때문이다.

중합도(重合度)란 말도 있는데, 이는 중합체를 구성하고 있는 단량체가 몇 개인가를 나타내는 말이다.

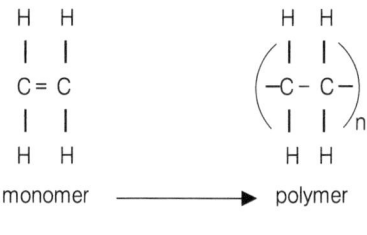

그림 1.3 중합도(n은 중합도)

⇨ 플라스틱은 고 중합도 그레이드와 저 중합도 그레이드로 나뉘는데 분자량이 많으면 고 중합도, 적으면 저 중합도라 부른다. 중합도의 차이는 성형가공 시 가공특성과 완제품 물성(物性)에 지대한 영향을 미친다. 저 중합도 수지는 유동성이 우수하여 가공이 용이한 반면, 고 중합도 수지는 유동이 불량하여 고온성형이 불가피한 측면이 있다. 그러나 고 중합도 수지는 저 중합도 수지에 비해 성형품으로 되었을 때의 강도는 우수하다. 고 중합도 수지는 가소제(可塑劑)를 첨가해서 가공하는 것이 일반적이다.

> **Note**
>
> **가소제(可塑劑)**
> 플라스틱에 들어가는 배합제(配合劑)의 일종으로, 수지에 유동성을 주거나 유연성을 주기 위해 첨가하는 물질이다. 플라스틱은 자신이 가지고 있는 우수한 성질을 더욱 향상시키거나 부족한 성질을 보완할 목적으로 다양한 종류의 배합제를 첨가하게 되는데 대표적인 것으로는, 가소제·안정제·윤활제·산화방지제·자외선 흡수제·난연제·착색제·충전재·대전방지제 등이 있다.

3. 플라스틱 제조

플라스틱은 잘 알려진 바와 같이 석유화학 제품이다. 석유(石油)는 탄소와 수소의 혼합('탄화수소'라 한다)으로 이루어진 광물성 기름으로, 원유(原油)는 정제하지 아니한 자연 그대로의 기름이다. 원유(原油)는 자연 상태로는 사용할 수 없고 상압증류(常壓蒸溜)라고 하는 특유의 정제방식에 의해 정제시켜 사용한다.

⇨ 상압증류(常壓蒸溜) : 비등점(끓는 점)의 차이를 이용해서 유출유와 찌꺼기 및 기름으로 분리하는 정제방식. 원유에는 다양한 성분이 함유되어 있으며 각각의 성분마다 비등점이 각기 다르다. 상압증류에 의해 유출되는 성분은 비등점 350℃까지의 성분이다.

상압증류에 의해 원유(原油)를 정제하면, 가솔린·나프타·등유·경유·중유·액화 석유가스(LPG) 등 다양한 물질을 얻을 수 있는데, 이 중 나프타(naphtha)라 불리는 물질이 플라스틱의 원료가 된다.

⇨ 나프타(naphtha) : 가솔린의 비등점 30℃~200℃에 해당되는 유분으로, 정제하면 가솔린이 되므로 조제 가솔린으로도 불린다. 나프타는 플라스틱의 기초 원료로도 이용되지만 내연 기관용 연료로도 이용된다.

나프타를 더욱 분해 정제하면 에틸렌(ethylene, 폴리에틸렌의 기초 원료)·프로필렌(propylene, 폴리프로필렌의 기초 원료)·부타디엔(butadiene, 합성고무의 기초 원료) 등 올레핀계(olefin 系) 탄화수소와 벤젠(benzene)·톨루엔(toluene)·크실렌(xylene) 등 방향족(芳香族) 탄화수소가 얻어지는데, 이들은 모두 플라스틱의 기초 원료가 된다. 이들을 다양한 형태로 결합시키면 합성 고분자 화합물인 많은 종류의 플라스틱이 만들어진다.

■ 올레핀계(olefin 系) 탄화수소

이중결합을 가진 탄소와 수소의 화합물을 올레핀계 탄화수소(olefin hydrocarbon)라 부른다. 에틸렌(ethylene)을 예로 들면, 분자식은 C_2H_4로서, 탄소 2개와 수소 4개로 이루어져 있다. 탄소끼리는 두 개의 선으로 연결되는데 이를 이중결합이라고 하며, 결과적으로 이중 결합을 갖고 있는 탄소와 수소의 화합물이 되는바 올레핀계 탄화수소이다. 이중결합을 풀고 각각의 에틸렌과 연속적으로 결합시키면 폴리에틸렌(polyethylene)이라고 하는 고분자 화합물이 만들어진다.

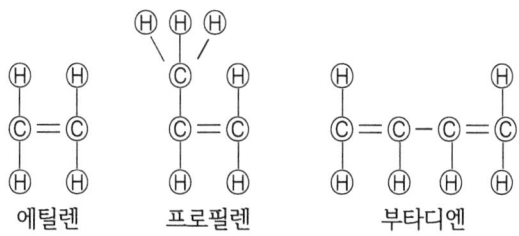

그림 1.4 올레핀계(olefin 系) 탄화수소

■ 방향족(芳香族) 탄화수소

'강한 냄새가 난다'는 뜻의 아로마틱 컴파운드(aromatic compound)를 한자어로 옮겨 쓴 것이며, 방향족 화합물의 대부분은 강한 냄새가 나는 것이 특징이다.

벤젠(benzene)·톨루엔(toluene)·크실렌(xylene)의 머리글자를 따서 BTX라고도 부른다. 방향족 탄화수소는 분자구조 내에 벤젠고리를 갖고 있으며, 비록 강한 냄새가 나는 수지라 하더라도 벤젠고리가 없으면 방향족 탄화수소라 하지 않는다는 사실에 주목한다.

Note

벤젠고리
벤젠 링(benzene ring) 또는 벤젠 핵(核)으로도 불리며, 분자구조가 거북이 등 모양과 같은 육각형 고리 모양을 하고 있고 6개의 탄소로 구성되어 있다.

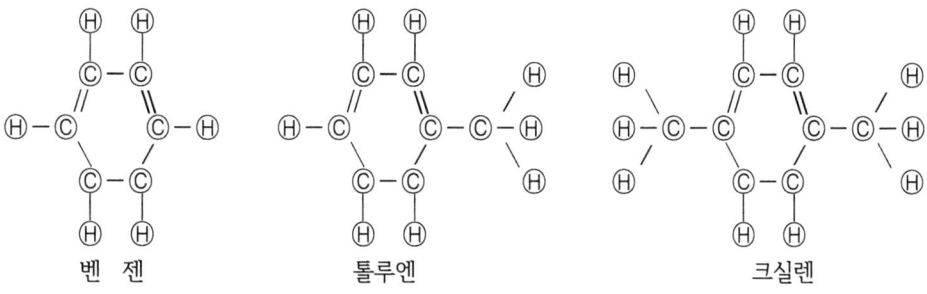

그림 1.5 방향족 탄화수소

모노머(monomer)를 중합시켜 폴리머를 얻는 방식에는 다음과 같은 것들이 있다. 즉, 단일 종류의 모노머만으로 중합시키는 방식과 두 종류 이상 서로 다른 모노머로 중합시키는 방식 등이 그것이다.

⇨ 고분자 화합물을 얻기 위해서는 많은 수의 모노머를 중합시켜야 한다. 단일 종류의 모노머, 다시 말해 똑같은 모노머 다수를 결합시켜 만든 폴리머를 호모 폴리머(homo polymer), 두 종류의 서로 다른 모노머 다수를 결합시켜 만든 폴리머를 코 폴리머(co-polymer), 세 종류의 서로 다른 모노머 다수를 결합시켜 만든 폴리머를 터 폴리머(ter-polymer)라 부른다.

> **Note**
>
> 호모 폴리머(homo-polymer)가 단순 중합(重合)에 의해 만들어지는데 반해, 코 폴리머(co-polymer)와 터 폴리머(ter-polymer)는 공중합(共重合)에 의해 만들어진다. 그래서 코 폴리머(co-polymer)를 2원공중합체, 터 폴리머(ter-polymer)를 3원공중합체로도 명명한다.

■ 중합(重合)에 의해 만들어지는 폴리머

폴리에틸렌 · 폴리프로필렌 · 폴리스티렌 · 폴리아세탈 · 폴리염화비닐 · 폴리아미드 · 폴리우레탄 · 폴리카보네이트 등은 비교적 잘 알려진 단일 종류의 플라스틱이다. 모노머가 한 종류만으로 이루어져 있으므로 호모 폴리머(homo-polymer)이다.

⇨ 폴리(poly)란 말이 한결같이 머리글자로 붙어 나옴에 주목한다. 폴리에틸렌의 경우, 수만에서 수 십만에 이르는 에틸렌 모노머(ethylene monomer)가 다수 중합된 폴리머(polymer)이다.

■ 공중합(共重合)에 의해 만들어지는 폴리머

성질이 다른 두 종류 이상의 서로 다른 모노머를 중합하는 방식으로서, AS(SAN) · MS · ABS 등의 수지가 좋은 예다. 두 종류의 서로 다른 모노머로 이루어져 있으면 코 폴리머(co-polymer), 세 종류의 서로 다른 모노머로 이루어져 있으면 터 폴리머(ter-polymer)이다.

⇨ AS는 아크릴로니트릴(acrylonitrile)과 스티렌(styrene)을 공중합(共重合)시켜 나온 수지이며, MS는 메타크릴산메틸((methacrylic methyl)과 스티렌(styrene)을 공중합(共重合)시켜 나온 수지이다. 보다시피 두 종류의 서로 다른 모노머로 이루어져 있으므로 코 폴리머(co-polymer)로 명명된다.

⇨ ABS는 아크릴로니트릴(acrylonitrile)의 머리글자 A, 부타디엔(butadiene)의 머리글자 B, 스티렌(styrene)의 머리글자 S의 합성어(合成語)이며, 공중합(共重合)에 의해 탄생된 대표적인 폴리머(polymer)이다. ABS는 세 종류의 서로 다른 모노머로 이루어져 있으므로 터 폴리머(ter-polymer)로 명명된다.

> **Note**
>
> ABS는 단순 중합에 의해 만들어지는 폴리아크릴로니트릴(poly-acrylonitrile)과 폴리부타디엔(poly-butadiene) 및 폴리스티렌(poly-styrene)으로부터 장점만 추출해서 ABS라고 하는 공중합체에 모아놓은 것이며, 그런 의미에서 ABS는 이 세 가지 수지가 지니고 있는 장점들을 두루 갖춘 수지라 할 수 있다.

■ 폴리머 블랜드(polymer bland)
중합 또는 공중합에 의해 생성된 각각의 플라스틱을 다시 혼합해서 제3의 플라스틱을 만드는 방식을 폴리머 블랜드(polymer bland)라고 한다.

⇨ polymer bland의 예
  PC/ABS(PC+ABS)
  PC/PBT(PC+PBT)
  염화비닐/ABS(염화비닐+ABS)
  PPO/PS(PPO+PS⇨변성 PPO)

■ 폴리머 얼로이(polymer alloy)
폴리머 블랜드와 공중합에 의해 탄생된 폴리머는 갈수록 개념적인 경계가 모호해져 폴리머 얼로이(polymer alloy)라고 하는 새로운 개념으로 접근하는 추세다.

⇨ 폴리머 얼로이(polymer alloy)는 폴리머 블랜드(polymer bland)와 공중합(共重合)을 두루 아우른 용어이다. 폴리머 얼로이(polymer alloy)에 의한 제조방식은 각각의 수지가 안고 있는 단점을 상대 수지로 하여금 보완하게 만들어 원하는 특성을 얻게 하였으므로 효용가치는 참으로 무한하다.

플라스틱의 종(種)은 30종이 넘으며 각각의 종을 혼합해서 새로이 개발된 것까지 합치면 수 십 종에 이른다.

4. 플라스틱 분류

플라스틱은 크게, 열경화성 플라스틱(thermo setting plastic)과 열가소성 플라스틱(thermo plastic) 두 그룹으로 나뉜다.

4.1 열경화성 플라스틱(thermo setting plastic)

열을 가하면 유동성으로 됨과 동시에 화학반응('경화반응'이라고 한다)을 일으켜 고분자로 되고, 가교결합(架橋結合, '다리걸침결합'이라고도 하며 분자끼리 서로 다리를 걸치고 있는 모양)이 일어나 3차원 입체구조를 가진 그물모양의 망상(網狀)의 분자구조로 되는 플라스틱이다.

⇨ 열경화성 플라스틱은 열을 가하기 전에는 저분자 상태지만 용융(溶融)시키면 고분자로 되고, 고분자로 되고 난 후에는 견고한 가교구조가 형성되어 재차 녹이는 것이 불가능하기 때문에 불융불용성(不融不溶性, 녹지도 흐르지도 않는 성질) 플라스틱으로 불린다.

1) 열경화성 플라스틱의 종류

열경화성 플라스틱의 종류로는, 페놀(phenol)·우레아(urea)·멜라민(melamine)·에폭시(epoxy)·푸란(furan)·폴리우레탄(polyurethane)·알키드(alkyd)·불포화폴리에스테르(unsaturated polyester)·디아릴프탈레이트(diarylphthalate, DAP)·규소(silicon) 수지 등이 있다.

(1) 페놀 포름알데히드(phenol formaldehyde, 약칭 PF)

열경화성 수지 중 사용빈도가 가장 많은 수지로서, 베이클라이트(bakelite)로 명명되는 인류 최초의 합성수지이다. 부가(附加)와 축합(縮合)의 조합으로 만들어지며, 반응을 빠르게 하기 위해 주원료인 페놀과 포름알데히드에다 산 또는 염기 등의 촉매제를 가해 가열·가압시켜 만든다.

산을 가해 생성시킨 생성물을 노볼락(novolak)이라 하고, 염기를 가해 생성시킨 생성물을 레졸(resor)이라고 한다. 노볼락(novolak)은 그 자체로서 평균 분자량이 700~1,000에 이르는 고형(固形)의 수지이나 이용가치가 없다보니까 헥사메틸렌테트라민(hexamethylenetetramine, 약칭 헥사민)이라고 하는 합성물을 투입, 가열 가압시켜 물성이 뛰어난 PF

수지를 만든다. 레졸(resor)은 평균분자량이 200~400 정도 되는 액상(液狀)의 수지이나 이 역시 그 자체로는 이용가치가 없다보니까 가열 가압에 의해 점진적으로 불융불용(不融不溶) 상태로 만들어 물성이 뛰어난 PF 수지를 얻는다. 그림 1.6은 PF 수지의 제법을 나타낸다.

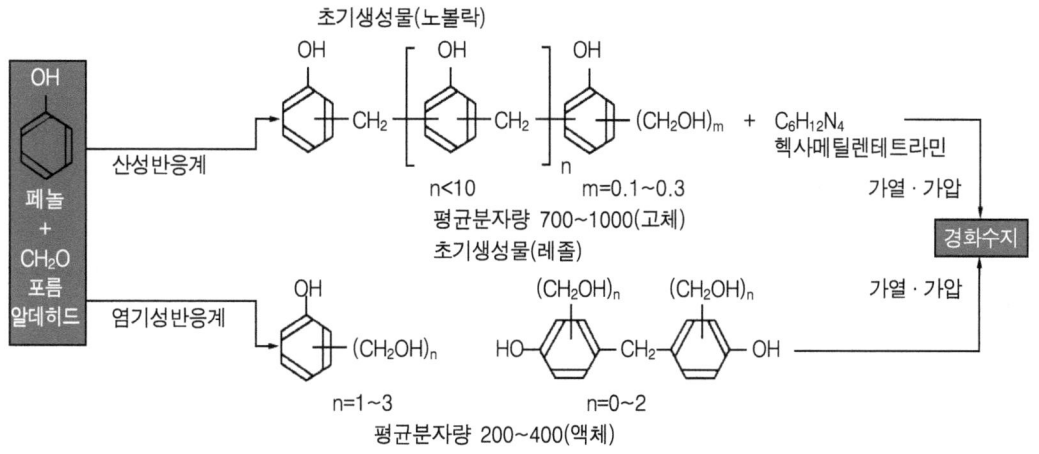

그림 1.6 PF 수지의 제법

PF 수지는 우수한 가공성과 전기절연성, 치수안정성, 내열성, 내산성, 내약품성, 내수성 등을 겸비하여 전기부품을 비롯, 자동차 핸들·카메라 케이스 등 다양한 용도에 이용된다. 기계적 강도를 보강하기 위해 유리와 석면 등 무기물 충전제를 배합하여 사용하고 있으나, 색상이 안정되지 않아 흑색과 갈색 위주로 사용하는 점은 단점이다.

(2) 우레아 포름알데히드(urea formaldehyde, 약칭 UF)

우레아(urea)는 요소를 말하는 것으로, 요소는 농업용 비료를 만드는 원료이다. 우레아와 포름알데히드를 축합시키면 우레아 포름알데히드(urea formaldehyde, 약칭 UF)라는 물질이 생성되어 나오는데, 이것이 요소 수지이다. 요소 수지(UF 수지)는 무색투명한 수지로서 성형성이 우수하고 값도 싸며 착색이 용이하여 화장품용기, 뚜껑, 단추, 식기, 도료, 목재접착제, 조명기구, 전기부품 등에 많이 이용된다.

(3) 멜라민 포름알데히드(melamine formaldehyde, 약칭 MF)

UF 수지와 비슷한 성질을 가진 수지로서 멜라민과 포르말린을 반응시켜 메티롤 멜라민을 생성시킨 뒤 축합시켜 만든다. 냄새와 맛이 없고 열에 잘 견디며 경도가 높고 내수성이 우수하다. 다양한 컬러를 낼 수 있으며 충격에 대한 저항력도 크다. 욕조, 안전모, 단추, 화장판, 식기, 전기부품, 종이, 섬유가공 등에 주로 이용된다.

(4) 에폭시(epoxy, 약칭 EP)

분자 하나에 두 개 이상의 에폭시 기(氣)가 들어있는 수지를 에폭시 수지라 한다. 대표적인 수지로는 비스페놀 A-에피클로로히드린 수지가 있으며 그 외, 에폭시 노볼락 수지·지환식 에폭시 수지·지방족 에폭시 수지·이절환형 에폭시 수지·글리시딜에스테르형 에폭시 수지·취소화 에폭시 수지 등이 있다. 비스페놀 A-에피클로로히드린 수지는 비스페놀 A와 에피클로로히드린을 축합시켜 만든다.

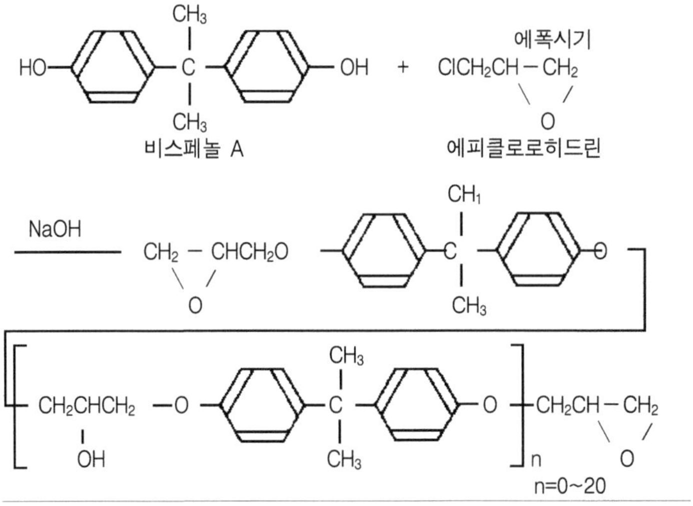

그림 1.7 비스페놀 A-에피클로로히드린 수지의 제법

이 수지는 금속과의 친화력이 뛰어나 금속을 접합하는 금속 접착제로 많이 쓰인다. 경화될 때 체적수축이 작아 높은 치수 안정성을 보이며, 기계적 성질과 전기적 성질이 뛰어난 것이 특징이다. 내약품성이 양호하고, 흡수성이 낮으며, 높은 강도를 가진다. 유리 섬유를 충전시키면 강화플라스틱으로서 고강도를 가진 합성물 생성이 가능하다. 항공기부품을 비롯해서 로켓, 파이프, 압력용기, 도료, 전기절연재료 등에 이용된다.

(5) 푸란(furan)

푸르푸랄 알코올이나 푸르푸릴 알코올로부터 얻어지는 수지를 푸란 수지(furan resin)라 부른다. 종류로는, 페놀-푸르푸랄 수지·푸르푸릴 알코올 수지·푸르푸랄-아세톤 수지 등이 있다. 성형가공 시 굳어지면서 약해지는 경향이 있어 적절한 충전재나 보강재를 필요로 하고, 흑갈색을 띠므로 색상의 제약을 받아 다방면에 적용하기는 곤란하다. 내약품성, 내산성, 내알칼리성이 뛰어나 각종 내식재료를 비롯, 산과 알칼리를 사용하는 반응용기 및 저장탱크 안쪽에 바르는 라이닝 등에 주로 이용된다.

(6) 폴리우레탄(poly-urethane)

분자 중에 다수의 우레탄(urethane) 결합(-NH-COO-)을 가진 고분자화합물을 폴리우레탄(poly-urethane)이라고 한다. 고무상태의 탄성체로, 매우 강인하고 내마모성, 내유성, 내용제성 등이 탁월한 수지이다. 우레탄고무, 탄성섬유, 합성피혁, 접착제, 도료, 우레탄폼, 자동차 범퍼 등에 주로 이용된다. 그림 1.8은 폴리우레탄의 제법을 나타낸다.

$$HO-R-OH + OCN-R'-NCO$$
글리콜　　　디이소시아네이트

$$\rightarrow \cdots[O-R-O-CONH-R'-NHCO]_n\ O-R-O-CONH-R'-NHCO\cdots$$
폴리우레탄

그림 1.8 폴리우레탄 제법

(7) 알키드(alkyd)

다가 산과 다가 알코올의 축합물을 고급지방산으로 변성시켜 얻는 폴리에스테르 수지를 알키드(alkyd)라고 한다. 다가 알코올로는, 에틸렌글리콜과 글리세롤 및 펜타에리트리톨 등이 이용되며 다가 산으로는, 프탈산무수물과 말레산무수물 등 이염기산이 주로 이용된다. 먼저, 다가 산과 다가 알코올을 반응시켜 축합물을 만든 뒤 리놀레산, 올레산 등과 같은 불포화지방산을 가하면 생성된다. 알키드 수지는 접착성과 유연성이 우수하고 내수성, 내약품성, 내후성 등이 양호하여 각종 건축물을 비롯, 선박·철교·차량 등의 도료용으로 많이 이용된다.

(8) 불포화폴리에스테르(unsaturated poly-ester)

불포화 2염기산과 2가 알코올을 축합시켜 바탕재료인 불포화폴리에스테르를 만들고 여기다 가교제인 비닐모노머를 혼성·중합시키면 불포화폴리에스테르 수지가 생성된다. 바탕재료를 만드는 데는 무수말레인산과 무수프탈산 등 불포화 2염기산과 에틸렌글리콜, 프로필렌글리콜 등 2가 알코올이 주로 쓰이고 가교제로는, 비닐모노머인 스티렌모노머가 이용된다. 그림 1.9는 불포화폴리에스테르 수지의 제법을 나타낸다.

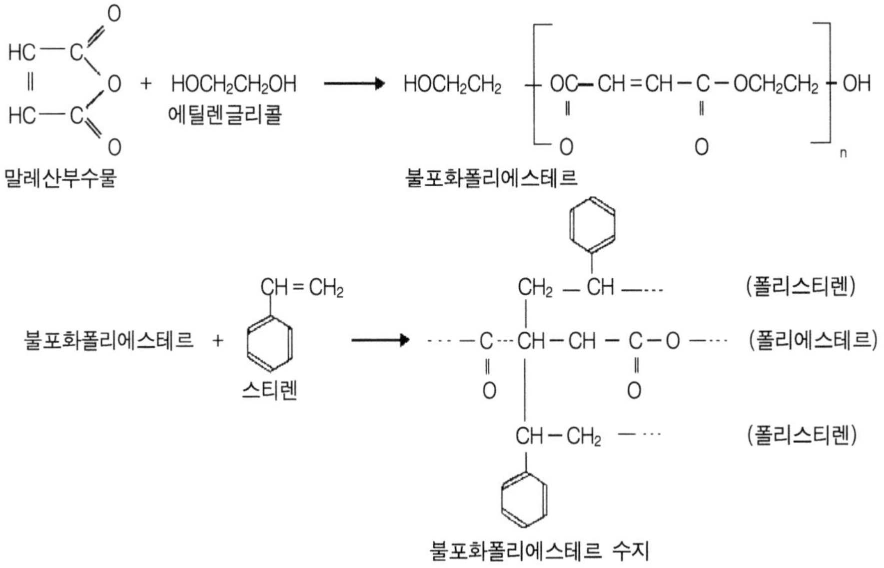

그림 1.9 불포화폴리에스테르 수지의 제법

불포화폴리에스테르 수지는 수지 그 자체보다 강화플라스틱으로 이용되는 경우가 많아 충전재나 유리섬유 등의 강화재, 과산화벤조일 등의 촉매제를 첨가하여 만드는 것이 일반적이다. 특히, 유리섬유를 집어넣어 만든 유리섬유강화 플라스틱은 매우 강인한 재료로 평가된다. 우수한 전기적 성질과 고강도, 투명성, 내열성, 내수성, 내약품성 등으로 항공기·자동차·정화조·세면실·욕조·물탱크·파이프·스위치박스·고압절연재·레저용품 등을 만드는데 이용된다.

(9) 디아릴프탈레이트(diarylphthalate, 약칭 DAP)

프로필렌(propylene)을 원료로 할로겐 원소의 일종인 염소(Cl_2)와 반응시키는 등 몇 가지 반응을 거치면 단량체인 디아릴프탈레이트 모노머(약칭, DAP monomer)가 생성되는데, 이 DAP 모노머들을 다시 일정비율로 중합시키면 디아릴프탈레이트 수지(약칭, DAP resin)가 만들어진다.

DAP 수지는 유동성이 좋고 용융점도가 낮아 저압성형이 가능하고, 상당한 고온에도 전기적 성질이 변하지 않아 치수안정성과 내열성이 뛰어난 것이 특징이다. 스위치, 커넥터, 소켓 등 전기제품과 항공기, 자동차, 선박에 들어가는 전기부품 등에 주로 이용된다.

⇨ DAP 수지를 강화플라스틱으로 하기 위해서는 용제에 DAP 수지를 녹이고 촉매제와 보강재(유리섬유 등)를 넣어 분말 또는 시트 형상으로 만들어야 하나, 강도를 요하는 제품이 많지 않다 보니까 보강재를 줄이고 성형성을 향상시키려는 경향이 많다.

10) 규소(silicon)

규소 수지의 영어명은 실리콘(silicon, 정확히 silicon resin)으로, 규소와 산소로 이루어진 고분자 화합물이다. 고급재료인 관계로 가격이 비싼 것이 흠이다. 유리와 유기화합물의 중간 정도의 성질을 가진 플라스틱으로서, 중합도를 변화시키면 실리콘 유(油)나 실리콘 고무 및 실리콘 수지가 만들어진다. 수지로 이용할 경우, 다리걸침을 용이하게 하기 위해 실란(silane, 수소화규소) 화합물을 혼성중합하거나 불포화결합을 도입하고 경화제를 첨가하는 방법 등이 주로 사용된다. 전기절연성, 내열성, 내수성, 내한성, 이형성 등이 우수하여 각종 전기절연재료, 윤활유·이형제(離形濟) 등에 이용된다.

4.2 열가소성 플라스틱(thermo plastic)

선상(線狀)의 분자구조를 가진 고분자 화합물로서 열을 가하면 녹고, 녹은 상태 그대로 두면 굳어지며, 굳은 상태에서 재차 열을 가하면 다시 녹는, 소위 리사이클(recycle, 재생(再生))이 가능한 수지이다.

⇨ 열가소성 플라스틱은 고화와 연화를 되풀이하는 수지로서, 스크랩(scrap)의 재사용이 가능하고, 열을 가했을 때 약간의 열분해를 동반하는 일은 있어도 분자구조가 근본적으로 바뀌는 일은 없다.

열가소성 플라스틱은 특성 및 용도에 따라 범용 플라스틱과 엔지니어링 플라스틱으로 분류된다.

1) 범용(汎用) 플라스틱

성형성이 우수하고 까다롭지 않아 널리 이용되는 플라스틱이다. 쓰임새가 광범위하다 하여 붙여진 이름으로, 가격이 저렴하고 잡화품 계통의 성형에 많이 이용된다. 대표적인 수지로는, PP · PE · ABS · SAN(AS) · PS · PVC 등이 있다.

(1) 폴리프로필렌(poly-propylene, 약칭 PP)

프로필렌(propylene)을 다수 중합시켜 얻는 열가소성 수지이다. 비중 0.90~0.91로, 범용 플라스틱 중 가장 가볍고 유동성이 뛰어나다.

유백색을 띈 반투명 플라스틱으로서 다양한 컬러를 낼 수 있으며, 건조가 필요 없고 온도범위가 넓어 성형성이 우수하다. PE와 비슷한 성질을 보이나 PE보다는 강직하다. 내열성, 내약품성, 내충격성 등이 우수하여 세탁기 날개, 배터리 케이스, TV 케이스, 완구, 자동차, 일회용 주사기 등 다양한 곳에 이용된다.

⇨ PP에 유리섬유를 집어넣어 만든 유리섬유강화 PP(일명, FR-PP 또는 GF-PP)는 범용수지의 한계를 뛰어넘는 획기적인 재료로서, 기존 EP(엔지니어링 플라스틱)에 버금가는 물성을 지닌 것으로 평가받고 있다.

(2) 폴리에틸렌(poly-ethylene, 약칭 PE)

에틸렌(ethylene)을 다수 중합시켜 얻는 열가소성 수지이다. 유백색의 불투명(혹은, 반투명) 플라스틱으로서, 착색이 용이하고 성형성이 우수하다. 내약품성, 전기절연성이 탁월하여 전선의 피복, 고주파 부품, 각종 용기류, 포장재, 가정용품 등에 이용된다. 중합방식에 따라 고밀도 PE와 저밀도 PE 등 성상이 다른 PE를 얻을 수 있다.

① HDPE(high density poly-ethylene, 고밀도 폴리에틸렌)

비중 0.94~0.96으로 강성이 있고 충격에 강하며, 전기적 특성이 뛰어난 수지이다. 필름 및 파이프 성형 등에 이용된다.

② LDPE(low density poly-ethylene, 저밀도 폴리에틸렌)

비중 0.92~0.93으로 HDPE보다 가볍다. 강성은 낮으나 충격에 강하고 유연하며, 성형성이 뛰어난 수지이다. 내수성, 내약품성, 전기적 특성이 우수하여 필름 및 일용품, 문구, 완구, 전기기기 부품 등 유연성을 필요로 하는 분야에 이용된다.

③ LLDPE(linear low density poly-ethylene, 선상 저밀도 폴리에틸렌)

저밀도폴리에틸렌이면서 찢어지지 않는 강성을 지니는 등 물성이 뛰어난 수지이다. 현재 필름용으로 시판되고 있으나, 다방면에 응용이 기대되는 수지다.

(3) 스티렌 계(styrene 系) 수지

ABS·SAN(AS)·PS(GPPS, HIPS) 등의 수지를 스티렌 계(styrene 系) 수지라고 한다. 스티렌 계 수지는 성형온도 범위가 넓어 성형이 용이한 재료로 평가받고 있다.

① 아크릴로니트릴·부타디엔·스티렌(acrylonitrile·butadiene·styrene, 약칭 ABS)

아크릴로니트릴(acrylonitrile)과 부타디엔(butadiene) 및 스티렌(styrene)을 공중합시켜 나온 수지이다. 아이보리(ivory, 상아(색)) 색상을 띤 수지로서, PS와 비슷한 유동성을 보이며 성형성이 양호하다. 다양한 컬러를 낼 수 있고 도금용 재료로 잘 알려져 있다. 표면경도가 높고 열 변형온도 범위가 넓으며 양호한 전기절연성과 내충격성 및 강인성을 겸비하여 자동차부품, TV, 에어컨, 라디오, 청소기, 세탁기, 책상, 시계, 악기, 전화기 본체 등에 주로 이용된다.

② 스티렌·아크릴로니트릴(styrene·acrylonitrile, AS 또는 SAN)

스티렌(styrene)과 아크릴로니트릴(acrylonitrile)을 공중합시켜 나온 수지이다. AS(acrylonitrile styrene)로 불리나 국제적으로는 SAN으로 통용된다. 유동성이 우수하고 크랙(crack)이 잘생기지 않으며 투명성, 내열성, 내유성 및 높은 치수안정성을 가진 수지로서, 선풍기 날개와 배터리 케이스 등을 만드는데 이용된다.

③ 폴리스티렌(poly-styrene, 약칭 PS)

스티렌 계(系) 수지의 기본이 되는 수지로서, 전기적 성질이 우수하고 무색투명하며 수정처럼 맑은 수지이다. 낮은 수축률과 높은 열안정성, 치수안정성, 착색이 잘되고 표면광택이 우수한 점은 장점이나 충격과 열에 약한 점은 단점이다. 유동성, 성형성, 인장강도, 탄성률, 내수성, 내산성, 내알칼리성 등이 우수하여 냉장고 내장재나 선풍기 날개 및 단열재, 포장재 등을 만드는데 이용된다.

㉮ GPPS(general purpose poly-styrene, 약칭 GPPS)

착색이 용이하고 투명성과 견고성 및 강성, 낮은 흡수성과 양호한 전기절연성을 겸비한 플라스틱이다. 유동이 용이하여 가공성은 좋으나, 빈약한 내후성과 무르고 불에 잘 타는 점은 단점이다. 완구나 일회용 컵을 만드는데 주로 이용된다.

④ HIPS(high impact poly-styrene, 약칭 HIPS)

스티렌에 고무(poly-butadiene, 폴리부타디엔)를 집어넣어 충격강도를 더한 내충격성 플라스틱이다. 고무 첨가로 PS 특유의 투명성과 표면광택은 상실되나 충격강도는 현저히 향상된다. 유동이 용이하여 가공을 하는 데는 문제될 게 없다. 완구나 일회용 컵을 위시해서 각종 전기기구 등에 이용된다.

(4) 폴리염화비닐(poly-vinyl chloride, 약칭 PVC)

중합(重合)에 의해 생성되며 연질과 경질, 두 종류가 있다. 연질은 장화나 비닐하우스용 필름 및 시트, 레저용 의자, 전선피복 등 주로 연한 재질을 필요로 하는데 쓰이고, 경질은 전화기 본체를 위시해서 PVC 파이프 등 강인한 재질을 요하는데 쓰인다. 불에 잘 타지 않으며(난연성), 독성이 없고(무독성), 내충격성, 내수성, 내 알칼리성, 전기절연성 등을 겸비하였으나 유동이 불량하고 성형온도와 분해온도가 근접해 있어 조금만 체류돼도 쉽게 분해되는 점은 단점이다.

⇨ PVC 작업은 역류방지밸브가 장착되지 않은 스크루(PVC 전용 스크루)를 사용하는 것이 좋으며, 스크루 회전수가 높아도 분해를 일으키므로 주의를 요한다. 분해가 일어나면 분해에 의해 발생한 염산이 금형을 부식시키므로 금형에 크롬도금을 해주는 것이 좋다.

Note

PVC 성형 시, 분해가 일어나기 전에 사출될 수 있도록 사이클 단축방안을 강구한다.

2) 엔지니어링 플라스틱(engineering plastic)

기계부품에 적합한 고성능 플라스틱으로서, 성형성이 까다롭고 특별한 성질이 요구되는 분야에 사용되는 플라스틱이다. 종류로는, PA · POM · PMMA · PBT · PET · PC · MPPO(변성 PPO) 등이 있다.

⇨ 엔지니어링 플라스틱(engineering plastic)은 ENPLA(엔프라) 혹은 EP로 명명된다. EP는 다시 범용 EP와 특수 EP(super EP)로 나뉘는데, 범용 EP는 내열성 100℃~140℃, 강도 500kgf/cm² 이상, 굴곡탄성률 24,000 kgf/cm² 이상 되는 물성을 지닌 것이고, 특수 EP(super EP)는 내열성 150℃를 넘는 물성을 지닌 것이다. 본 서는 범용 EP 위주로 해설한다.

(1) 폴리아미드(poly-amide, 약칭 PA)

분자 내에 아미드 결합(amide 結合, 구성분자 내에 -CONH- 결합을 가진 것)을 가진 중합체를 폴리아미드(poly-amide, 약칭 PA)라고 하며, 통상 나일론(nylon)으로 명명되는 수지이다. 종류로는 나일론 6·7·9·11·12·66·610·612 등이 있으며, 이 중 나일론 6과 나일론 66이 많이 사용된다.

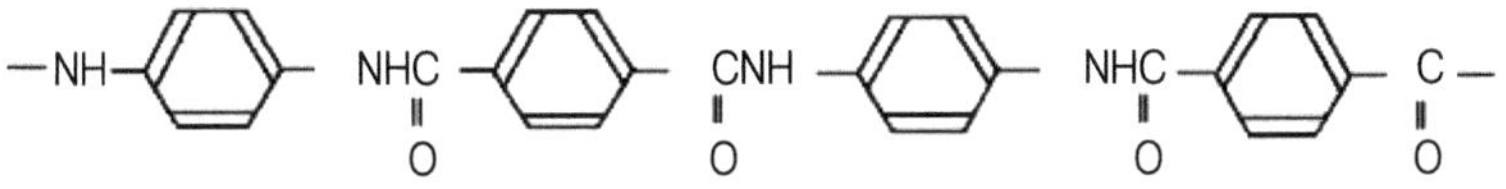

그림 1.10 PA 분자결합구조

나일론은 수축률이 크고 건조를 필요로 하며 마찰계수가 작은 자기윤활성 수지로서, 탄성이 뛰어나고 유연하며 우수한 유동성을 겸비하고 있다. 성형온도 범위가 넓어 가공이 용이하고 내유성, 내약품성, 내충격성, 내마모성, 전기적 특성 등이 우수하여 기어, 캠, 베어링, 레버, 임펠러, 안전벨트, 전기기기 하우징 등에 주로 이용된다.

⇨ PA는 흡수성이 있는 수지여서 흡수로 인한 치수변화와 물성변화에 유의해야 하며, GF를 첨가한 강화 PA는 강성이 크고 수축률이 작아 치수가 안정되는 효과가 있다. 강화 PA는 나일론 66에 주로 이용된다.

(2) 폴리아세탈(poly-acetal)

폴리아세탈(poly-acetal)은 포름알데히드(formaldehyde)를 이온 중합시켜 폴리 옥시메틸렌(poly-oxy-methylene, 약칭 POM)이라 불리는 중합물을 생성시키므로 POM으로도 명명된다. POM은 수축률이 크고, 분해될 때 포름알데히드(formaldehyde)를 방출시켜 냄새가 아주 고약하고 자극적이다. 내피로성, 내마모성, 내약품성, 기계적 성질 등이 뛰어나 기어, 베어링, 캠. 커넥터, 풀리, 전자밸브 등 금속대체용 재료로 많이 이용된다.

(3) 폴리 메틸 메타크릴레이트(poly-methyl-methacrylate, 약칭 PMMA 또는 아크릴(acryl))

아세톤과 시안화수소산(청산(靑酸)) 및 메탄올을 원료로 하여 메타크릴산메틸(methyl-methacrylate, 약칭 MMA) 에스테르(ester)를 만든 뒤 중합시키면 생성되는 수지이다.

⇨ **에스테르(ester)** : 유기산(또는 무기산)과 알코올이 반응하면서 물 한 분자를 잃고 축합한 화합물을 에스테르(ester)라고 한다. 메타크릴산메틸(MMA)은 축합에 의해 생성되는 불포화지방산 에스테르(ester)이다.

PMMA는 유기유리라 불릴 정도로 뛰어난 투명성에다 무게는 유리의 절반수준이며, 충격강도는 유리의 10배 이상 되는, 가볍고 튼튼하고 가공성이 뛰어난 수지이다. 흡습성이 있어 건조를 필요로 하며, 경도가 낮아 흠집이 생기기 쉽고 먼지가 달라붙기 쉬운 점은 단점이다. 내후성, 내약품성, 내유성, 전기절연성 등이 우수하여 항공기 및 자동차의 방풍유리, 자동차등, 건축재료, 조명기구, TV 보호판, 광학렌즈, 콘택트렌즈, 의치(義齒) 등 주로 고급부품 제조에 이용된다.

(4) 폴리-부틸렌-테레프탈레이트(poly-butylene-terephthalate, 약칭 PBT)

분자 내에 에스테르(ester, -COO-)결합을 갖는 고분자 화합물을 폴리에스테르(polyester)라고 하며, 이 그룹에 속하는 수지를 폴리에스테르 수지라 부른다. 폴리에스테르에 속하는 수지로는 PBT 수지, PET 수지, 불포화폴리에스테르 수지, 알키드 수지 등이 있다. 주로 산과 알코올을 반응시켜 만드는데, PBT의 경우 테레프탈산과 부탄디올을 원료로 하여 축합시켜 만든다. 흡습성이 있으므로 건조를 충분히 해야 하며, 유리섬유강화 수지로 성형할 경우 스크루 실린더를 보호하기 위해 내마모형으로 하는 것이 좋다. 유동성이 우수하고 굳는 속도가 빨라 고속성형이 용이하다. 강하고 견고하며 뛰어난 치수안정성과 내열성, 내피로성, 내유성, 내화학성, 내후성, 내마모성 및 우수한 전기적 성질을 갖고 있어 기어, 캠, 가스켓, 사무용기기, 전기공구, 커넥터, 일용품, 건축자재부품 등 다방면에 이용된다.

(5) 폴리-에틸렌-테레프탈레이트(poly-ethylene-terephthalate, 약칭 PET)

테레프탈산과 에틸렌글리콜을 축합시켜 얻는 포화폴리에스테르 수지이다. 사출성형용 PET는 대부분 유리섬유강화 PET이다. 그러므로 스크루 실린더를 내마모형으로 하는 것이 바람직하며, 난연 그레이드의 경우 내식성이 있는 강재를 사용해야 성형기와 금형의 부식을 막을 수 있다. 수지는 충분히 건조시킨 뒤 투입한다. PET는 블로우 성형재료로서 실용성이 매우 높으며, 주된 성형품으로는 PET 병(탄산음료용기)이 있다. 독성이 없고(무독성) 기계적 강도와 전기적 특성 및 내열성, 내후성이 우수하여 가전제품을 비롯해서 전자제품, 시계부품, 필름, 병 등에 이용된다.

(6) 폴리카보네이트(polycarbonate, 약칭 PC)

PC는 금속과 비교될 정도로 매우 단단하고 투명하며 내충격성이 뛰어난 수지로서, 포스겐 법과 에스테르 교환법이라고 하는 방식에 의해 제조된다. 포스겐 법은 비스페놀 A와 포스겐을 반응시키는 방식이고, 에스테르 교환법은 비스페놀 A와 디페닐카보네이트를 배합, 에스테르반응에 의해 축합하는 방식이다. 수축률이 작고 유동성이 불량한 고점도 플라스틱인 관계로 성형 시 고온·고압을 필요로 하며, 지나치게 단단하여 금형을 상하게 할 우려가 있다. 건조를 중요시해야 하는 수지로서, 120℃에서 4~5시간 건조시켜야 한다. 기계적 강도를 위시해서 내열성, 전기절연성, 치수안정성 등이 우수하여 렌즈, 유기유리, 광디스크재료, 헬멧, 보호구, 커넥터, 절연 볼트 및 너트, 밸브, 전동공구, 의료기기 등에 이용된다.

(7) MPPO(modified-poly-phenylen-oxide, 변성 PPO)

메탄올과 페놀을 반응시키면 2, 6-크실레놀이라는 물질이 생성되어 나오는데, 이것을 원료로 하여 촉매를 가해 산화중합(酸化重合)시키면 폴리페닐렌옥사이드(poly-phenylen-oxide, 약칭 PPO)라 불리는 고분자화합물이 만들어진다. 이렇게 만들어진 PPO는 낮은 흡수율과 뛰어난 전기적 특성 및 내열성, 내충격성을 겸비하여 그 자체로서 완벽에 가까운 수지라 할 수 있으나 가공이 어려워 실용사례는 전무하다.

노릴(noryl)로 명명되는 MPPO(modified-poly-phenylen-oxide, 변성 PPO)는 PPO의 성형성을 개량할 목적으로 PPO에다 PS를 혼합한 것으로서, PPO에 비해 물성은 떨어지나 가공을 용이하게 한 것이 특징이다. MPPO는 무독성이고 열안정성과 강도 및 전기적 성질이 뛰어나 스위치, 타이머, 릴레이, 팩시밀리, 커피포트, 무비카메라, 커넥터, 라디에이터 그릴, 펌프, 스프링 쿨러 등을 만드는데 이용된다.

4.3 결정성 플라스틱과 비결정성 플라스틱

고체일 때 고분자의 배열에 규칙성이 있느냐 없느냐에 따라 구분되는 플라스틱이다. 규칙성이 있으면 결정성 플라스틱, 규칙성이 없으면 비결정성 플라스틱이라 한다.

그림 1.11 결정성 고분자　　　　　　　　그림 1.12 비결정성 고분자

　　결정성 플라스틱은 물이 얼음을 생성하는 것과 유사하게 냉각되면서 결정을 이루는 플라스틱으로, 분자구조상 결집력이 강하여 특별한 용융온도를 가진다. 결정이 형성되는 부위는 강한 인력이 작용하여 수축이 증가한다. 유동 중에는 흐름방향으로 배향(背向)하려는(늘어서려는) 경향이 강하기 때문에 흐름방향과 직각방향의 수축차가 커서 치수를 맞추기가 어렵고 변형이 생기기 쉽다. 이에 대해 비결정성 플라스틱은 온도증가와 더불어 점진적으로 부드러워지는 경향이 있고(특별한 용융온도를 가지지 않음), 흐름방향과 직각방향의 수축차도 크지 않아 치수정도를 높일 수 있다.

　　결정화를 이루는 정도를 결정화도(結晶化度)라고 한다. 저밀도 폴리에틸렌(L.D.P.E)은 65% 전·후의 결정화도를 나타내고, 고밀도 폴리에틸렌(H.D.P.E)은 90% 정도의 결정화도를 나타낸다. 비어있는 % 만큼이 비 결정 부분이다(결정화도가 100%인 성형품은 없다). 결정화도는 금형온도가 높을 때 높게 나타나고, 결정부분이 많아지면 밀도가 높고 강한 성질을 지니는 특성이 있다.

⇨ 결정화도가 높다고 해서 다 좋은 것은 아니다. 이유는, 결정이 형성되는 부위에 강한 인력이 작용하여 수축이 증가하기 때문이다. 두께가 두꺼울수록 수축은 심화된다. 수축이 심하면 외관은 말할 것도 없고 치수가 틀어진다. 결정성수지의 특성을 살리려면 금형온도를 높여 결정화가 충분히 이뤄질 수 있도록 하는 것이 좋으나, 금형온도가 높으면 수축이 우려되므로 타협점을 모색해야 한다.

결정성 플라스틱의 종류로는 PP · PE · PA · POM · PBT · PET 등이 있고, 비결정성 플라스틱의 종류로는 ABS · PS · AS(SAN) · PMMA · PC · PVC · Noryl 등이 있다.

표 1.1 결정성 플라스틱과 비결정성 플라스틱의 특성 비교

결정성 플라스틱	비결정성 플라스틱
수축률이 크다.	수축률이 작다.
강도가 크다.	강도가 작다.
치수정도가 높지 않다.	치수정도가 높다.
용융 시 다량의 열량 필요	용융 시 다량의 열량 불필요
냉각시간이 긴 편 (다량의 결정화 열 발산이 원인)	냉각시간이 짧다.
불투명 수지가 대부분	투명 수지가 대부분
특별한 용융온도를 갖는다.	특별한 용융온도를 갖지 않는다.
열을 가하면 → 비결정화 → 용융	열을 가하면 → 용융
가소화 능력이 큰 성형기 필요	가소화 능력이 작아도 된다.
변형(strain)이 심하다.	변형(strain)이 작다.
분자배향(分子背向)이 크다.	분자배향(分子背向)이 작다.

5. 플라스틱의 유동

5.1 분자 길이에 따른 유동 특성

폴리머(polymer)를 구성하고 있는 분자는 길이가 긴 것(장(長) 분자라고 한다)도 있고, 짧은 것(단(短) 분자라고 한다)도 있다. 길이가 긴 것은 유동이 나쁘고, 짧은 것은 유동이 우수하다.

⇨ 장(長) 분자는 유동방향에 따라 배향(背向)하려고 하는 배향성(背向性)이 강하다.

긴 분자 　　　　　　　　　　짧은 분자

그림 1.13 장(長) 분자와 단(短) 분자

5.2 분자배향

분자가 유동방향(흐름방향)으로 길게 늘어서는(배열되는) 현상을 분자배향(分子背向)이라고 한다. 분자배향은 유동저항이 클수록 증가한다(유동층의 두께가 얇을수록, 금형온도와 수지온도가 낮고 주입속도가 빠를수록 크게 배향). 열가소성 수지의 경우 결정성 플라스틱이 비결정성 플라스틱에 비해 크게 배향하며, 배향이 되고 난 후의 성형품은 유동방향으로 강하고 직각방향으로 약한 경향을 나타낸다. 단, 수축은 배향방향이 직각방향보다 크며, 유리섬유나 탄소섬유가 들어간 재료는 배향방향의 수축이 직각방향보다 작아지는 경향이 있다.

⇨ 열경화성 수지로 성형할 때 사출성형으로 하면 배향을 일으키던 것이 사출압축성형으로 하면 배향을 일으키지 않는 경우도 있다. 이렇듯 배향은 성형방식에 따라서도 차이를 나타낸다.

> **Note**
>
> 분자배향은 유동방향과 직각방향의 수축차를 유발하여 성형품이 휘거나 뒤틀리는 현상을 발생시키므로 이롭지 못하다. 이를 해소하려면 수지온도와 금형온도를 올리고 주입속도를 빠르게 하여 유동방향과 직각방향의 수축차를 최소화할 필요가 있다(보압도 올리거나 내리거나 하여 수축차를 최소화하는 방안을 모색한다).

▶ 요약 ◀

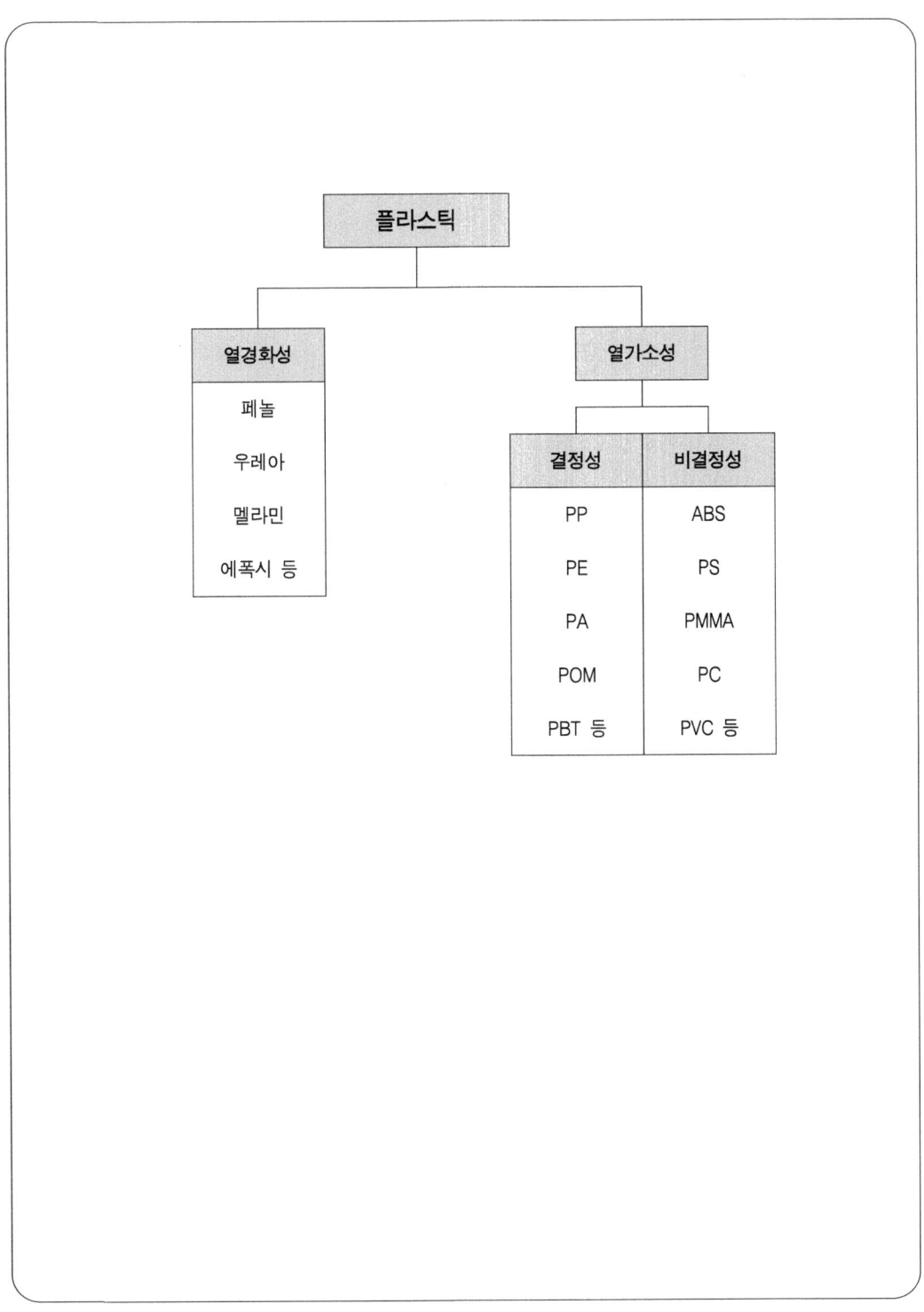

연습문제

01. 인류 최초의 플라스틱은?
① 베이클라이트(bakelite)　　② celluloid
③ PP　　　　　　　　　　　　④ PA

02. 고분자 화합물이란?
① 분자량이 1,000 이하인 화합물
② 분자량이 1,000~10,000 사이의 화합물
③ 분자량이 10,000 이상인 화합물
④ 분자량이 100,000이상인 화합물

03. 다음 중 플라스틱의 원료가 되는 것은?
① 등유　　　　　　② LPG
③ 경유　　　　　　④ naphtha

04. 인류 최초의 합성수지는?
① naphtha　　　　② phenol
③ epoxy　　　　　④ melamine

05. 실리콘(silicon)으로 명명되는 수지는?
① 폴리우레탄　　　② 불포화폴리에스테르
③ 알키드　　　　　④ 규소

06. 다음 중 열가소성 플라스틱인 것은?
① PP
② epoxy
③ melamine
④ phenol

07. 도금용 재료로 적합한 것은?
① PC
② PMMA
③ POM
④ ABS

08. 다음 중 결정성 플라스틱은 어느 것인가?
① PBT
② ABS
③ PS
④ PC

09. 금형온도가 높아야 되는 수지는?
① PP
② PE
③ ABS
④ PC

10. 다음 중 가장 강인한 재료는?
① POM
② ABS
③ PC
④ SAN

정답 1.② 2.③ 3.④ 4.② 5.④ 6.① 7.④ 8.① 9.④ 10.③

02 사출금형

1. 개요
2. 사출금형의 종류
3. 유로(流路)
4. 게이트의 종류

Chapter 02 사출금형

1. 개요

금형은 대량생산을 위한 도구로서, 요구하는 형상과 치수정도를 유지해야 하며, 고압에 견뎌야 하고, 생산성이 높은 구조로 설계되어야 한다.

⇨ 금형은 성형의 모체(母體)다. 고로, 금형의 제작상태는 성형품의 품질과 능률을 결정짓는 중요한 요소로 작용한다.

그림 2.1 사출금형

2. 사출금형의 종류

2.1 2단 금형

가장 일반적인 구조를 띄는 금형으로서, 통상 두 쪽으로 분리된다.

⇨ 2단 금형은 2매판(two plate) 구조를 가진 금형으로서 구조가 간단하고(제작비가 싸다), 고장이 적어 성형 사이클을 빠르게 할 수 있는 잇점이 있다.

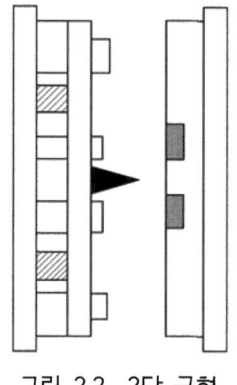

그림 2.2 2단 금형

2.2 3단 금형

3단 금형은 3매판(three plate) 구조를 가진 금형으로서, 형 개 시 세 쪽으로 분리된다.

⇨ 3단 금형은 구조가 복잡하고(제작비가 비싸다) 고장요인이 많다보니까 성형 사이클을 빠르게 하는 것이 부담스럽다. 대부분 pin point gate 방식을 채용하고 있으며, 금형구조상 형 개 스트로크(stroke)가 긴 성형기를 필요로 한다.

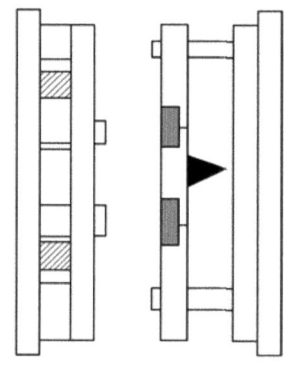

그림 2.3 3단 금형

2.3 특수 금형

특수 금형은 특별히 고안된 금형을 말하는 것으로, 공기장치 금형·유압 코어 금형·나사금형·러너리스 금형·스택몰드·탠덤몰드 등이 있다.

1) 공기장치 금형

금형에 에어(air) 호스를 연결하여 공기압으로 성형품이 돌출되도록 고안된 금형이다. 주로, 대야 종류의 성형품을 성형할 때 많이 쓰는 방식이다.

2) 유압 코어 금형

유압(油壓)으로 코어(core)를 입출(入出)시켜 성형품에 소정의 구멍을 만드는 역할을 하는 금형이다. 성형품에 구멍을 만들기 위해서는 매 성형 시마다 구멍 크기의 코어가 들어갔다 나갔다 해줘야 되는데, 들어갈 때는 구멍을 만들기 위해, 나갈 때는 취출을 용이하게 하기 위해 동작한다.

유압코어 금형의 종류에는 A코어 · B코어 · C코어가 있다.

(1) A코어(형 개 후 코어 입 · 출)

금형이 열린 상태에서 코어가 입출(入出)하는 방식이다.

⇨ A코어는 주로 이동측 금형에 부착되어 있으며, 형 개 완료 상태에서 코어가 들어갔다 나갔다 한다.

(2) B코어(형 폐 후 코어 입 · 출)

금형이 닫힌 상태에서 코어가 입출(入出)하는 방식이다.

⇨ B코어는 주로 고정측 금형에 부착되어 있으며, 형 폐 완료 상태에서 코어가 들어갔다 나갔다 한다.

(3) C코어(A+B, 복합코어)

금형이 열린 상태에서 A코어가 동작하고, 닫힌 상태에서 B코어가 동작하는 구조로 된 금형이다. 한 금형에 A코어와 B코어가 다 들어 있다고 해서 복합코어로 불린다.

⇨ C코어는 고정측과 이동측, 양쪽 다 코어가 부착되어 있으며 금형이 열린 상태에서는 A코어가, 닫힌 상태에서는 B코어가 입출(入出)하는 구조로 되어 있다.

Point

> 이동측에 유압실린더(코어 작동용 유압실린더, 그림 2.4 참조)가 부착되어 있으면 A코어, 고정측에 유압실린더가 부착되어 있으면 B코어, 양쪽 다 부착되어 있으면 C코어로 명명.

그림 2.4 코어 작동용 유압실린더

3) 나사금형

나사가 든 성형품의 돌출을 돕도록 고안된 금형이다. 나사는 크게 수나사와 암나사로 구분되는데, 수나사는 통상 슬라이드로 처리하고 암나사는 회전 코어로 처리한다(암나사는 금형에 부착된 모터로 코어를 회전시키므로 회전 코어 금형 또는 나사 뽑기 금형이라고도 한다).

⇨ 나사는 그 자체로 언더컷(under cut)이며, 나사 부위를 회전 코어나 슬라이드로 처리하지 않으면 이형이 불가능하다.

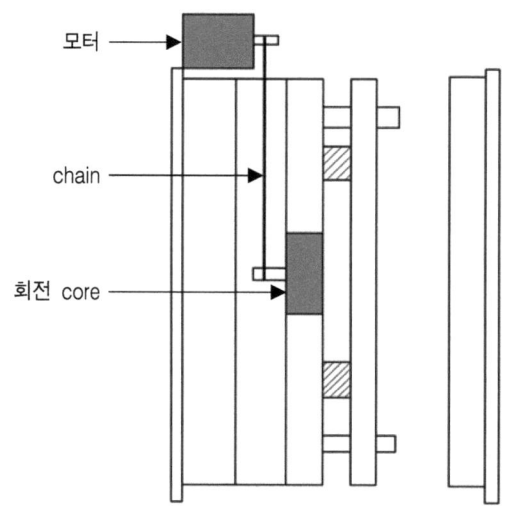

그림 2.5 나사금형(회전 코어)

■ 언더컷(under cut)

성형이 끝난 뒤 금형으로부터 성형품을 돌출시킬 때 이형을 방해하는 형상(나사부위가 좋은 예)을 가진 성형품의 어느 부분을 언더컷(under cut)이라고 한다. 수나사는 나사형상이 들어있는 슬라이드가 빠져줘야 이형이 되는 관계로 슬라이드 부위가 언더컷이 되며, 암나사도 나사형상이 들어있는 코어가 빠져줘야 이형이 되므로 코어부위가 언더컷이 된다.

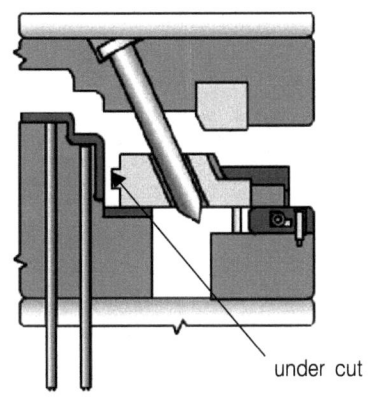

 Note

수나사를 슬라이드로 처리하면 금형이 벌어짐과 동시에 언더컷(under cut)이 되는 슬라이드가 빠져나가고 성형품만 남게 되어 취출이 가능하게 되며, 암나사를 회전 코어로 처리하면 모터의 회전에 의해 나사산을 따라 코어가 빠져나가면서 성형품만 남게 되어 취출이 가능하게 된다. 금형을 이해하려면 작동원리를 따져보는 것이 중요하다. under cut이 내부에 들어있으면 내부 under cut, 외부에 있으면 외부 under cut이라 부른다.

그림 2.6 슬라이드 금형의 under cut

4) 러너리스 금형(runnerless mold)

러너 부위를 늘 용융상태로 만들어 스프루나 러너의 생성 없이 성형이 가능하도록 고안된 금형이다. 통상, 핫 러너 금형(hot runner mold)으로 불린다.

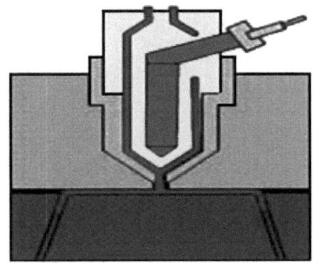

그림 2.7 hot runner

5) 스택몰드(stack mold)

금형은 한 벌인데 파팅 라인(parting line)이 두 개가 들어있는 금형이다. 단 한 번의 공정으로 생산성을 두 배 이상 끌어올릴 수 있어 능률이 배가된다.

⇨ 스택몰드는 기술적으로 극복해야 될 과제가 많아 지금도 연구가 진행 중에 있다.

6) 탠덤몰드(tandem mold)

스택몰드(stack mold)와 유사하나 CLS(compact locking system)라고 하는 특수 잠금장치를 이용, 각각의 cavity를 각각 충전시킬 수 있다는 점이 다르다(스택몰드(stack mold)는 동시충전만 가능하고 각각의 cavity를 각각 충전시키는 것은 불가능). 탠덤몰드(tandem mold)는 한 개의 parting 면에서 성형품이 취출되는 동안 다른 parting 면에서는 냉각이 이뤄지도록 하는 것이 가능하여 매우 능률적이다.

⇨ 탠덤몰드는 상용화 추세다.

3. 유로(流路)

사출금형에는 유로(流路)가 있다. 유로(流路)는 '성형 길'을 말하며, 용융플라스틱이 주입되어 금형 내를 흘러들어가는 길을 의미한다. 유로는 스프루(sprue) · 러너(runner) · 게이트(gate) · 캐비티(cavity) · 에어벤트(air vent)로 이루어져 있다.

⇨ 성형작업은 사출금형을 성형기에 부착시키는 것으로부터 시작된다. 성형기에 금형을 걸었을 때 반쪽은 고정시켜 주고 나머지 반쪽은 여닫을 수 있도록 항상 움직이게 되는데, 이 때 움직이는 쪽을 이동 측(또는 하측), 움직이지 않는 쪽을 고정 측(또는 상측)이라 부른다.

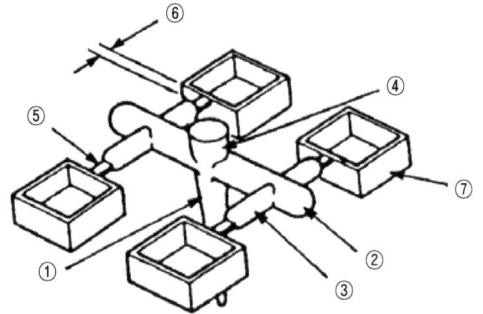

① 스프루(sprue)
② 러너(runner)
③ 보조러너
④ 콜드슬러그웰(cold slug well)
⑤ 게이트(gate)
⑥ 게이트 랜드(gate land)
⑦ 성형제품

그림 2.8 유로(流路)

1) sprue

녹은 플라스틱이 사출되어 금형 내로 유입되는 최초 길목에 해당되는 부분이다. 사출 시 sprue는 성형기의 노즐과 터치상태를 유지한다.

⇨ sprue 내면 가공 시 원주방향으로 가공하면 under cut이 형성되어 sprue 이형이 불가할 수 있으므로 반드시 길이방향으로 가공함을 원칙으로 한다.

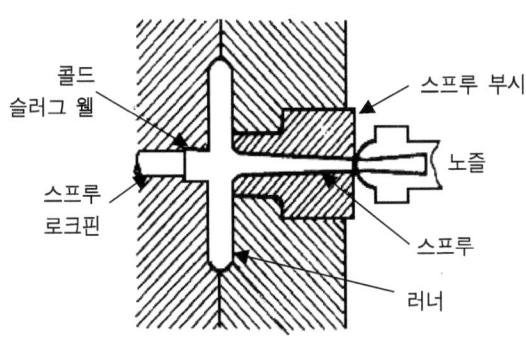

그림 2.9 sprue & runner

2) runner

sprue와 gate를 연결해주는 중간통로쯤에 해당되는 부분이다.

⇨ 러너는 유동에 따른 저항이 적고 열손실이 적은 원형이나 사다리꼴이 바람직하다.

3) gate

장차 성형품이 되는 cavity의 입구가 되는 부분이다.

⇨ gate는 cavity 내로 유입된 수지를 봉입하여 runner로의 역류를 막아주는 역할도 수행한다. 또 gate를 통과할 때 발생되는 마찰열로 플로마크를 억제하기도 한다(마찰이 지나치면 흑줄(black streak)이 생길 수도 있다는 사실에 유의).

4) cavity

성형품이 되는 부분이다.

⇨ 성형품은 코어(core)와 cavity가 합쳐져서 완전한 성형품이 된다(성형품=core+cavity).

5) air vent

금형 내의 공기(또는 가스)가 빠져나가는 얕은 홈이다.

⇨ air vent는 금형의 파팅 라인(parting line)에 파놓은 얕은 홈을 말한다.
<주>parting line은 금형이 합쳐질 때 만나는 선(線, line)

4. 게이트의 종류

1) 다이렉트 게이트(direct gate)

스프루가 곧 게이트가 되는 관계로, 스프루 게이트(sprue gate)로도 불리는 게이트이다. 게이트가 굵어 압력전달은 용이하나, 잔류응력과 배향을 일으키기 쉽고, 게이트 절단에 어려움이 따른다. 크고 깊은 성형품에 주로 이용되며, one cavity 성형에 적합하다.

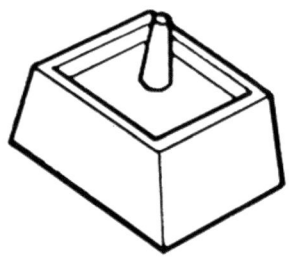

그림 2.10 direct gate

2) 표준 게이트(standard gate)

거의 대부분의 수지에 적용이 가능한 게이트이다. 측면에 게이트를 붙인다고 하여 사이드 게이트(side gate)로도 불린다.

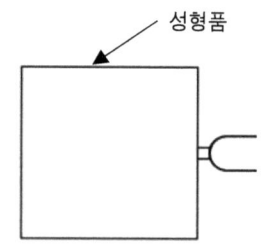

그림 2.11 standard gate

3) 오버랩 게이트(overlap gate)

플로마크를 방지하기 위한 게이트이다. 주로 평면부에 설치하며, 게이트 절단과 후 가공에 신경을 써야 한다.

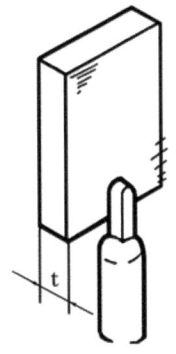

그림 2.12 overlap gate

4) 팬 게이트(fan gate)

큰 평판 상의 면 또는 얇은 단면을 가진 성형품에 적합한 게이트이다. 게이트 부근의 결함을 최소화하는데 효과가 있으며, 경질 PVC를 제외한 대부분의 범용수지에 사용된다.

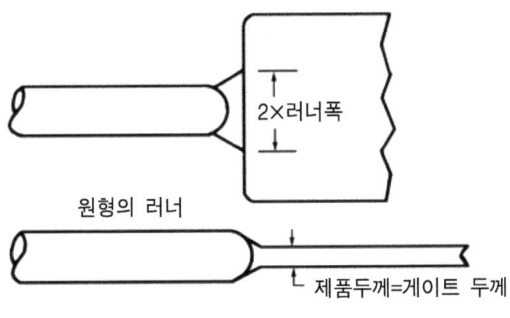

그림 2.13 fan gate

5) 디스크 게이트(disk gate)

얇은 원판상의 게이트로서, 원통모양 성형품에 나타나는 weld line을 방지하기 위해 사용되는 게이트이다.

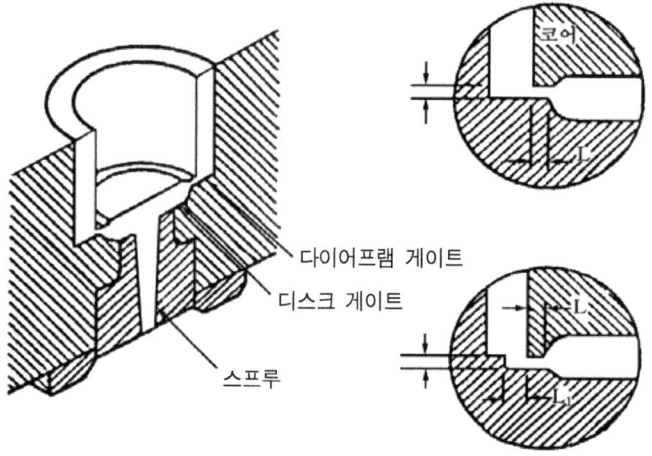

그림 2.14 disk gate

6) 링 게이트(ring gate)

가늘고 긴 원통형 성형품에 적합한 게이트이다. 균일주입이 가능하여 weld line과 편심을 방지할 수 있다. 주입구 반대쪽에 오버플로(over flow)를 설치하여 밸런스(balance, 균형)를 잡아주기도 한다.

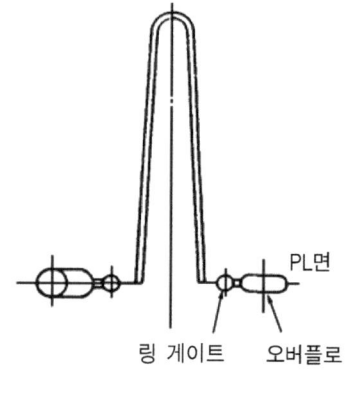
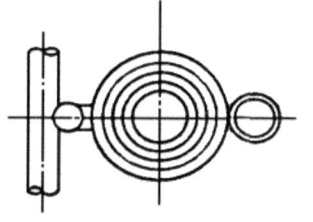

그림 2.15 ring gate

7) 탭 게이트(tab gate)

성형품에 직접 게이트를 붙일 수 없을 때 사용되는 게이트이다. 열안정성과 유동성이 불량한 수지에 적합하고, 변형이 없는 성형품을 얻을 수 있으며, jetting 방지에도 효과적이다. 폭이 넓은 성형품은 멀티 탭 게이트(multi tab gate)를 사용한다.

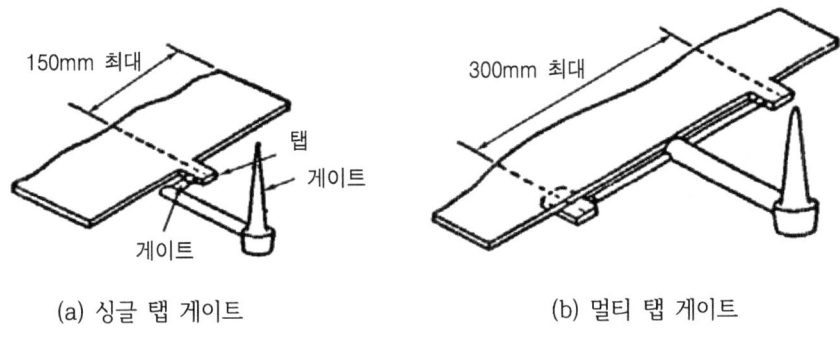

(a) 싱글 탭 게이트   (b) 멀티 탭 게이트

그림 2.16   tab gate

8) 핀 포인트 게이트(pin point gate)

이 게이트는 크기가 몹시 작아 게이트 흔적을 최소화할 수 있고, 자동절단이 가능하다. 게이트 부근의 잔류응력이 적어, 투영 면적이 큰 성형품이나 변형되기 쉬운 성형품에 적합하다. 금형구조는 3매판(three plate) 구조가 대부분이나, 2매판(two plate) 구조로 된 것(ex. 러너리스 금형)도 있다.

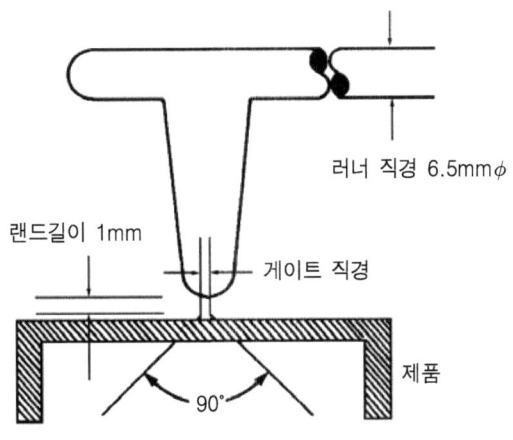

그림 2.17   pin point gate

9) 서브머린 게이트(submarine gate)

터널모양으로 파고들어가 cavity로 연결시킨 게이트이다(터널모양으로 생겼다고 해서 터널 게이트(tunnel gate)로도 불린다). 주로 2매 판(two plate) 금형에 사용되며, 돌출과 동시에 게이트가 절단되므로 자동화가 가능하다.

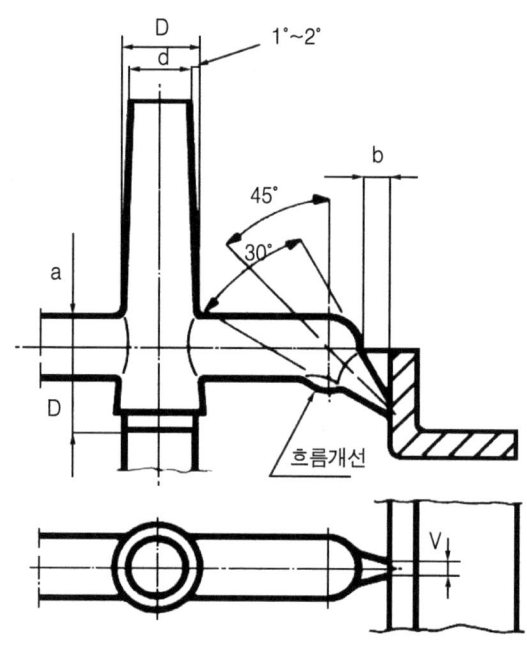

그림 2.18 submarine gate

10) 커브드 게이트(curved gate)

서브머린 게이트를 변형시킨 게이트이다. 성형품 내부에 게이트를 위치시킴으로써 게이트 자국이 밖으로 드러나지 않아 외관을 좋게 할 수 있다.

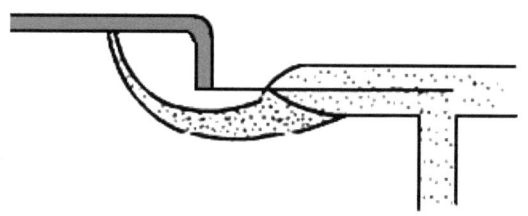

그림 2.19 curved gate

▶ 요약 ◀

1. **금형**
   대량생산을 위한 도구로서, 목적에 부합되는 형상과 치수정도를 유지해야 하고, 고압에 견뎌야 하며, 생산성이 높은 구조로 설계되어야 한다.

2. **사출금형의 종류**
   2단 금형과 3단 금형 및 특수 금형

3. **사출금형의 유로(流路)**
   sprue · runner · gate · cavity

4. **게이트의 종류**
   ① 다이렉트 게이트(direct gate)
   ② 표준 게이트(standard gate)
   ③ 오버랩 게이트(overlap gate)
   ④ 팬 게이트(fan gate)
   ⑤ 디스크 게이트(disk gate)
   ⑥ 링 게이트(ring gate)
   ⑦ 탭 게이트(tab gate)
   ⑧ 핀 포인트 게이트(pin point gate)
   ⑨ 서브머린 게이트(submarine gate)
   ⑩ 커브드 게이트(curved gate) 등

연습문제

01. 자동화 금형에 적합한 게이트는?
① 표준 게이트
② 터널 게이트
③ 다이렉트 게이트
④ 팬 게이트

02. 다음 중 언더컷이 들어있는 성형품은?
① 나사가 든 성형품
② 평판 제품
③ 상자모양 제품
④ 플라스틱 바가지

03. 콜드 슬러그 웰이란?
① 게이트의 변형된 이름이다.
② 스프루의 다른 이름이다.
③ 굳은 수지가 걸러지는 곳이다.
④ 불량명칭이다.

04. 게이트 형상이 필름모양으로 생긴 게이트는?
① film gate
② fan gate
③ tab gate
④ curved gate

05. 3단 금형에 대해 바르게 설명한 것은?
① 제작비가 비싸다.
② 형 개 스트로크가 짧다.
③ 로봇을 사용할 필요가 전혀 없다.
④ 형 개 폐 속도를 빠르게 할 수 있다.

정답 1.② 2.① 3.③ 4.① 5.①

03 사출성형기

1. 개요

2. 사출성형기의 분류

3. 형체부와 사출부

03 Chapter 사출성형기

1. 개요

사출성형기는 사출성형 가공에 있어서 중추적 역할을 담당하는 핵심설비이다. 수지를 녹이고 압과 속도를 가하는 행위는 모두 사출성형기를 통해 이뤄지므로 성형기의 구동 메커니즘(mechanism)을 이해한다는 것은 매우 필요하고 중요하다.

그림 3.1 사출성형기(W사)

2. 사출성형기의 분류

구동방식과 형체방식 및 사출방식에 따라 다음과 같이 분류된다.

2.1 구동방식에 따른 분류

유압식과 전동식으로 나뉜다. 유압식은 유압(油壓)에 의해, 전동식은 전력(電力)에 의해 구동되는 방식이다.

2.2 형체방식에 따른 분류

토글식과 직압식 및 토글 직압식으로 나뉜다.

1) 토글식

토글(toggle)을 사용하여 타이 바(tie bar)를 늘려 형체력을 발생시키는 방식이다. 응답속도가 빨라 중, 소형 사출기에 적합하나 토글 핀과 부시의 마모가 우려되므로 유지보수에 신경을 써야 한다. 직압식이 일정한 형체력을 유지하는데 비해 필요한 만큼의 형체력 조절이 가능하다. 그러나 필요 이상 높은 형체력은 토글과 타이 바에 부담을 주므로 주의를 요한다. 그림 3.2는 토글식 형체기구를 나타낸다.

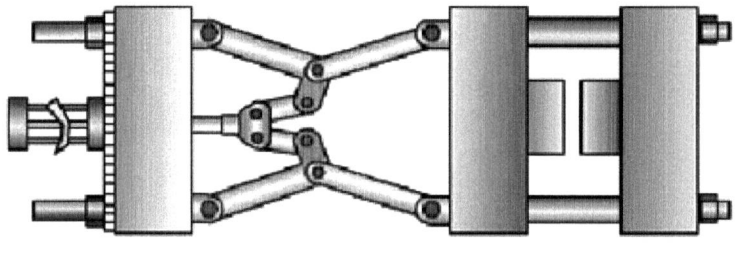

그림 3.2 토글식

2) 직압식

높은 형체력을 요하는 대형 성형기에 적합한 방식이다. 형체력을 임의로 조정할 수 없고 개폐 속도가 느린 점은 단점이나, 형 개 거리가 길고 유지보수가 용이한 점은 장점이다. 그림 3.3은 직압식 형체기구를 나타낸다.

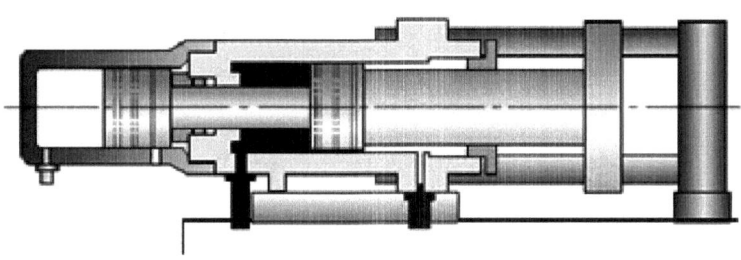

그림 3.3 직압식

3) 토글 직압식

토글식과 직압식을 접목한 방식이다. 겉으로 보면 토글식이나 형체력은 직압식에 가깝다. 주로 소형 사출기에 적용된다.

2.3 사출방식에 따른 분류

플런저 식과 스크루 식 및 프리플러 식으로 분류된다.

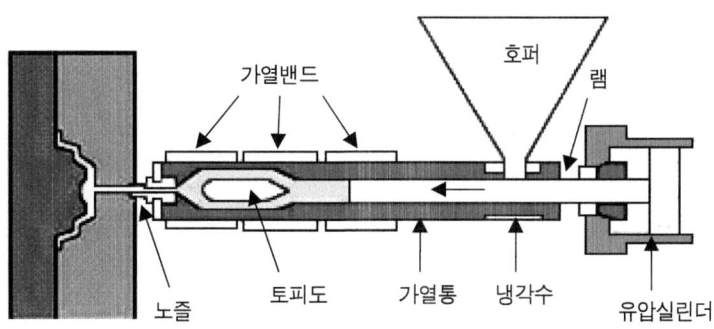

그림 3.4 플런저 식

1) 플런저 식

이 방식은 가소화 능력이 떨어지고 압력손실이 커 특별한 용도 외에는 사용하지 않는다. 그림 3.4는 플런저 식 사출성형기를 나타낸다.

2) 스크루 식

가소화 능력이 크고 혼련이 잘 돼 유동이 나쁜 재료도 쉽게 성형되고 색상교체가 용이하여 가장 널리 보급되어 있는 방식이다. 그림 3.5는 스크루 식 성형기를 나타낸다.

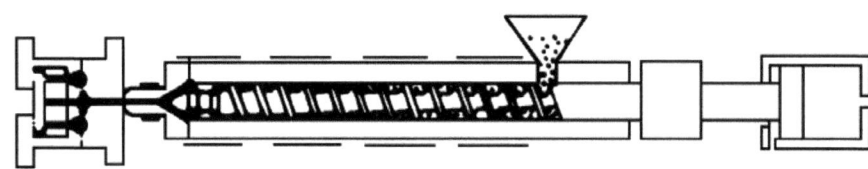

그림 3.5 스크루 식

3) 프리플러 식

PP나 PE 등 열분해를 일으킬 우려가 적은 수지를 하이 사이클로 성형하고자 할 때 사용되는 방식으로서, 가소화능력이 매우 크다. 그림 3.6은 프리플러 식 성형기를 나타낸다.

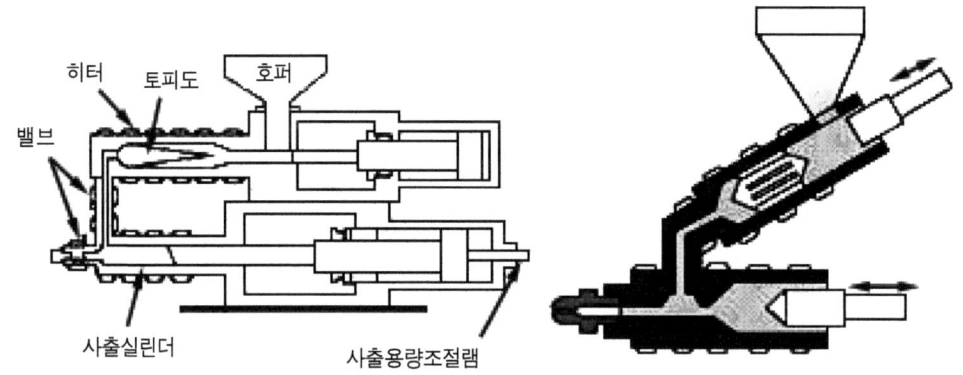

그림 3.6 프리플러 식

■ 횡형과 입형

사출기가 옆으로 되어 있으면 횡형, 수직으로 세워져 있으면 입형 사출기라 부른다.

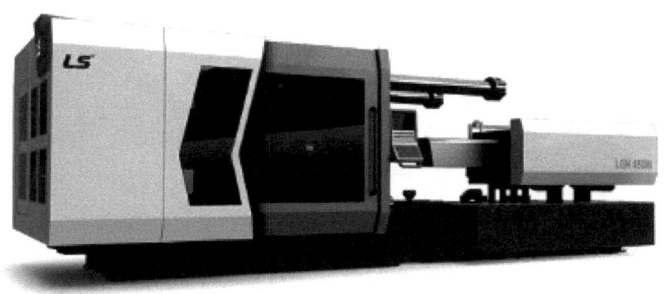

그림 3.7 횡형 사출기(L사)

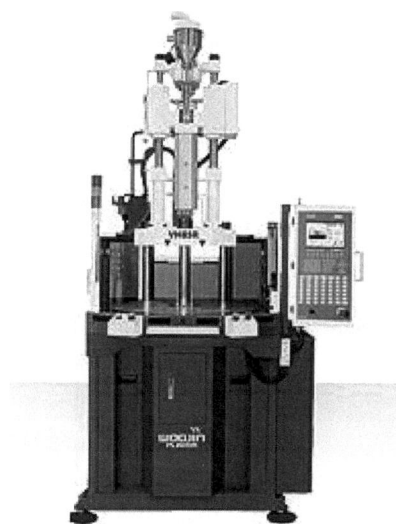

그림 3.8 입형 사출기(W사)

3. 형체부와 사출부

사출기는 크게 두 부분으로 나눠 생각해볼 수 있는데, 하나는 형체부고 다른 하나는 사출부다.

⇨ 사출성형기의 능력표시는 형체력을 나타내는 단위인 톤(ton) 수 또는, 사출용량 단위인 온스(oz)로 표시한다. 수치가 높을수록 큰 형체력을 발휘하는 대용량 성형기에 해당된다.

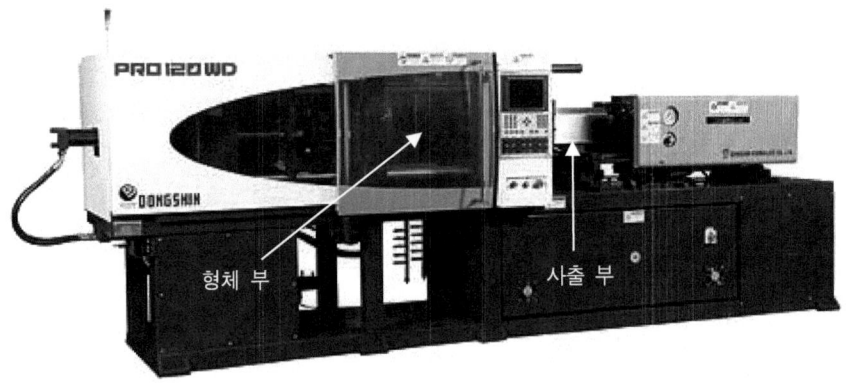

그림 3.9 형체부와 사출부(D사 사출성형기)

3.1 형체부

금형을 부착시켜 매 쇼트마다 금형을 열었다 닫았다 하며 성형과 취출을 반복하는 곳이다. 금형의 여닫는 속도를 조절하기 위한 형 개폐 속도 제어장치를 비롯, 여타의 장치가 설치되어 있다.

3.2 사출부

사출을 실행하는 곳이다. 주요 장치로는 가열실린더를 위시해서 원하는 조건을 설정할 수 있도록 각종 제어장치가 설치되어 있다.

> *형체부와 사출부*
>
> 형체부는 강한 사출압력에 굴복하여 금형이 벌어지지 않도록 저지해주는 역할을 하는 것으로 요약할 수 있고, 사출부는 성형을 달성하기 위해 강한 사출압력을 동원하여 금형을 세차게 밀어붙이는 것으로 요약할 수 있다. 사출성형에 있어서는 형체부도 중요하지만 사출부의 역할은 특히 중요하다. 사출부의 핵심요소로는 가열실린더를 들 수 있다.

1) 가열실린더

플라스틱을 녹여 사출을 직접 실행하는 부분이다. 가열실린더는 노즐과 실린더 몸체에 감겨있는 히터(밴드히터라고 한다) 및 스크루 등으로 이루어져 있다.

⇨ 가열실린더를 통해 용융된 플라스틱은 성형에 필요한 압과 속도에 떠밀려 금형 속으로 유입된다.

그림 3.10 가열실린더(D사)

(1) 노즐(nozzle)

금형의 스프루(sprue)와 터치상태를 유지하면서 가열실린더 내의 녹은 수지를 금형 속으로 밀어 넣는, 일종의 통로역할을 수행하는 부분이다. 노즐구멍은 그 크기가 매우 작다.

그림 3.11 nozzle

(2) 밴드히터(band heater)

생긴 모양이 밴드모양으로 생겼다 해서 붙여진 이름이다. 밴드히터에는 전선이 연결되어 있으며, 연결된 전선에다 통전시키면 발열할 수 있는 구조로 되어 있다.

⇨ 플라스틱을 용융시키기 위한 조치로, 성형기의 온도제어 패널에 적정온도를 설정해주면 파이로미터라고 하는 자동온도조절장치에 의해 등락을 거듭하며 설정온도를 꾸준히 유지한다. 가열실린더에 서모커플(thermo couple)을 삽입해줌으로써 실제온도와 설정온도와의 전압차를 이용하여 자동적으로 온도조절을 가능케 한다.

그림 3.12 밴드히터

(3) 스크루(screw)

스크루(screw)는 밴드히터를 통해 가해지는 열과 스스로의 회전에 의해 플라스틱 재료와 부딪침을 연속하며 발생되는 마찰열로 유동성을 확보하여 금형 내로 사출시키고, 사출이 끝나면 그 다음 사출을 준비하는 단계인 계량을 수행하는 중요한 역할을 한다.

그림 3.13 각종 screw

스크루의 구조는 스크루 헤드, 공급부, 압축부, 계량부로 되어 있다.

① 스크루 헤드(screw head)

스크루의 머리 부분이다. 형상은, 끝이 뾰족한 원추 형상을 띄고 있다.

스크루 헤드에는 역류방지 밸브란 것을 부착시켜 놓았는데, check valve라고도 하며, 용융플라스틱의 역류(逆流)를 막아준다.

⇨ 역류(逆流, back flow) : 사출 시 수지가 금형 속으로 들어가지 않고 스크루 뒤쪽으로 흐르는 현상.

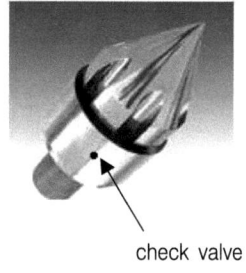

그림 3.14 screw head

② 공급부(feed zone)

호퍼로부터 가열실린더 내로 낙하하는 수지를 연화시키면서 중앙부로 보내는 역할을 하는 부분이다.

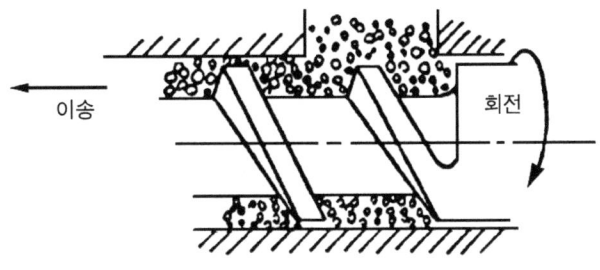

그림 3.15 공급부

③ 압축부(compression zone)

스크루 중앙부에 해당되는 부분이다. 공급부에서 넘어온 불완전 유동상태의 플라스틱을 완전한 유동상태로 만들어 계량부로 보내는 역할을 한다.

⇨ 플라스틱을 완전 유동화시키기 위해 공급부에서 압축부로 갈수록 골 깊이가 서서히 작아지도록 만들어 강하게 압축될 수 있게 한 것이 특징이다.

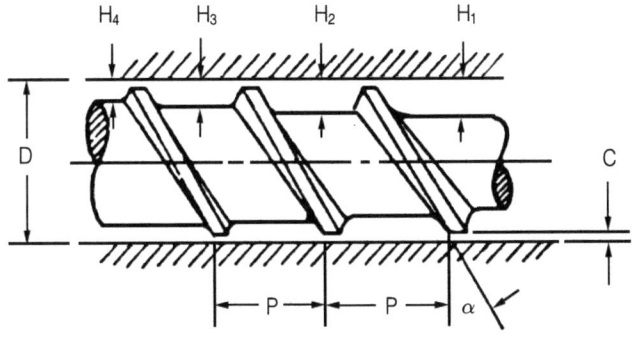

그림 3.16 압축부

④ 계량부(metering zone)

금방이라도 사출이 가능하도록 가소화 완료된 플라스틱이 체류하는 장소다.

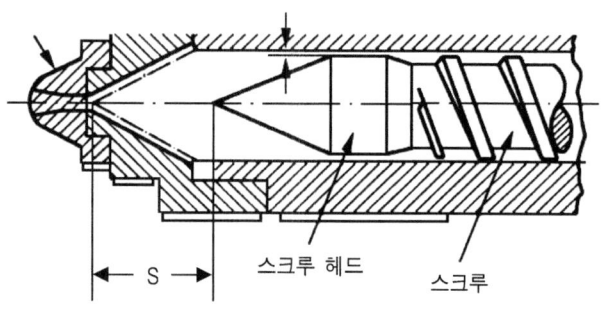

그림 3.17 계량부

▶ 요약 ◀

1. **사출성형기**
   사출성형에 있어서 성형조건을 제어하는 핵심설비

2. **분류**
   ① 구동방식에 따른 분류
      유압식 · 전동식
   ② 형체방식에 따른 분류
      토글식 · 직압식 · 토글 직압식
   ③ 사출방식에 따른 분류
      플런저 식 · 스크루 식 · 프리플러 식

3. **사출성형기의 구성**
   크게 형체부와 사출부로 구성

4. **가열실린더**
   플라스틱을 녹여 사출을 실행하는 장치

5. **스크루(screw)의 구조**
   스크루 헤드, 공급부, 압축부, 계량부

연습문제

01. 유로(流路)의 첫번째 통로가 되는 것은?
① nozzle　　　　　　　　② gate
③ sprue　　　　　　　　　④ runner

02. 스크루(screw)의 구조를 앞에서부터 바르게 연결한 것은?
① 공급부 - 압축부 - 계량부　　② 압축부 - 공급부 - 계량부
③ 계량부 - 압축부 - 공급부　　④ 공급부 - 계량부 - 압축부

03. 가열실린더가 하는 역할은?
① 금형을 부착하는 곳이다.
② 플라스틱을 녹여 사출을 실행하는 장치다.
③ 재료를 건조하는 장치다.
④ 열을 가하기만 하고 사출에는 관여하지 않는다.

04. 스크루(screw)의 구조 중 가소화 완료된 수지가 체류하는 장소는?
① 압축부　　　　　　　　② 공급부
③ 계량부　　　　　　　　④ 압축부와 계량부

05. 유압식 성형기와 전동식 성형기에 대한 설명으로 옳은 것은?
① 유압식은 모든 면에서 전동식보다 우수하다.
② 유압식은 전동식에 비해 유지비가 적게 든다.
③ 전동식은 대당 가격이 유압식에 비해 비싼 편이나 유지비가 적게 드는 것이 강점이다.
④ 전동식은 유압식에 비해 가격도 싸고 유지비도 적게 든다.

정답　1.①　2.③　3.②　4.③　5.③

04 주변기기

1. 개요

2. 각종 주변기기

주변기기

1. 개요

성형작업의 효율성과 생산능률을 높이기 위해 성형기를 축으로 전·후·좌·우에 배치시키는 일체의 부대설비를 주변기기(또는 합리화기기)라 부른다.

2. 각종 주변기기

1) 건조기

플라스틱에 묻어있는 습기를 제거하는 장치다. 종류로는 호퍼드라이어, 오븐드라이어, 제습건조기, 진공건조기 등이 있다. 호퍼드라이어는 성형기에 장착되어 있으면서 원료를 저장하고 가열실린더 내로 공급도 하며 건조도 가능한 장치다. 오븐드라이어는 채반 식으로 되어 있어 건조온도범위가 비슷한 재료를 다수, 그것도 동시에 건조할 수 있다는 점이 강점이다. 제습건조기는 장마철과 같이 습도가 높을 때 탁월한 건조효과를 발휘한다. 진공건조기는 건조효과는 탁월하나 조작이 번거롭고 비싸다는 이유로 산화를 받기 쉬운 재료(예, 폴리아미드 등)에 한정적으로 이용되고 있다. 그림 4.1은 호퍼드라이어를, 그림 4.2는 오븐드라이어를 나타낸다.

그림 4.1 hopper dryer   그림 4.2 oven dryer

2) 호퍼로더(hopper loader)

플라스틱 재료를 호퍼로 자동 공급하는, 자동이송장치다.

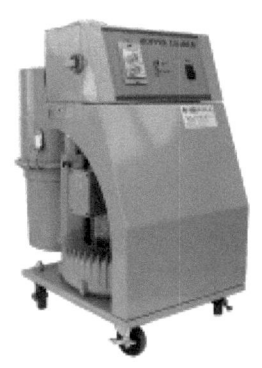 

그림 4.3 hopper loader   그림 4.4 분쇄기(고속)

3) 분쇄기

성형작업 중 발생한 스크랩(scrap)을 잘게 부수는데 사용하는 기계다. 종류로는 저속분쇄기와 고속분쇄기가 있다.

4) 로봇(robot)

사람을 대신해서 성형품과 runner를 자동 취출하는 설비다. 로봇은 성형품을 컨베이어에 정렬하거나 runner를 분쇄기로 이동시키는 등 다양한 역할을 수행한다.

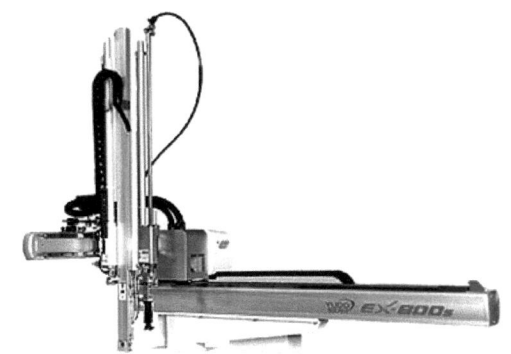

그림 4.5 robot

5) 금형온도 조절기

사출금형은 매 쇼트마다 뜨거운 용융수지를 받아들여야만 하므로 그 때마다 발생되는 열을 효과적으로 제거시켜 주지 않으면 안 된다. 그래서 통상 냉각을 시킨다. 냉각방식으로는 칠러(chiller)에 의한 방식과 일반냉각에 의한 방식이 있는데, 칠러(chiller)는 냉각수 온도를 임의로 제어할 수 있으나 일반냉각은 그러하질 못하다.

성형품에 따라서는 금형을 뜨겁게 해줘야 될 경우도 있는데, 이때는 온수기나 온유기를 사용한다. 물을 매개체로 하면 온수기, 기름을 매개체로 하면 온유기라 부른다.

⇨ 온수기는 100℃ 이하, 온유기는 100℃ 이상 제어할 수 있다는 점이 다르다.

그림 4.6 chiller

그림 4.7 온수기

▶ 요약 ◀

1. **사출 주변기기**

   성형작업의 효율성과 생산능률을 높이기 위해 성형기를 축으로 전·후·좌·우에 배치시키는 일체의 부대설비

2. **주변기기 종류**

   ① 건조기 : 호퍼드라이어, 오븐드라이어, 제습건조기, 진공건조기 등
   ② 호퍼로더(hopper loader)
   ③ 분쇄기
   ④ 로봇(robot)
   ⑤ 금형온도 조절기 : chiller, 온수(유)기 등

연습문제

01. 스크랩(scrap)이란?
① 불량품
② 불량품과 양품을 모두 일컫는 말
③ 성형 중 발생한 불량품과 sprue, runner
④ sprue를 지칭하는 말이다.

02. 다음 중 플라스틱 재료를 자동으로 빨아올리는 장치는?
① hopper
② hopper loader
③ robot
④ scrap

03. 자동화를 위해 성형기와 가장 가까운 거리에 배치시켜놓은 장비 중 거리가 먼 것은?
① 고속분쇄기
② 저속분쇄기
③ 로봇
④ 컨베이어

04. 분쇄기의 커터 날을 마모시키는 주범은?
① 덩어리진 분쇄
② 크기가 큰 성형품
③ 매우 두꺼운 성형품
④ 각종 이물질

05. 장마철과 같이 습기가 많이 찰 때 적합한 건조방식은?
① 제습건조기를 사용한다.
② 진공건조기를 사용한다.
③ 호퍼 드라이어를 사용한다.
④ 습기가 차지 않는 방안을 강구한다.

정답 1.③ 2.② 3.① 4.④ 5.①

05 가공기술

1. 플라스틱의 가공

2. 다양한 가공기술

가공기술

1. 플라스틱의 가공

플라스틱을 가공(加工)한다는 말은, 플라스틱을 소재(素材)로 하여 플라스틱 제품을 성형(成形)하는 것을 이름이다. 플라스틱을 가공하는 기술(간략히, 가공기술)은 성형하고자 하는 플라스틱 재료에 따라서도 다르고 어떤 성형품을 성형하느냐에 따라서도 다르다.

2. 다양한 가공기술

1) 사출성형(injection molding)

녹은 플라스틱을 성형기의 노즐(nozzle)을 통해 금형의 스프루(sprue)·러너(runner)·게이트(gate)·캐비티(cavity)로 주입시키는, 비교적 잘 알려진 기술이다.

⇨ sprue → runner → gate → cavity 는 유로(流路)를 뜻하며, 사출성형은 유로(流路)를 통해 성형하는 기술로서, 대부분의 플라스틱에 적용 가능한 기술로 평가된다.
<주> 본 서는 사출성형 위주로 해설한다.

2) 압축성형(compression molding)

움푹 페인 형상의 가열된 cavity에 수지를 집어넣어 성형하는, 열경화성 수지의 가장 오래된 성형기술이다.

⇨ cavity 내로 주입된 플라스틱은 뜨거운 금형에 의해 유동화되고, 가압하면 cavity 구석구석까지 퍼져 나가면서 화학반응을 일으키며 경화한다. 성형품을 꺼낼 때는 경화가 충분히 일어난 뒤 꺼내야 하며, 꺼낸 후는 플래시(flash) 제거 등 마무리 작업을 거쳐 완제품을 얻는다.

3) 사출·압축성형

금형이 미세하게 열린 상태에서 사출하고, 사출(충전)이 끝나면 압축·밀폐하는 방식이다.

⇨ 사출·압축 성형은 사출성형과 압축성형의 '조합'으로 이해하면 좋다. 즉, 녹은 수지를 금형 내로 사출하는 행위는 '사출성형'에 해당되고, 금형을 압축·밀폐하는 행위는 '압축성형'에 해당되기 때문이다. 금형이 미세하게 열린 상태에서 사출이 이뤄지므로 저압사출이 바람직하다.

4) 이송성형(transfer molding)

압축성형과 더불어 열경화성 수지의 대표적인 성형방식이다. 가열 연화된 재료를 금형으로 이송, 가압하여 스프루(sprue) → 러너(runner) → 게이트(gate) → 캐비티(cavity)로 주입한다. 사출성형과 유사하나 매 쇼트마다 1회분만큼의 재료만 공급시킨다는 점이 다르다. 매 쇼트마다 새 재료가 공급되어 고온예열이 가능하고 사이클(cycle) 단축도 가능하여 생산성 향상과 품질 향상에 기여한다.

5) 압출성형(extrusion molding)

다이를 통해 플라스틱 제품을 연속적으로 성형하는 기술이다. 사출성형과 더불어 중요한 가공방법 중 하나로 발전하여 왔으며, 다이의 형상에 따라 직사각형, 원형, T형, 파이프 형 등 다양한 형상의 성형품을 만들어낸다.

⇨ 압출성형은 플라스틱 재료를 가열·가압하여 다이로 보내는 '압출기'와 소정의 형상으로 만드는 '다이' 및 다이로부터 압출된 형상과 치수를 규제하면서 냉각과 인수를 담당하는 '인수장치' 등 세 부분으로 이루어져 있다. 구리선을 압출하면 전선을 피복할 수 있으며 파이프와 같은 긴 제품 성형도 가능하다. 열가소성 수지에 적합하나 열경화성 수지인 페놀(phenol)을 사용하여 내식성 파이프를 성형할 경우도 있다.

6) 캘린더 성형(calender molding)

압출기에 의해 가소화된 플라스틱을 T 다이 슬리브로부터 압출, 구동하는 뜨거운 롤(roll) 사이에 밀어 넣고 압연하여 양 귀를 절단하고 소정의 치수로 가공하는 기술이다. 두께가 얇은 시트(sheet)류 성형에 적합하고 유동성이 좋은 수지에 효과적이다.

7) 적층성형

종이나 천 등에 액상의 수지를 스며들게 하여 적당한 장수로 층상 결합시킨 뒤 가열·가압·경화시켜 일체화(一體化)된 판상 형 성형품을 만드는 기술이다.

8) 블로우 성형(blow molding)

압출기를 통해 압출된 튜브(파리손이라고 한다) 내에 공기를 불어넣어 팽창시켜 플라스틱 용기(예 : 페트병 등)를 성형하는 기술이다. 중공용기(中空容器, 가운데가 비어있는 용기)를 빠른 속도로 성형할 수 있으며, 성형재료로는 PP·PE·PET 등이 주로 이용된다.

9) 진공성형(vacuum forming)

플라스틱 시트(sheet)를 가열해서 누글누글하게 한 뒤 금형에 세팅, 진공펌프로 빨아들여 원하는 형상을 얻는 기술이다. 얇은 제품 류 성형에 적합하며, 식품용기를 비롯, 포장용기, 계란 상자 등 다양한 제품을 성형할 수 있다. 성형재료로는, 경질 PVC·PS·ABS·PP·PE 등이 주로 이용된다.

10) 인 몰드(in-mold) 성형

금형에 그림 등이 인쇄된 필름(film(=인 몰드 필름))을 넣고 그 위에 수지를 사출시켜 성형과 전사를 동시에 수행하는 기술이다. 이 기술은 공정 수를 획기적으로 줄일 수 있어 생산성 향상이 기대된다.

▶ 요약 ◀

1. 플라스틱의 가공
   플라스틱을 소재(素材)로, 플라스틱 제품을 성형(成形)하는 일체의 행위

2. 다양한 가공기술
   ① 사출성형(injection molding)
      녹은 플라스틱을 성형기의 노즐(nozzle)을 통해 금형의 sprue · runner · gate · cavity로 주입하는 성형기술
   ② 압축성형(compression molding)
      열경화성 수지의 가장 오래된 성형기술
   ③ 이송성형(transfer molding)
      압축성형과 더불어 열경화성 수지의 가장 일반화된 성형방식
   ④ 압출성형(extrusion molding)
      다이를 통해 플라스틱 제품을 연속적으로 성형하는 기술
   ⑤ 캘린더 성형(calender molding)
      압출기에 의해 가소화된 플라스틱을 T 다이 슬리브로부터 압출, 구동하는 뜨거운 롤(roll) 사이에 밀어 넣고 압연하여 양 귀를 절단하고 소정의 치수로 가공하는 기술
   ⑥ 적층성형
      종이나 천 등에 액상의 수지를 스며들게 하여 적당한 장수로 층상 결합시킨 뒤 가열 · 가압 · 경화시켜 일체화(一體化)된 판상 형 성형품을 만드는 기술
   ⑦ 블로 성형(blow molding)
      압출기를 통해 압출된 튜브(파리손이라고 한다) 내에 공기를 불어넣어 팽창시켜 플라스틱 용기(예 : 페트병 등)를 성형하는 기술
   ⑧ 진공성형(vacuum forming)
      플라스틱 시트(sheet)를 가열해서 누글누글하게 한 뒤 금형에 세팅, 진공펌프로 빨아들여 원하는 형상을 얻는 기술
   ⑨ 인 몰드(in-mold) 성형
      금형에 그림 등이 인쇄된 필름(film(=인 몰드 필름))을 넣고 그 위에 수지를 사출시켜 성형과 전사를 동시에 수행하는 기술

연습문제

01. 금형 사이에 그림 등이 인쇄된 필름을 넣고 필름 위에 수지를 흘려 넣어 성형과 전사를 동시에 수행하는 기술은?
① blow molding
② vacuum forming
③ 인 몰드(in-mold) 성형
④ calender molding

02. 페트병을 성형하는 기술은?
① injection molding
② extrusion molding
③ transfer molding
④ blow molding

03. 종이나 천 등에 액상의 수지를 스며들게 하여 성형하는 기술은?
① 적층성형
② 진공성형
③ 인 몰드(in-mold) 성형
④ 이송성형

04. 금형이 미세하게 열린 상태에서 사출하고, 사출(충전)이 끝나면 압축·밀폐하는 성형방식은?
① 압축성형
② 사출·압축성형
③ 이송성형
④ 사출성형

05. 녹은 플라스틱을 성형기의 노즐을 통해 금형의 sprue · runner · gate · cavity로 주입시키는 성형기술은?
① extrusion molding
② transfer molding
③ vacuum forming
④ injection molding

정답 1.③ 2.④ 3.① 4.② 5.④

06 사출성형기술

1. 개요
2. 성형조건 제어
3. 초기조건 컨트롤
4. 방향의 원리

06 Chapter 사출성형기술

1. 개요

1) Tg와 Tm

(1) Tg

플라스틱에 열을 가하면 구성분자 내에 동요('미크로 브라운 운동(micro brownian motion)'이라 한다)가 일어나면서 점차 유연한 상태로 되기 시작하는데, 이를 유리전이(=2차전이)라 하고, 유리전이가 일어나는 온도를 유리전이점(Tg)이라고 한다.

⇨ Tg는 glass temperature의 줄임말이다.

(2) Tm

Tg(유리전이점)에서 더욱 열을 가하면 흐르기 쉬운 액상으로 되는데, 이를 융해(融解, 1차전이)라 하고, 융해가 일어나는 온도를 융점(融點, Tm)이라고 한다.

⇨ Tm은 melting temperature의 줄임말이다.

열가소성 플라스틱은 Tg와 Tm을 거쳐 성형이 가능한 유동상태로 된다.

⇨ 결정성 플라스틱은 Tm(PP의 경우 160℃~168℃)에서는 결정영역이 사라지나 냉각되면 다시 결정화되는데, 이때 융해열(融解熱)에 상당하는 결정화열(結晶化熱)을 발산하므로 금형냉각을 잘 시켜야 한다.

성형품으로 되기 전의 플라스틱은 입자 또는 분말 형상을 띠고 있다(그림 6.1 참조).

그림 6.1 pellet

⇨ 입자를 펠릿(pellet)이라고 하며, 크기는 직경 1~3㎜ 정도이다. 성형재료에 따라서는 파우더(powder, 분말(또는 가루))로 된 것도 있다.

금형(金型)은 우리가 얻고자 하는 성형품의 형상이 들어있는 곳이며, 유동화된 플라스틱의 주입장소가 된다.

⇨ 금형은 성형기의 구동에 의해 열렸다, 닫혔다를 반복하면서 연속성형이 가능한 구조로 설계되어 있다. 닫힐 때는 성형을 하기 위해, 열릴 때는 성형품을 배출시키기 위해 작동한다.

사출성형은 사출금형을 성형기에 부착시키고 플라스틱 재료를 성형기의 호퍼(hopper)를 통해 가열 실린더 내로 투입, 열을 가해 녹인 뒤 사출·냉각·고화(또는 반응·경화)를 거쳐 성형품을 끄집어냄으로써 완성된다.

⇨ 플라스틱은 냉각·고화하는 것이 있고 반응·경화하는 것이 있는데, 전자(前者)를 열가소성 플라스틱, 후자(後者)를 열경화성 플라스틱이라고 한다.

(3) 사출성형의 1 cycle

```
mold close  ⇨  injection  ⇨  cooling    ⇨  mold open  ⇨  ejecting  ┈→ 다시 mold close
 (형 폐)        (사출)       (냉각·가소화)     (형 개)        (이형)
   │            │             │             │             │
   ①            ②             ③             ④             ⑤
```

① 형 폐 공정(mold close process)

⇨ 사출을 하기 위해 금형이 닫히는 공정이다.

② 사출공정(injection process)

⇨ 사출하는 공정이다. 사출공정에는 보압공정도 포함되어 있다. 보압공정은 수축을 해소하고 외관을 보기 좋게 하기 위한 공정이다.

③ 냉각공정(cooling process) ⇨ 금형 내 성형품의 냉각을 담당하는 공정이자 다음 쇼트 사출을 위한 준비공정(계량공정 또는 가소화 공정이라 한다)이다.

④ 형 개 공정(mold open process) ⇨ 성형품을 취출하기 위해 금형이 열리는 공정이다.

⑤ 이형공정(ejecting process) ⇨ 냉각·고화된 성형품을 금형으로부터 빼내는 공정이다.

2. 성형조건 제어

조건을 제어한다는 것은 성형을 하는데 필요한 압과 속도 및 거리(㎜), 시간, 온도 등을 설정(또는 수정)하는 것을 이르는 말이다. 조건을 제어함에 있어서 핵심 되는 장비는 단연 사출성형기이며, 사출성형기에는 성형조건을 제어할 수 있도록 다양한 패널(panel)이 구성되어 있다.

⇨ 사출기술은 제어기술(制御技術, control technology)이다. 그러므로 제어(制御)를 잘하기 위해서는 성형에 관여하는 각각의 기능에 대한 이해, 제어요령에 대한 이해는 필수다.

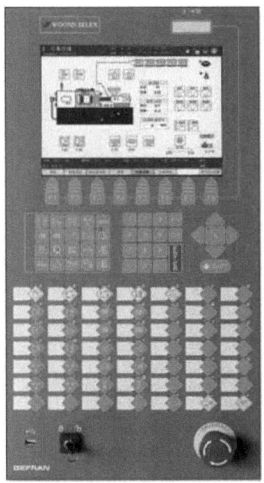 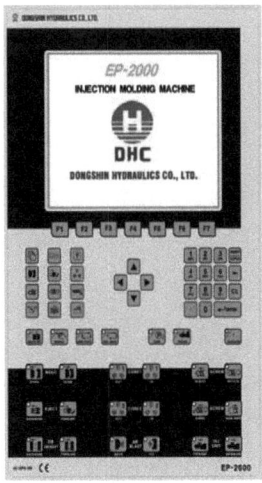 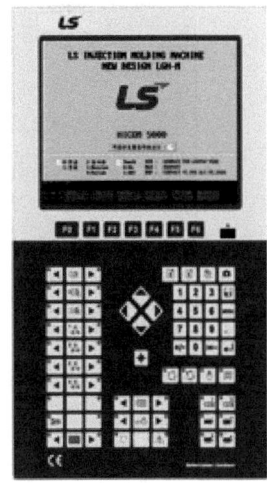

그림 6.2 control unit(왼쪽부터 W사, D사, L사)

1) 금형부(mold unit)

금형의 여닫는 속도를 제어하는 곳이다.

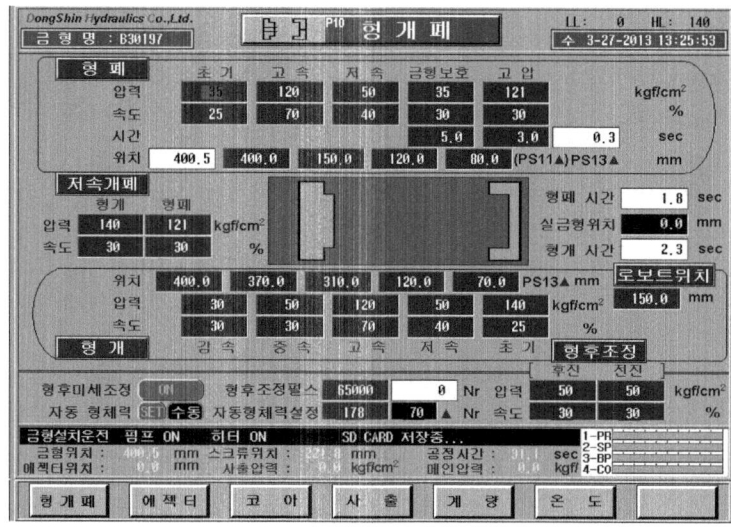

그림 6.3 mold unit(D사)

2) 사출부(injection unit)

사출조건을 제어하는 곳이다.

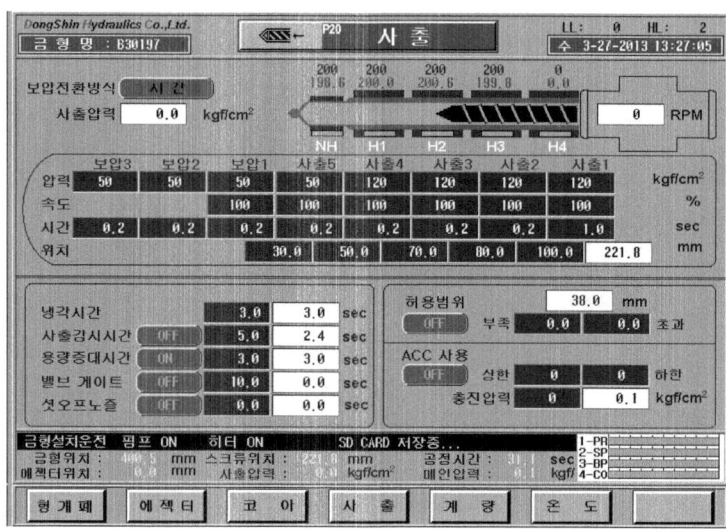

그림 6.4 injection unit(D사)

3) 계량부(charge unit)

성형에 필요한 양(量)을 제어해서 가소화하는 곳이다.

⇨ 양(量)은 거리(스트로크(stroke)라고 한다)로 제어하며, 단위는 밀리미터(mm)이다.

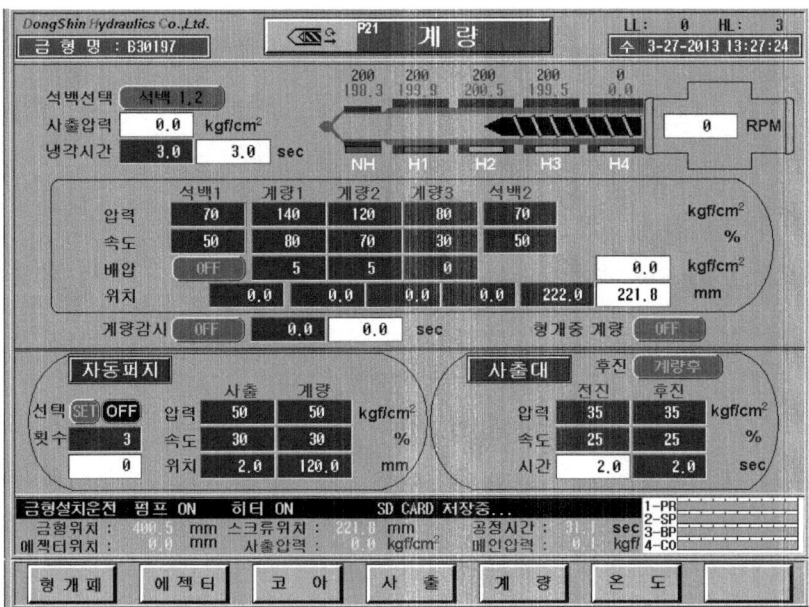

그림 6.5 charge unit(D사)

4) 온도제어부(temperature control unit)

밴드히터의 온도를 제어해서 플라스틱을 녹이는 곳이다.

⇨ 온도제어부는 계량부(charge unit)가 가소화를 수행하는데 지장이 없도록 밴드히터를 통해 열을 공급하는 곳이다. 플라스틱은 밴드히터를 통해 공급받은 열과 스크루 회전에 의해 발생되는 마찰 열 및 배압에 의해 연화되면서 다음 쇼트(shot) 성형을 위해 스크루 선단에 축적된다.

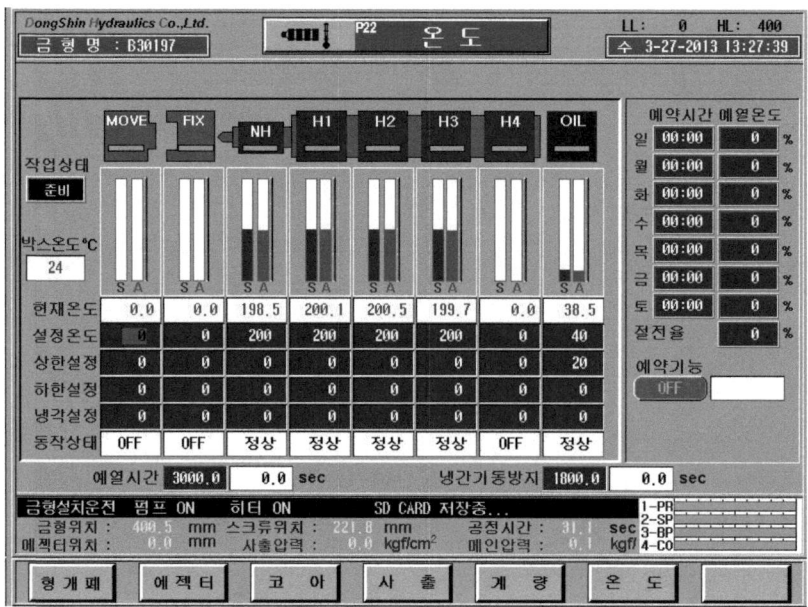

그림 6.6 temperature control unit(D사)

요약하면 수지를 녹여(온도제어부) 가소화(계량부) 시킨 뒤 금형 내로 사출(사출부)하면, 금형이 열리고 닫히면서(금형부) 취출과 성형을 반복한다는 것이 골자다.

⇨ 사출성형은 주어진 설비를 잘 활용해서 해당 성형품에 맞는 이상적인 조건을 찾아나가는 기술이다. 처음부터 완벽한 조건은 기대하기 어려우며 몇 번의 수정을 거쳐 완전한 조건을 찾아 나가는 것이 대체적인 패턴이다.

Note

성형조건은 금형에 따라서도 다르고 성형재료에 따라서도 다르다. 우수한 성형품을 얻기 위해서는 제대로 된 조건을 성형기의 제어패널에 설정해주려는 노력이 필요하다.

성형품에 따라서는 단순한 조건을 요하는 것도 있고 까다로운 조건을 요하는 것도 있다. 다양한 item에 능동적으로 대응하기 위해서는 다양한 지식과 경험적 노하우(know how)는 필수다.

2.1 조건 구성요소

성형조건을 구성하고 있는 요소들을 역할적 측면에서 배분해보면 주 조건과 보조조건으로 나눌 수 있는데, 주 조건은 조건 중에서도 가장 주(主)가 되는 조건, 다시 말해 가장 으뜸 되는 조건을 말하고, 보조조건은 주 조건을 보조 내지 보좌하는 조건을 말한다.

주 조건 + 보조조건 = 완제품

주 조건의 종류로는 성형온도 · 계량조건 · 사출조건 등이 있고, 보조조건의 종류로는 쿠션(cushion) · 형 개폐 속도 컨트롤 · 금형보호(mold protection) · 이젝터(ejector) · 건조(drying) 등이 있다.

2.1.1 주 조건

1) 성형온도

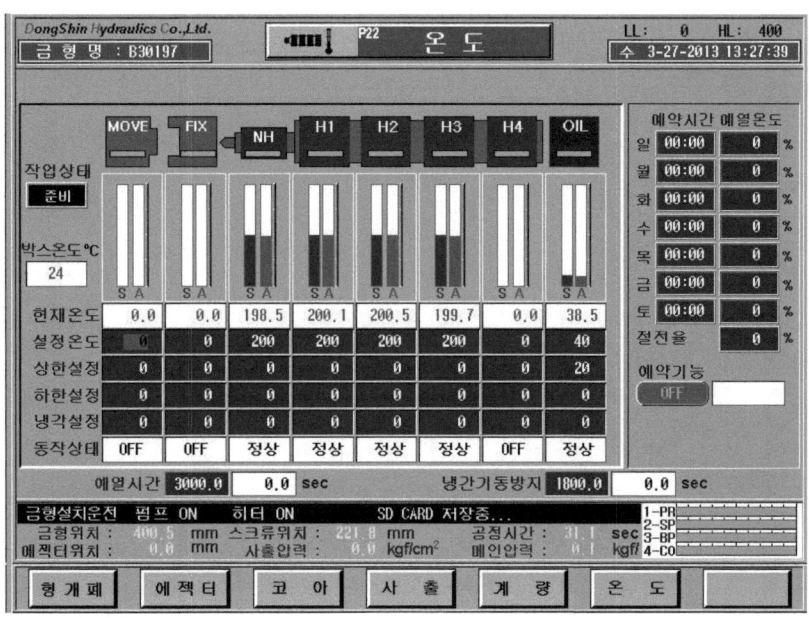

그림 6.7 temperature control unit

성형온도는 모든 조건에 있어서 가장 우선적으로 설정해줘야 되는, 설정 영(0) 순위 조건이다. 이유는 열(熱, 성형온도를 말한다)이 올라야 사출을 할 수 있을 것이기 때문이다.

조건에 있어서 열(熱)이 차지하는 비중은 매우 높다. 열(熱)을 어떻게 설정하느냐에 따라 조건 전반에 미치는 파급효과는 일파만파(一波萬波)이기 때문이다.

⇨ 성형온도(금형온도도 포함)를 제외한 조건들은 만지는 즉시 효과가 나타나지만 성형온도(금형온도도 포함)는 설정치(또는 수정치)까지 도달하는데 시간이 걸린다는 것도 우선 설정 이유 중 하나이다.

⇨ 초도 성형의 경우 열(熱)을 어떻게 설정하느냐에 따라 향후 작업진행에 있어서 애로를 겪을 것이냐 원하는 조건을 빨리 찾을 것이냐의 기로에 서게 된다. 이렇듯 열(熱)은 전체 성형조건의 양부(良否)를 견인하는 견인차 역할을 수행한다.

그림 6.8 조건의 견인차 역할을 수행하는 열(熱)

처음부터 열을 기가 막히게 잘 설정해 버리면 다른 조건들은 덩달아 잘 먹혀들게 되어 있다. 그러나 처음부터 정확한 열을 설정하기란 쉽지가 않으며, 몇 번의 수정과정을 거쳐야 제대로 된 열이 설정되어 나온다는 것이 일치된 시각이다.

잘 설정된 열은 조건 전반을 안정적으로 끌고 간다.

모든 플라스틱은 성형이 가능한 온도범위가 정해져 있으며, 이는 저마다 상이하다.

표 6.1 수지별 성형 가능 온도범위

구분	수지	성형온도
결정성 수지	PE	170℃~290℃
	PP	170℃~290℃
	PA	210℃~260℃
	POM	170℃~190℃
비결정성 수지	PS	180℃~240℃
	ABS	180℃~260℃
	PMMA	180℃~240℃
	PC	250℃~300℃
	noryl	240℃~290℃
	PVC 경질	170℃~190℃
	PVC 연질	150℃~160℃

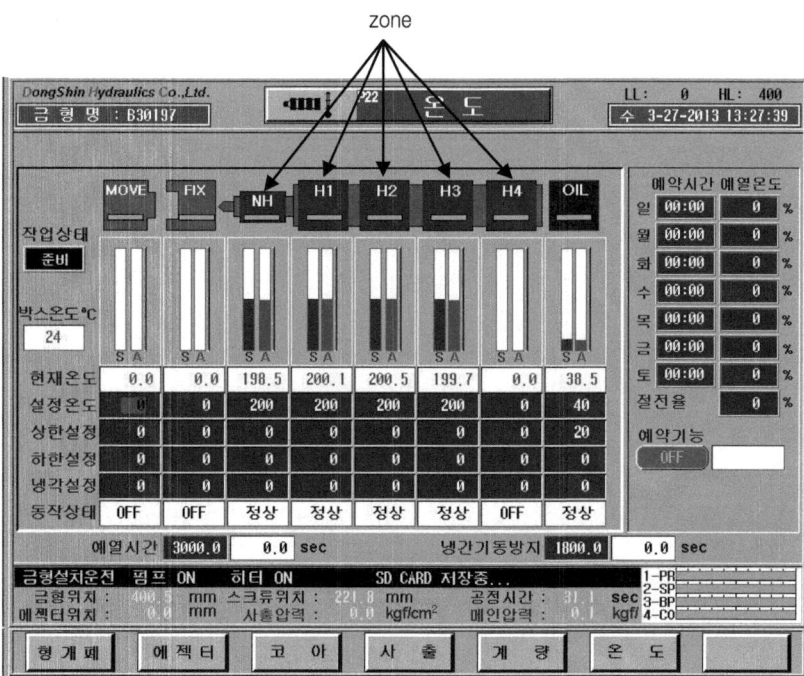

그림 6.9 온도제어구역(zone)

Chapter 6 사출성형기술 • 97

열을 설정할 때 처음 설정하는 사람은 조금 막막할 것이다. 온도범위는 몇 도에서 몇 도까지라는 건 알겠는데 어느 것을 노즐온도(NH)로, 어느 것을 1번 또는 2번, 3번, 4번 온도로 설정해줘야 될지 알 길이 없기 때문이다.

열을 설정할 때는 성형하고자 하는 플라스틱의 전체적인 성형 가능 온도범위 내에서 고·중·저로 3등분해서 판단하면 좋다. PP를 예로 들면, 170℃~290℃ 정도의 성형 가능 온도범위를 갖고 있는데, 보는 바와 같이 제일 높게 설정해 줄 수 있는 온도는 290℃로서 노즐 열(NH)을 가리키고, 제일 낮게 설정해 줄 수 있는 온도는 170℃로서 가열실린더 끝 열을 의미한다. 고·중·저로 3등분하라는 것은, 성형이 가능한 온도인 170℃~290℃를 200℃ 이하 그룹, 250℃ 이하 그룹, 290℃ 이하 그룹 등으로 3등분하란 얘기다.

⇨ 성형기의 온도 제어 패널(panel)을 보면 노즐 히터(NH)·1번 히터(H1)·2번 히터(H2)·3번 히터(H3)·4번 히터(H4) 등으로 되어 있는 걸 볼 수 있는데, 이를 이름하여 온도제어구역(zone)이라 한다.

⇨ 200℃ 이하 그룹 설정 예로, 200℃(NH), 190℃(H1), 180℃(H2), 170℃(H3), 250℃ 이하 그룹 설정 예로, 250℃(NH), 240℃(H1), 230℃(H2), 170℃(H3), 290℃ 이하 그룹 설정 예로, 290℃(NH), 285℃(H1), 280℃(H2), 170℃(H3) 등이 있다(이상은 성형기의 온도제어패널이 NH~H3까지로 되어 있을 경우의 예이다). 각각의 수치는 생각하기에 따라 다양하게 설정할 수 있다는 사실에 주목한다.

📝 *Note*

> PP는 노즐 열을 300℃ 이상 설정하면 물과 같이 되어버리므로 주의한다. 위 경우 끝 열(H3)은 될 수 있으면 170℃를 지향하는 것이 좋다(상황에 따라 약간의 플러스(+)는 가능). 이유는 끝 열을 너무 올리면 호퍼로부터 수지가 낙하하면서 유입 초기부터 녹여버려 덩어리를 형성하여 계량불능을 초래하기 때문이다(PP는 결정성 수지로서 융점(Tm)이 160℃~168℃인데, 최소한 이 온도 이상은 설정해 줘야 성형이 가능하다).

성형온도를 3등분하는 것을 '온도범위에 의한 3분법'이라고 하며, 여기에다 성형하고자 하는 성형품의 두께와 성형재료의 점도(粘度) 및 밀도(密度)에 의한 3분법적 논리를 대입시키면 일단의 열 설정이 가능하게 된다.

(1) 두께에 의한 3분법

열을 설정할 때 우선적인 판단기준은 성형품의 두께다. 두께가 두꺼우면 낮게, 얇으면 높게 설정한다. 두께가 두꺼우면 수지가 금형의 차가운 면과 부딪쳐도 쉽게 굳질 않아 열을 낮춰줘도 되는 반면, 얇으면 빨리 굳어버려 높게 설정해야 한다.

⇨ 두께가 두꺼우면 녹은 수지가 금형 내를 유동할 때 금형 면과 직접 맞닿는 외벽은 빨리 굳으나 내부는 쉽게 굳질 않아 낮은 열을 지향할 수 있는 반면, 얇으면 내·외벽을 막론하고 빠르게 굳어 열을 높여줘야 성형이 가능하다.

두께는 '(매우)두꺼움·중간·(매우)얇음' 등 세 부류로 나눌 수 있는데, 이들을 온도범위의 3분법에 의해 나눠놓은 각각의 열에다 그대로 덮어쓰기만 하면 일단의 열 설정이 가능하게 된다.

⟨control 예⟩

PP의 경우 두께가 두꺼우면 200℃ 아래로 편성하되, 노즐히터 190℃, 1번 히터 180℃, 2번 히터 175℃, 3번 히터 170℃ 등으로 편성한다. 사례는 앞서 설명한 그룹별 온도와 약간 상이하게 편성해본 것이다. 구간별 온도차는 5℃(또는 10℃)이나 두께가 매우 두꺼우면 20℃씩 차등을 둘 경우도 있다.

⇨ 열을 너무 낮추면 스크루가 구동을 하지 않는 수가 있으므로 주의한다.

두께가 중간 또는 그보다 얇을 때는 250℃ 이하로 편성하되 노즐히터 250℃, 1번 히터 245℃(또는 240℃), 2번 히터 235℃(또는 230℃), 3번 히터 170℃(또는 180℃) 등으로 한다.

⇨ 앞서 말한 바와 같이 설정수치는 생각하기에 따라 다양하게 나올 수 있다.

두께가 매우 얇을 때는 더욱 높게 설정한다. 즉 노즐 열을 290℃, 1번 히터 285℃(또는 290℃), 2번 히터 280℃, 3번 히터 170℃(또는 180℃) 등으로 편성한다.

⇨ 300℃ 설정은 피하는 것이 좋다(과열되어 물과 같이 되어버리기 때문).

지금까지의 예는 가정치에 불과하며 보다 정확한 열은 작업을 해나가면서 찾아야 한다. 몇 번 수정을 거치다보면 해당 성형품에 맞는 온도가 몇 도인지 어렵사리 알아차린다.

(2) 점도(粘度)에 의한 3분법

> **Note**
> 점도(粘度) : 유체(流體)가 고체 면에 달라붙는 정도

플라스틱의 점도는 고점도·중점도·저점도로 나뉘는데, 고점도(高粘度)는 점도가 높은 것이고, 저점도(底粘度)는 점도가 낮은 것이며, 중점도(中粘度)는 고점도와 저점도의 중간 정도에 해당되는 점도를 가진 것이다.

⇨ 고점도 수지는 유동성이 떨어지고, 저점도 수지는 유동성이 좋으며, 중점도 수지는 중간정도의 유동성을 가진다. 점도가 높을수록 유동이 불량하여 유동성을 확보하기 위해서는 열을 높여줘야 하고, 낮으면 반대로 된다.

표 6.2 재료별 점도

고점도 재료	중점도 재료	저점도 재료
경질염화비닐	PMMA	폴리에틸렌
폴리아릴레이트	ABA	폴리프로필렌
폴리카보네이트	EVA	폴리아미드계
폴리설폰	AS	폴리우레탄
셀룰로오스계	POM	폴리메탈펜텐
불소계	PPS	무충전 PBT
폴리에텔설폰	연질 PVC	
변성PPO		
BMC		
FRTP(각종 폴리에텔아미드)		

(3) 밀도(密度)에 의한 3분법

> **Note**
> 밀도(密度) : '빽빽한 정도'를 가리키는 말. 플라스틱의 밀도는 분자량과 관계가 깊다.

밀도(密度)도 점도(粘度)와 마찬가지로 고밀도·중밀도·저밀도로 나뉘는데, 고밀도(高密度)는 밀도가 높은 것을 말하고, 고밀도이기 위해서는 분자량이 클 것이 요구된다. 이에 대해 저밀도(底密度)는 밀도도 낮고 분자량도 작다. 중밀도(中密度)는 고밀도와 저밀도의 중간 정도의 분자량과 밀도를 가진 것이다.

⇨ 밀도가 높을수록 유동성은 떨어지나 강도가 좋고, 반대이면 유동성은 좋으나 강도가 떨어진다.

■ MI 값

> **Note**
> melt indexer의 줄임말로서, 밀도(密度)와 유동성과의 관계를 값으로 나타낸 것.
> MI 값이 크면 분자량이 작고(밀도도 낮다), 유동이 좋은 반면 강도가 떨어지고, MI 값이 작으면 분자량이 크고(밀도도 높다), 유동이 불량한 반면 강도는 우수하다.

Point

MI 값은 분자량의 대, 소로 접근하면 이해가 쉽다. 즉, 분자량이 작으면 몸집이 가벼워 유동이 좋을 수밖에 없어 MI 값이 큰 반면 부실한 몸집으로 인해 강도가 떨어지고, 분자량이 크면 몸집이 비대하여 유동이 떨어질 수밖에 없어 MI 값은 작으나 강도가 우수하다는 것이 그것이다.

두께니, 점도니, 밀도니 하는 것들은 사출 시에 용융수지가 금형 내를 잘 흐를 것인지 못 흐를 것인지에 대한 판단기준이다. 비록 두께가 두껍다고 하더라도 점도나 밀도가 높으면 유동이 떨어질 것이 자명하므로 열을 높여주지 않으면 안 될 상황도 발생된다.

⇨ 최초에 설정한 열은 어디까지나 가정치다. 가정치에서 해당 성형품에 맞는 이상적인 수치를 찾아 나가는 작업이 성형온도 control이다. 보다 정확한 열은 조건을 컨트롤해나가는 과정에서 자연스럽게 도출된다.

숨은 그림 찾기에 비유되는 성형조건의 key point는 사용 플라스틱의 물성(物性)과 성형하고자 하는 item의 내용, 즉 금형 내용에 달려 있다. 이를 위해 금형 내부를 주의 깊게 들여다보고 사용 플라스틱의 물성과 대비하여 판단해보면 원하는 조건을 찾아내는데 무리가 없다.

⇨ 초기조건은 이유여하를 불문하고 성형하고자 하는 플라스틱의 물성(物性)과 금형으로부터 정보를 얻어야 한다. 특히 성형온도는 재료의 유동성이 어떤가를 아는 것이 중요하여 금형은 cavity를 들여다보고 크기와 두께 및 형상 그리고 성형품의 구조적 특성을 파악하는 것이 중요하다. 재료의 유동성과 성형품의 두께는 성형온도를 어느 정도로 설정해서 출발하는 것이 좋을건지 가늠해 볼 수 있는 척도가 된다.

금형으로 부터 얻을 수 있는 성형조건과 관련한 메시지(message)는 여러 곳에서 발견된다. 예를 들면, 게이트의 형상이라든가 cavity의 구조 및 크기 그리고 두께가 좋은 예다. 이것들을 성형하고자 하는 플라스틱의 점도 및 밀도와 대비시켜 판단해보면 조건의 개략적인 구도가 잡혀 나온다.

열(熱)이 잘 설정된건지 못 설정된건지는 사출압력을 만져보면 알 수 있다. 일예로, 압(壓)을 꽤 높였는데도 미성형이 잡혀 나올 기미가 보이지 않으면 열이 낮거나 금형온도가 낮음이 원인이다. 금형이 몹시 차가울 때는 압을 웬만큼 높여줘도 미성형이 잡히지 않으며, 이때는 원인이 되는 금형온도를 높여주면 그리 높지 않은 압으로도 성형되어 나올 가능성이 높다.

■ 온도구배의 원칙

노즐 쪽으로 갈수록 온도를 높이고, 뒤로(호퍼 쪽) 갈수록 낮춰주는 것을 온도구배라고 한다. 온도구배를 주는 이유는, 가열실린더 내 가스빼기를 비롯한 몇 가지 노림수 때문이다.

⇨ 가스(gas)는 호퍼로부터 플라스틱 재료와 함께 유입된 공기(air)와 가소화 중 수지가 녹으면서 발산 하는 가스(gas), 둘 다를 가리킨다. 온도구배에 의해 가스가 빠진다는 이야기는 어제 오늘의 이야기가 아닌, 사출성형에 있어서 비교적 잘 알려진 이치이자 원리다.

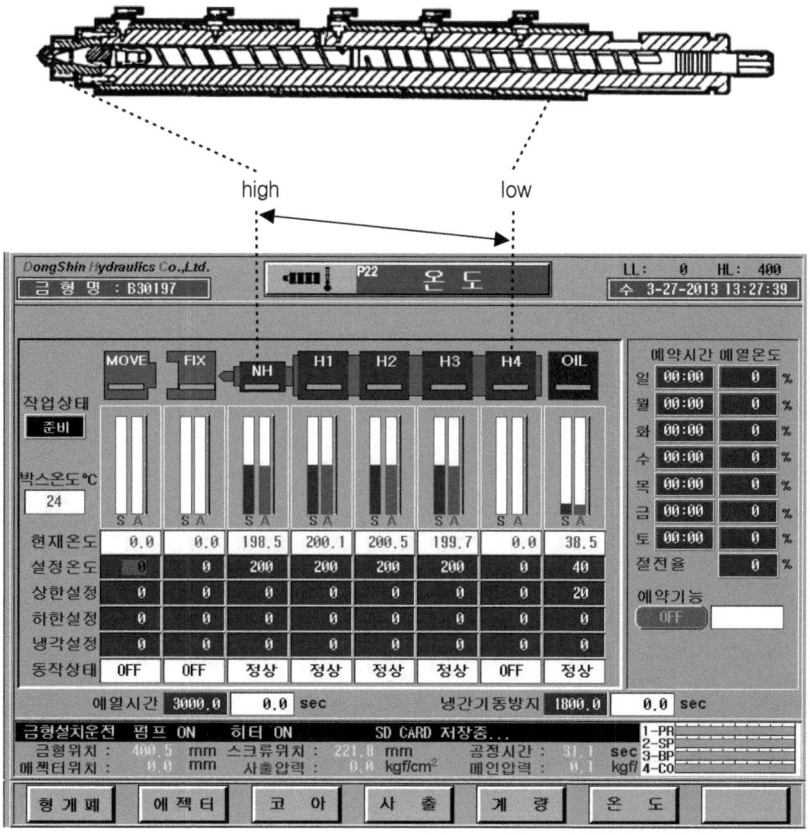

그림 6.10 온도구배

배럴(barrel(=가열실린더)) 내 가스를 효과적으로 배출시키기 위해서는 가소화의 3요소인 '열+계량 속도+배압'의 상호작용 또한 무시할 수 없다. 이는 성형온도를 온도구배의 원칙에 입각해서 하향식으로 내리깔아주고 계량 속도를 천천히 해주며, 배압을 높여주는 것을 의미한다.

⇨ 본 내용에 대해서는 <플라스틱 사출 성형조건 CONTROL 법>에서 상세히 설명한 바 있으므로 부연설명은 생략한다.

온도구배를 주는 또 다른 이유는, 호퍼 하단부가 지나치게 뜨거워지는 것을 방지하자는 데도 있다. 알다시피 호퍼 하단부는 플라스틱 재료가 가열실린더 내로 유입되는 입구에 해당되므로 이 부분이 지나치게 뜨거워지면 유입 초기부터 녹아 덩어리를 형성하여 계량불능이 된다(호퍼 하단부 냉각상태가 원만하지 못하여도 같은 현상 발생).

수지에 따라서는 노즐 전용 히터가 부착되어 있지 않으면 노즐이 굳어 다음 쇼트(shot) 사출이 불가할 수도 있다. 이때는 그 다음 열인 1번 히터(H1)를 10℃ 정도만 높여줘도 애로점이 타개되는 수가 있으므로 적절히 활용한다.

⇨ 노즐은, 다른 부분에 비해 노출이 심하고 금형의 스프루(sprue)와 늘 터치 상태를 유지하므로 식어 있을 가능성이 높다.

■ 실전 온도제어

다음은 실전에서 응용 가능한 온도제어의 몇 가지 유형을 나타낸 것이다. PP와 PVC 및 POM을 대상으로 하였으며 성형품의 두께가 두꺼울 경우를 예로 들었다.

⇨ 두께가 얇을 경우도 온도가 높게 설정된다는 것 외 특이사항은 없다.

• PP
  <유형 A>

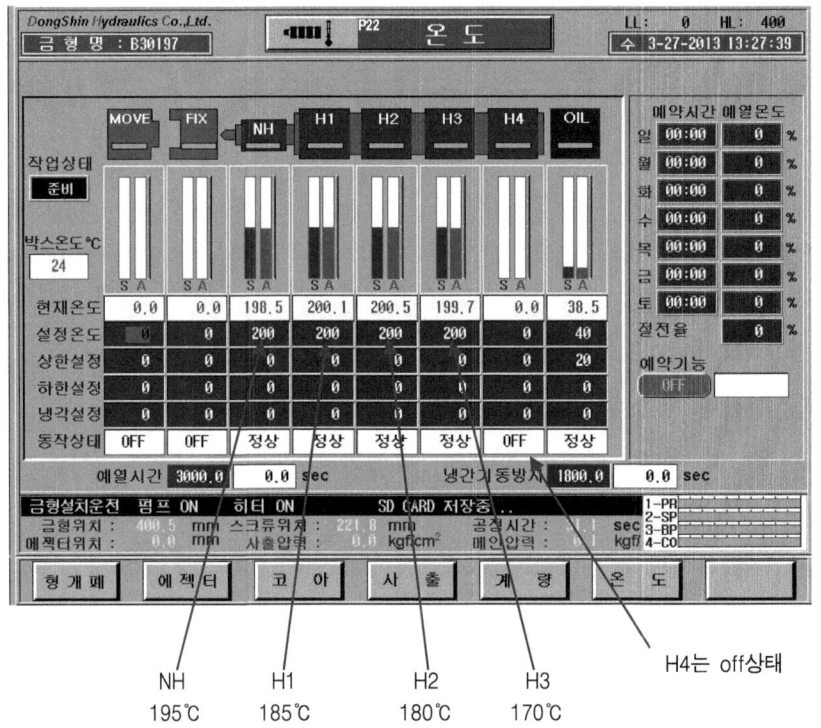

NH 195℃
H1 185℃
H2 180℃
H3 170℃
H4는 off상태

해설

유형 A는 구간별 온도차를 5℃(또는 10℃)로 해서 하향식으로 내리깐 것이다. 소위 '하향식 온도 구배'에 의한 배열법이다. 이 방식은 생산현장에서 가장 선호하는 방식이다.

<유형 B>

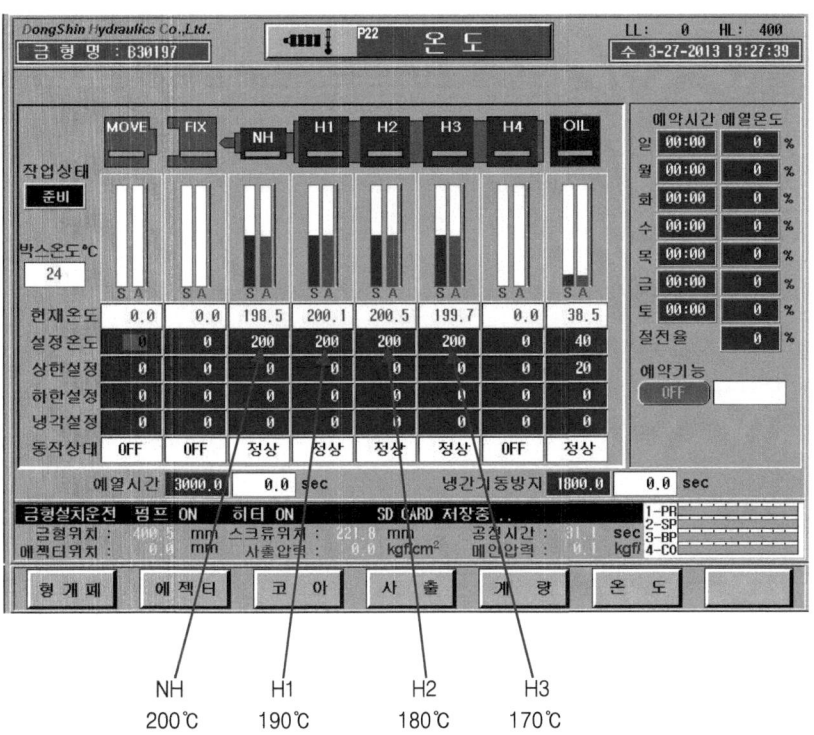

해설

유형 B도 구간별 온도차를 10℃로 한 것 외에 특이사항은 없다.

<유형 C>

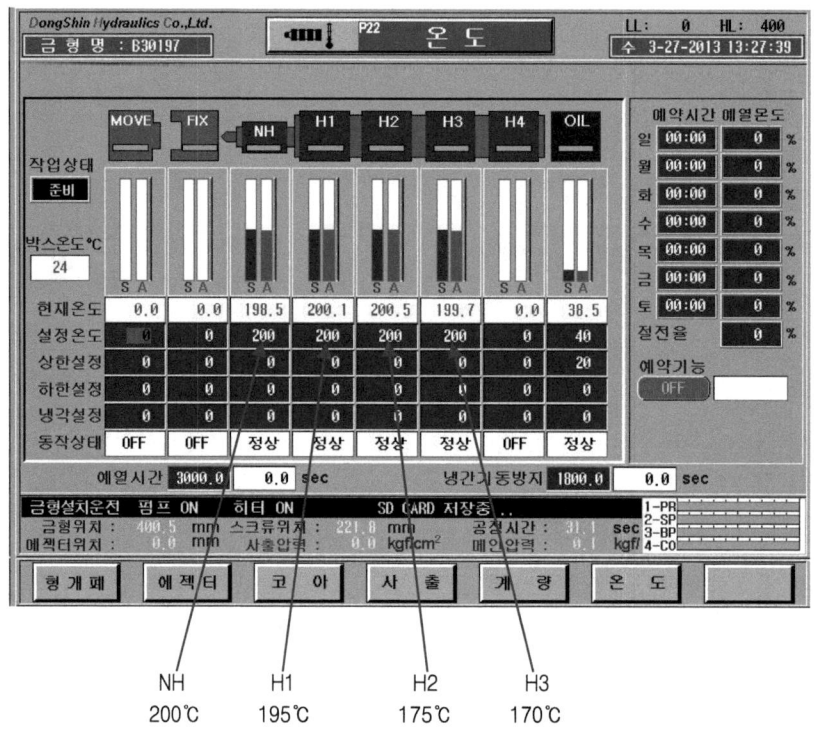

해설

유형 C는 노즐 열과 H1을 5℃, H1과 H2를 20℃, H2와 H3를 5℃로 하였다. 이렇게 한 것은 노즐 열과 1번열로 성형을 달성하고(성형에 직접 관여하는 열은 노즐 열과 1번열이며, 이 부분의 수지가 매 쇼트마다 금형으로 유입된다), 나머지 열은 낮춰줌으로써 shot 수를 올려보고자 하는 노림수가 깔려 있다.

 Note

비록 노즐 열과 1번열에 의해 성형이 이루어진다고는 하나 후열(後熱)의 지원이 없이는 곤란하므로, 터무니없이 낮추는 것은 피해야 한다.

<유형 D>

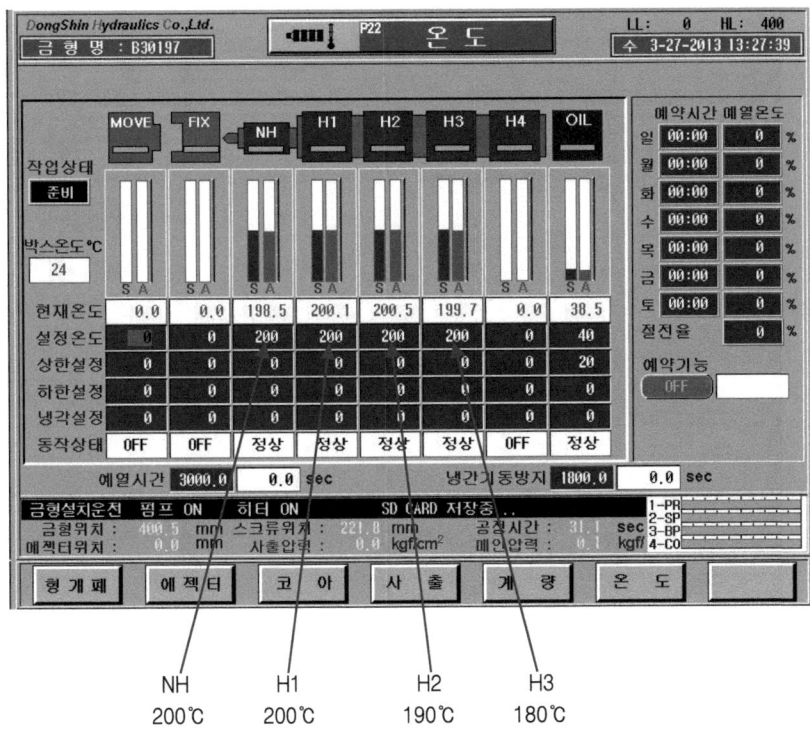

해설

유형 D는 노즐 열과 1번열을 같게 한 것이 특징이다. 매 쇼트마다 노즐 열과 1번열에 속한 수지가 금형으로 유입되어 성형품을 형성하므로, 성형품 전체적으로 균일한 온도분포를 갖도록 하기 위해서는 동일하게 설정해주는 것이 좋지 않겠는가 하는 판단에 따른 것이다.

> **Note**
>
> hot runner도 같은 개념으로 접근하는 것이 좋다. 단, hot runner의 특성상 불가피하게 편차를 둬야 될 경우도 있으므로 이 경우는 예외다.

<유형 E>

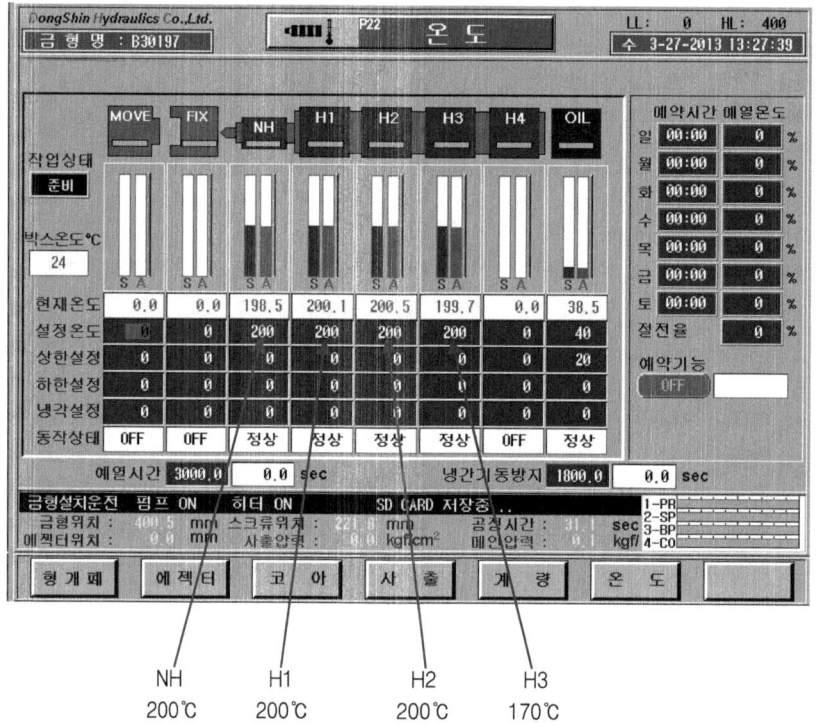

해설

유형 E는 약간 변칙적이긴 하나 성형품만 이상 없으면 된다. 단, 두께에 비해 후열(後熱)이 필요 이상 높아 사이클 희생이 우려된다.

• PVC(경질)

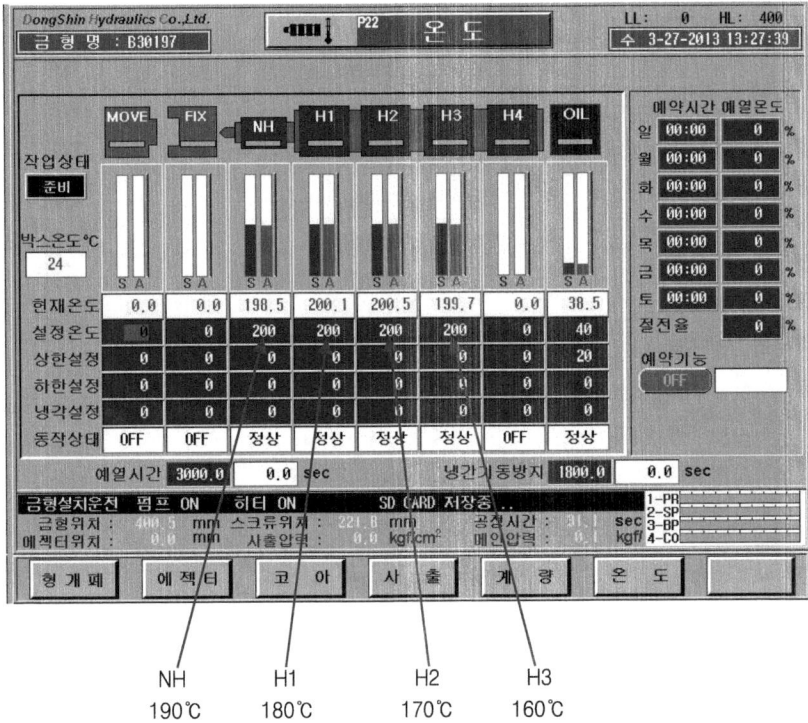

NH 190℃ H1 180℃ H2 170℃ H3 160℃

해설

PVC는 온도범위가 좁고 조금만 체류돼도 쉽게 분해되므로 사이클을 바짝 당겨서 작업해야 한다.

• POM

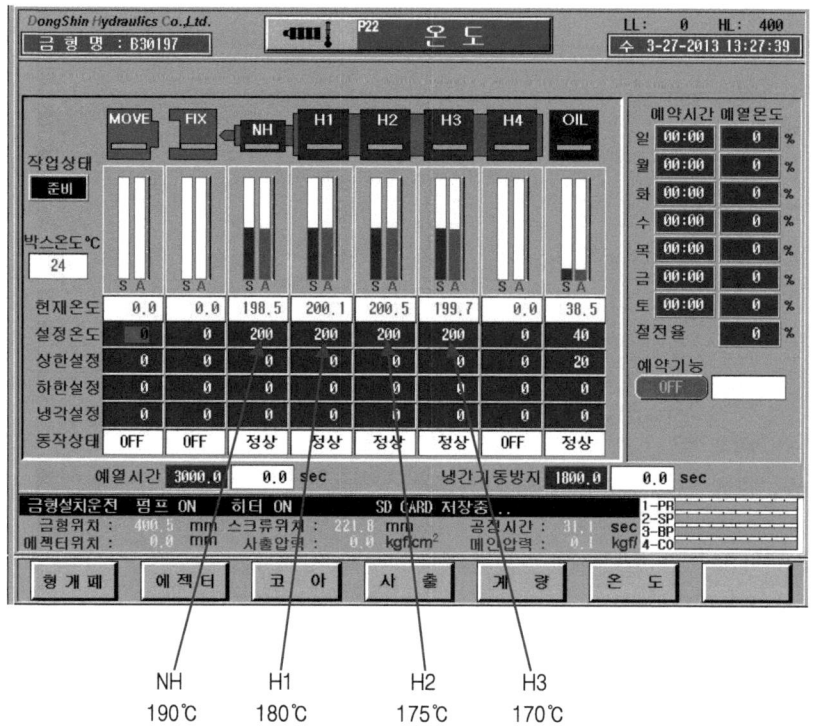

해설

POM도 온도범위가 좁다. 그래서 두께에 따른 선택의 여지가 별로 없다. POM의 온도범위는 대략 190℃~170℃선이며, 최적온도는 180℃이다. 사례는 최적온도 180℃를 H1에 배분해서 온도구배의 원칙에 입각, 하향식으로 내리간 것이다.

2) 계량조건

계량(計量)은 사출이 끝나고 다음 쇼트(shot) 분의 수지를 가소화시켜 스크루 선단에 비축하는 공정이다. 계량조건은 계량 량(계량 완료)과 계량 속도 및 배압 그리고 흐름방지 등으로 구성되어 있다.

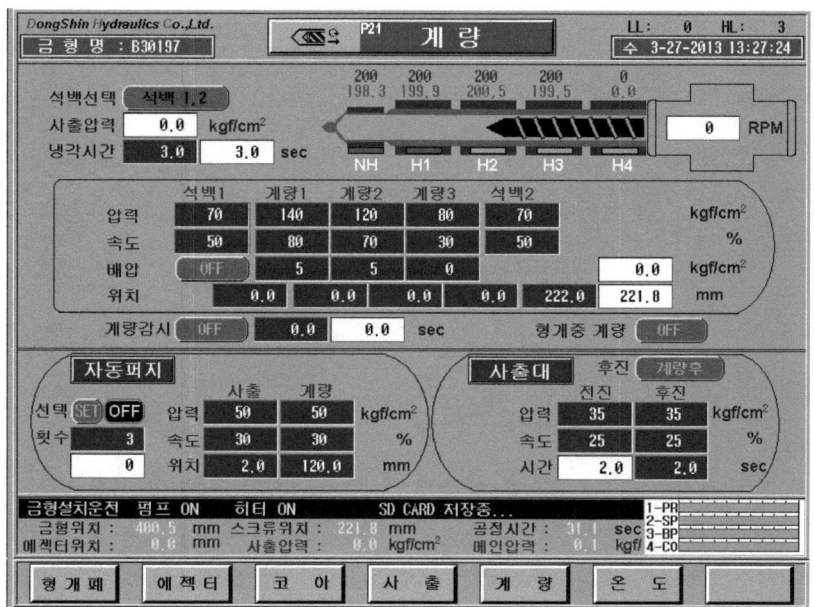

그림 6.11 계량조건 제어 panel

📝 *계량과 가소화*

> 계량(計量)은 '양(量)을 단다'는 의미와 가소화(可塑化)의 의미, 두 가지가 함축되어 있다. 양(量)은 금형을 채우는데 필요한 용융수지의 양을 말하는 것으로서, 거리(mm)로 표시된다. 가소화(可塑化)는 수지를 녹여 금형 내를 흐를 수 있는 유동체(流動體)로 만드는 것으로서, 계량 속도와 배압 및 성형온도가 관여한다. 요약하면, 계량(計量)은 스트로크(stroke, 거리(mm))를 지정해서 금방이라도 사출이 가능하도록 가소화(可塑化)하는 공정이라 할 수 있다.

(1) 계량 량(計量 量, mm)

성형을 하는데 필요한 용융수지의 양(mm)을 말하며, 계량 완료(mm)로 표기된다.

⇨ 사출이 시작되면 어김없이 계량 완료(흐름방지를 설정하였다면 흐름방지 설정수치)로부터 출발한다. 그러므로 사출의 출발점은 계량 완료(또는 그때의 흐름방지) 설정수치이다.

Chapter 6 사출성형기술 • 111

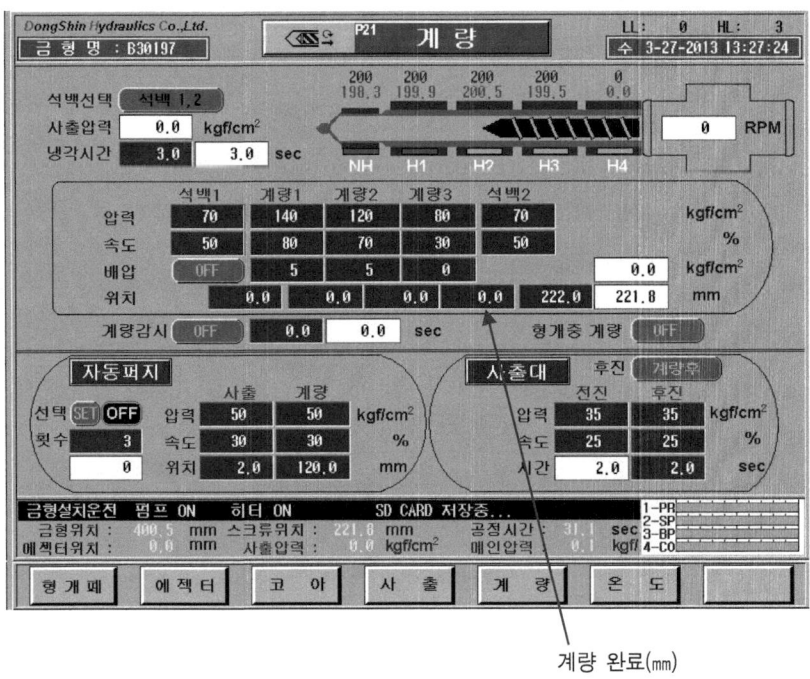

그림 6.12 계량 완료(mm)

계량 량(=계량 완료(mm))을 설정할 때는 금형을 들여다보고 감(感)에 의해 설정하거나 직전 금형과 비교해서 설정하는 것이 일반적이다. 직전 금형의 양이 120mm였다고 가정하면 셋업(Set up, 설정)하고자 하는 금형의 cavity(sprue, runner도 포함)가 직전 금형보다 크거나 두꺼울 경우 120mm 이상 설정해줘야 한다는 계산이 나온다.

계량 량을 판단할 때는 쿠션(cushion) 량도 더해서(+) 판단해야 한다. 쿠션 (량)은 통상 5mm 정도를 남겨두는데, 스크루 헤드의 충격방지를 그 목적으로 한다.

⇨ 계량 stroke는 sprue, runner, gate, cavity를 합친 양에다 cushion stroke 5mm를 더한 값이어야 한다(엄밀히 말하면 보압 중 주입되는 양도 포함되어야 정상이다).

계량 량을 실제보다 많게 설정했다고 하더라도 압과 속도 및 위치절환(p159 참조) 등을 어떻게 컨트롤하느냐에 따라 얼마든지 필요한 양만큼 주입시킬 수 있으므로, 반드시 정확한 양으로 설정해줘야 된다는 것은 아니다. 단지, 필요 이상 길게 주면 체류과다로 인한 물성저하가 일어날 수 있으므로 주의해야 한다.

(2) 계량 속도(計量速度, screw RPM)

스크루의 분당 회전속도(revolution per minute)를 말하는 것으로서, 플라스틱의 가소화를 결정짓는 중요한 요소 중 하나이다. 계량 속도를 제어할 때는 재료의 열 안정성과 물성을 고려하여 빠르기를 결정한다.

⇨ PVC는 열 안정성이 부족한 수지이므로 저속회전을 지향하는 것이 좋고, 강화 플라스틱은 본래의 플라스틱에 유리섬유나 석면 등의 무기물 첨가제(필러(filler)라고 한다)를 집어넣어 물성을 강화시켜 놓았으므로 빠르게 회전하면 수지와 첨가제가 분리되어 물성저하를 일으키므로 주의를 요한다.

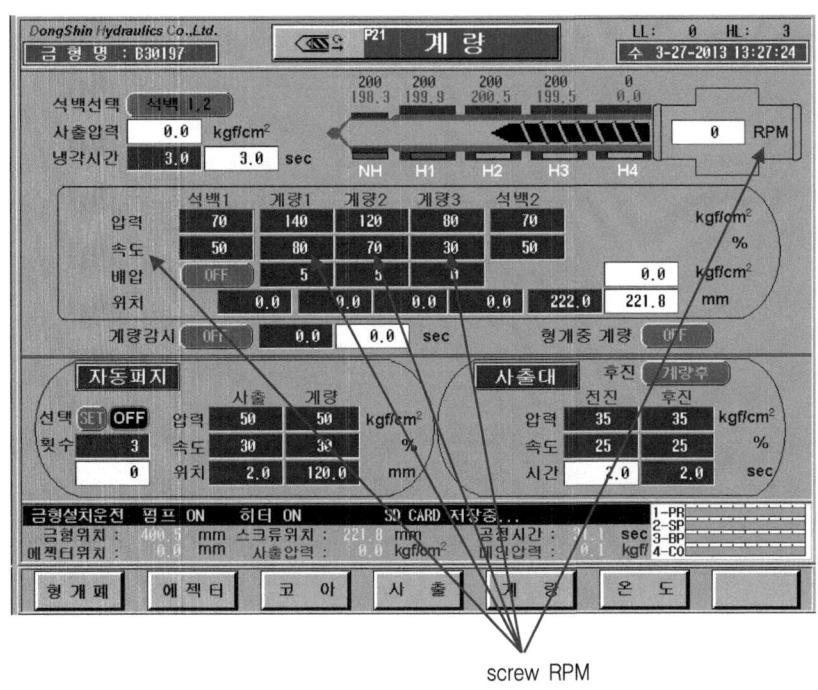

그림 6.13 screw RPM

설정단위가 백분율(%, percentage)로 되어 있을 때는 '0~99%'가 가용범위이다. 계량 속도는 수지 특성을 감안하여 때론 빠르게 때론 느리게 하는 것이 바람직하나, 스크루의 회전속도는 성형 쇼트 수와 무관치 않으므로 수지 특성과 냉각시간을 두루 감안하여 빠르기를 결정한다.

⇨ 수지 특성을 감안하라는 말은 앞서 예로 든 PVC와 강화 플라스틱을 말하는 것이고, 냉각시간을 감안하라는 말은 계량 속도를 아무리 빠르게 해놓았다 한들 냉각시간이 끝나지 않으면 의미가 없다는 뜻이다. 거꾸로, 냉각시간을 아무리 당겨놓았다 한들 계량이 끝나지 않으면 이 역시 무의미하다.

최초 설정은 60%정도면 무난하나, 수정 필요성을 느끼면 좀 더 빠르게 하거나 느리게 한다.

⇨ 빠르게 할 경우는 쇼트 수를 끌어올리기 위한 경향이 많으나 전단을 유도하여 수지온도를 높이려는 경향도 없잖아 있다. 속도가 너무 느리면 사이클 희생이 우려되고, 너무 빠르면 스크루 구동이 불안정하게 보일 수도 있다. 성형 사이클과 성형기 무리수를 감안한 이상적인 속도로 제어한다.

(3) 배압(背壓, back pressure-B.P)

배압(背壓)은 후퇴하는 스크루에 압력을 걸어 좀 더 느리게 계량이 진행되도록 함으로써 보다 알찬 계량, 알찬 가소화가 이뤄질 수 있도록 하기 위한 기능이다.

⇨ 배압은 뒤에서 미는 압(壓)이라 하여 후압(後壓)으로도 불린다. 배압의 작용이치는, 가열실린더 내 스크루가 회전하면서 뒤로 물러날 때 좀 더 느리게 물러나도록 브레이크(brake)를 걸어주는 것으로 요약할 수 있다. 배압을 높이면 브레이크 작용이 심해져 계량이 느리게 진행되고 낮추면 빠르게 진행된다.

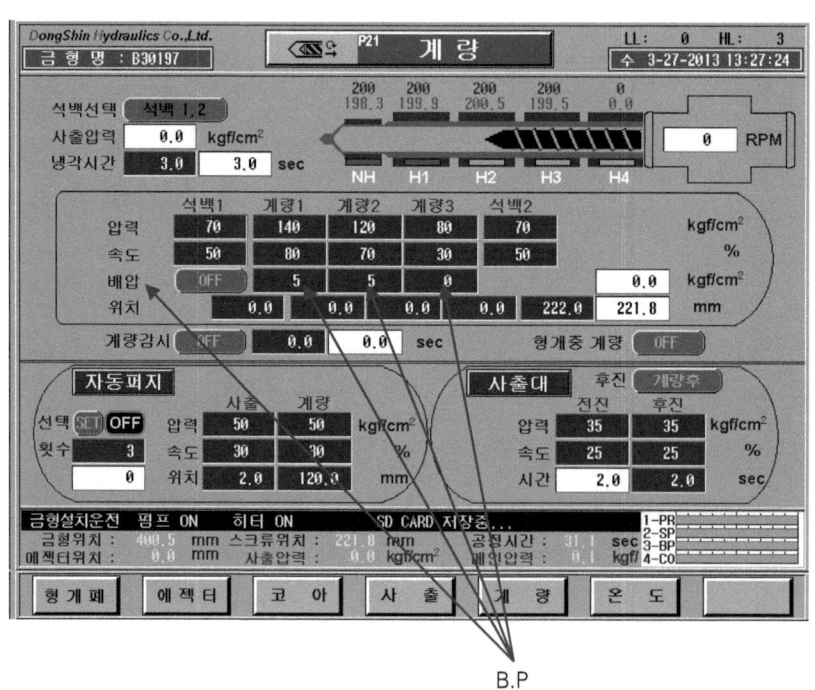

그림 6.14 back pressure-B.P

배압은 수지 특성과 성형 item에 따라 올리고 내리고의 기복이 비교적 심하다.

⇨ PC는 배압을 높게 가해야 되는 반면, PP는 낮게 가해도 된다. 그러나 PP도 PP 나름! 잡화품을 성형하는 PP의 경우 착색제의 원만한 배합을 위해 다소 높은 배압을 요구받을 경우도 있다.

필요에 의해 올리고 내리고 하는 것까지는 좋으나, 초기조건에 있어서의 배압은 노즐구멍으로부터 약간 흘러내린다 싶을 정도의 수준이면 대체로 만족하다(초도 설정은 그림 6.14에도 나와 있는 바와 같이 5(또는 3)가 적당). 보다 정확한 설정은 성형품의 성형상태를 봐가면서 결정한다.

⇨ 배압이 부족하면 일단의 징후로서 은줄(실버스트리크, silver streak) 혹은 흑줄(블랙스트리크, black streak)이 생긴다. 성형품에 은줄 또는 흑줄이 생기지 않고 노즐구멍으로부터 줄줄 흘러내리지만 않는다면 일단은 합격이다.

배압을 줌으로써 얻는 기대효과로는 1. 건조효과, 2. 공기배출 효과, 3. 중량증가 효과, 4. 혼련효과, 5. 기포제거 등이 있다.

⇨ 본 내용에 대해서는 <플라스틱 사출 성형조건 CONTROL 법>에서 소개한 바 있으므로 부연설명은 생략한다.

지금까지 설명한 성형온도 · 계량 속도 · 배압을 원료 믹싱(mixing)의 3요소라 칭한다.

⇨ 믹싱(mixing)이란, 플라스틱을 가소화하기 위해 행하는 일련의 혼련작용을 의미한다. 성형온도 · 계량 속도 · 배압은 삼위일체(三位一體)적 성향이 강하여 어느 하나를 수정시킨다 하더라도 그것만 따로 떼내어서 생각하지 말고 항상 묶어서 같이 판단할 수 있도록 하는 것이 옳고 또 현명한 판단이다.

(4) 흐름방지(suck back(S.B) or drooling)
흐름방지는 노즐구멍으로부터 수지가 줄줄 흘러내릴 때 이를 방지하기 위해 사용하는 기능이다. 계량이 완료된 스크루를 강제로 후퇴시킨다 하여 강제후퇴로도 불린다.

⇨ 플라스틱은 그 종류에 따라 노즐구멍으로부터 잘 흘러내리는 수지가 있고 그렇지 않은 수지가 있다. 유동성이 좋은 수지일수록 그렇지 않은 수지에 비해 강제후퇴를 설정해 줘야 될 확률이 높다는 데는 이견이 없다.

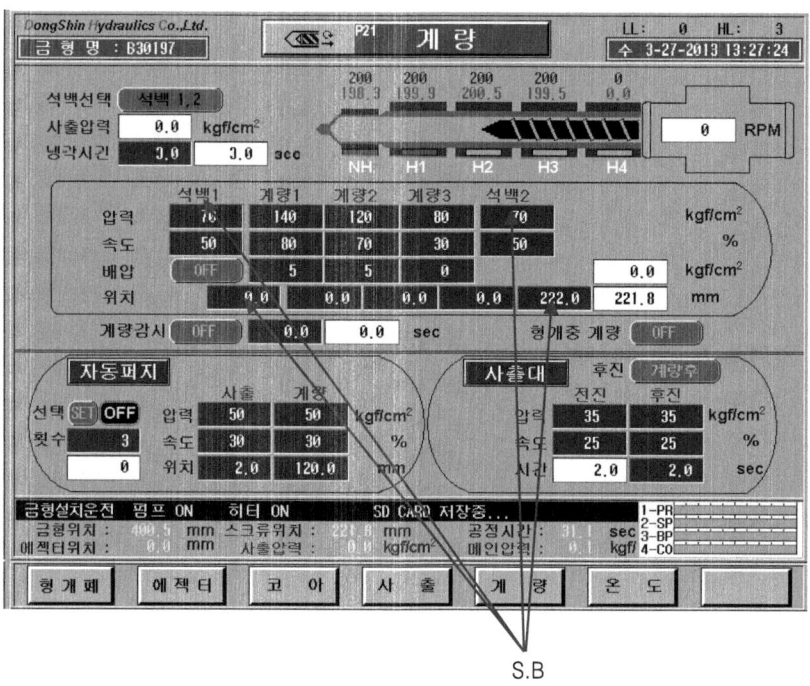

그림 6.15 suck back-S.B

강제후퇴를 설정하면 가열실린더 내로 공기가 유입된다는 사실은 잘 알려진 사실이다. 유입된 공기는 사출 시에 수지와 함께 금형 속으로 들어가 실버스트리크(경우에 따라서는 블랙스트리크)를 발생시키기도 한다. 그러므로 될 수 있으면 설정을 자제하는 것이 좋고, 부득이할 경우(산포 등) 스트로크(stroke, mm)를 짧게 하는 것이 좋다.

⇨ 강제후퇴를 설정했다고 해서 다 실버스트리크나 블랙스트리크를 발생시키는 것은 아니다(수지에 따라서는 다른 경향을 나타낼 때도 있기 때문). 고로, suck back stroke(거리, mm)는 수지 종류에 따라 다르게 설정해야 한다(ABS와 PC는 3mm 이내가 적당하고, PP는 5mm 이상도 가능하다).

■ 가소화 공정의 다단(多段)

가소화 공정의 다단(多段)은 몇 개의 단계에 걸쳐 각기 다른 조건(=계량조건)을 설정할 수 있도록 해 놓은 것이다. 요즘 성형기는 거의 전 공정에 걸쳐 다단을 선호하는 추세다.

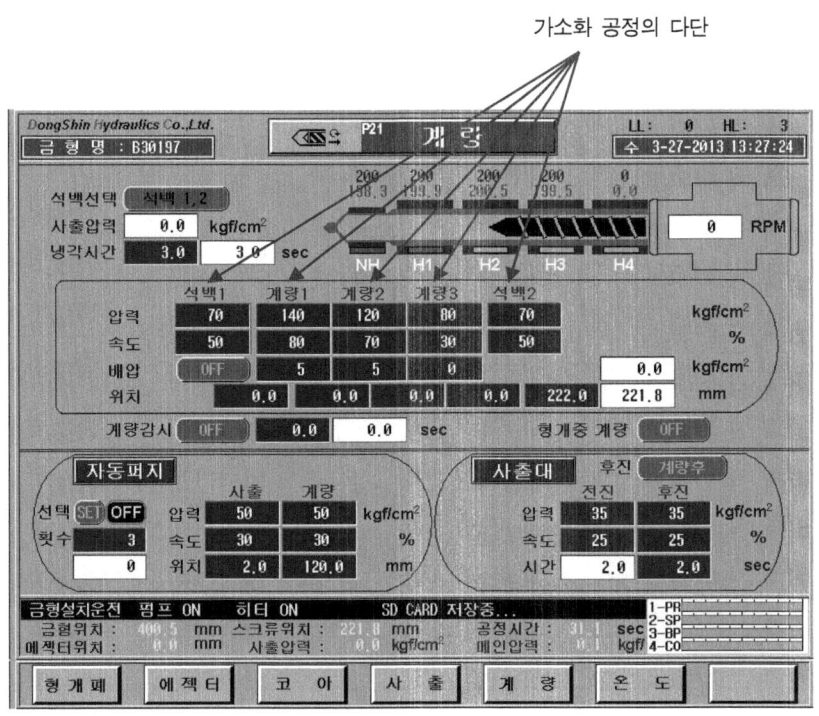

그림 6.16 가소화 공정의 다단

제어요령은 어디서 어디까지는 어느 정도의 빠르기(계량 속도)와 압(배압)으로 대응하고, 다시 어디서 어디까지는 또 다른 빠르기(계량 속도)와 압(배압)으로 대응하는 것으로 요약할 수 있다.

⇨ 가소화 전반부는 되도록 빠르게 해서 사이클 희생을 막고, 후반부는 느리게 해서 완벽한 가소화·혼련을 도모하는 것도 괜찮은 방법이 될 수 있다.

Note

실제로는 전 단계에 걸쳐 동일한 배압, 동일한 계량 속도로 제어해도 가소화를 달성하는데 무리가 없다.
계량(=가소화)은 냉각시간 종료와 동시에 종료함을 원칙으로 한다(정확히, 계량종료시간에다 0.1초 더한 시간을 냉각시간으로 설정-체류과다로 인한 열 열화 방지목적). 단, 모든 조건을 이런 식으로 운용할 필요는 없고, 체류과다로 인한 열 열화 현상(수지 색깔이 바래지는 현상 등)만 없으면 계량이 냉각시간보다 다소 일찍 종료돼도 무방하다.

표 6.3에서도 알 수 있는 바와 같이 가소화 관련 조건들이 다양한 수치로 설정되어 있는 걸 볼 수 있는데, 사례의 수치는 반드시 그렇게 설정해줘야 된다는 것은 아니며, 비록 똑같은 금형, 똑같은 수지라 할지라도 좀 더 색다르게 설정할 수도 있다는 사실에 유의한다.

⇨ 사례는 계량 완료(mm) 160mm, 사출 완료(mm) 17mm일 경우를 예로 든 것이다.

표 6.3 가소화 공정의 다단 control 예

변환위치	계량 전 S.B	1C	2C	3C	계량 후 S.B
속도(%)	40	45	90	60	70
압력(kg)	40	50	85	45	65
배압(kg)	-	15	10	5	-
거리(mm)	-	20	155	160	165
동작표시	→	⌒	⌒	⌒	→

자료출처 : W사 사출성형기 매뉴얼(manual)

강제후퇴(suck back)는 계량 전(前) 강제후퇴와 계량 후(後) 강제후퇴, 두 부류로 돼 있는 걸 볼 수 있는데, 통상 계량 후(後) 강제후퇴를 선호하는 편이다. 그러나 필요에 따라서는 계량 전 강제후퇴를 쓸 수도 있고, 둘 다 쓸 수도 있다는 사실에 주목한다.

⇨ 패널(panel)이 그렇게 구성되어 있다 하더라도 다 설정할 필요는 없으며, 필요에 따라 택일 제어, 선택 제어하면 된다.

3) 사출조건(射出條件)

사출조건은 글자 그대로 사출하는 조건이다. 사출성형은, 사출조건을 통해 성형품이 만들어지며, 성형품이 만들어지는 이치는 성형의 원리에 의해 비롯되므로 원리를 모르고는 제대로 된 사출조건을 구사할 수가 없다.

⇨ 고기를 낚으려면 고기 낚는 법을 터득해야 하는 것과 마찬가지로 사출기술을 습득하려면 성형이 달성되는 이치부터 깨우쳐야 한다.

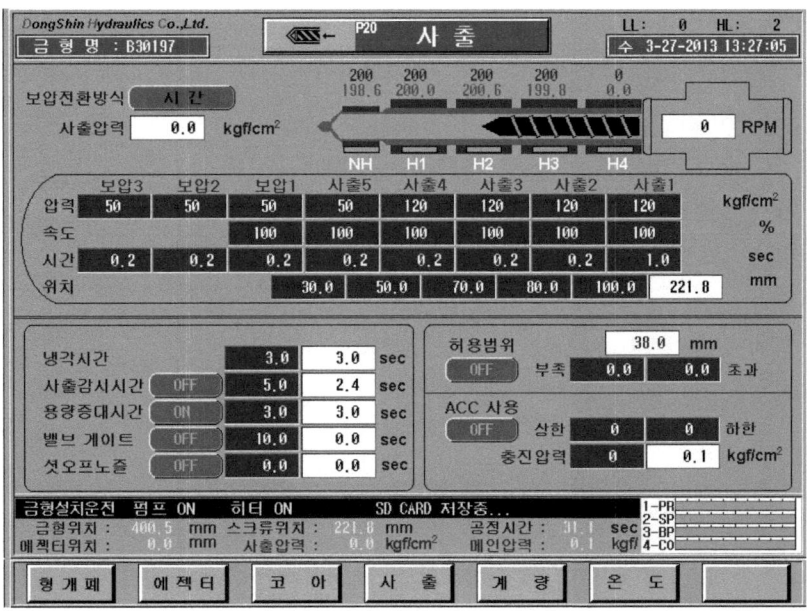

그림 6.17 사출조건 제어 panel

■ 성형의 원리

성형의 원리란 간략히, 충전(充塡)과 보압(保壓)이 어우러져서 플라스틱 성형품이 성형되어 나오는 것으로 요약할 수 있다.

⇨ 사출조건은 충전(充塡)과 보압(保壓)이 어우러져서 종결되며, 충전+보압=완제품이 된다는 논리가 다름 아닌 성형이 달성되는 이치이자 원리다.

사출조건의 키 워드(key word)는 충전과 보압이다. 충전(充塡)은 비어있는 cavity에 녹은 플라스틱을 주입시켜 형상(形象)을 이루는 것을 말함이고, 보압(保壓)은 그렇게 충전(充塡)된 cavity 내 성형품에 수지를 추가로 주입시켜 수축(收縮, sink mark)을 제압하기 위함이다.

⇨ 충전(充塡)은 형상(形象)을 이루는 공정이고(수축은 당연 발생), 보압(保壓)은 충전이 끝난 cavity에 수지를 추가로 주입시켜 수축을 제압하는 공정이다. 사출공정은 매 쇼트(shot)마다 충전과 보압을 되풀이하며 성형품을 생산해낸다.

■ 사출부(injection unit)

사출부는 사출 전담 부서로서, 사출조건을 제어하는 곳이다. 사출조건은 성형의 원리(충, 보의 원리 즉, 충전과 보압의 원리)를 근간으로 구성해 놓았으므로 사출조건을 제어할 때는 이러한 취지에 입각해서 제어해야 목적에 부합되는 조건설정이 가능하다. 그러므로 충, 보의 메커니즘(mechanism)을 이해하는 것이야 말로 성형의 원리를 깨우치는 보다 확실한 방법이라는 데는 이론(異論)의 여지가 없다.

사출부는 사출압력과 사출속도 및 보압과 보압속도, 위치절환(mm), 사출시간, 보압시간 등으로 이루어져 있으며, 부가적인 기능으로 스크루 포지션(screw position)이 있다.

⇨ 성형기의 제어패널(control panel)을 보면 방금 말한 기능들이 들어있는 걸 볼 수 있을 것이다. 사출조건은 이러한 기능들을 잘 조합해서 컨트롤해야 우수한 조건, 우수한 성형품의 생산이 가능하다.

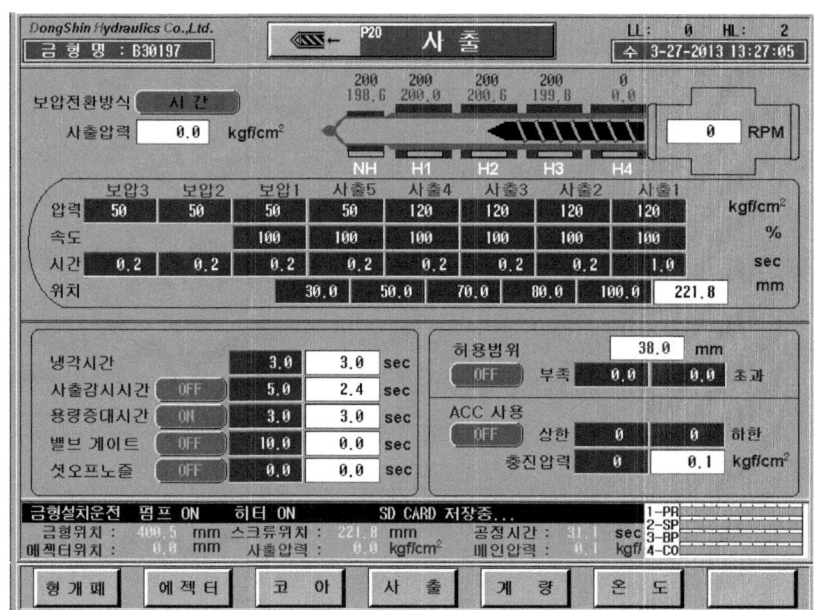

그림 6.18 injection unit

사출부는 성형에 관여하는 각종 조건(주조건과 보조조건을 말한다)의 지원을 받아 성형을 완성하는 역할을 맡고 있다.

⇨ 사출부는 '플라스틱 성형품을 성형하는 곳'이다. 고로, 사출조건을 어떻게 제어하느냐에 따라 양품이 나올 수도 있고 불량품이 나올 수도 있다.

📝 *Note*

사출조건은 조건 중의 조건이라 해도 손색이 없을 정도로 핵심되는 조건이다(사출조건을 제외한 여타의 조건들은 사출조건이 잘 설정될 수 있도록 지원하는 역할 수행).

그림 6.18은 8단 제어 성형기의 사출부 제어구조를 나타낸다. 그림 6.18에 나와 있는 제어구조를 살펴보노라면 큰 틀은 역시 사출과 보압으로 압축됨을 알 수 있을 것이다.

⇨ 그림 6.18를 구성하고 있는 내용들 중 자질구레한 것들은 일단 걷어내 버렸다고 가정했을 때 최종적으로 남겨둘 수 있는 공통분모적 용어는 사출과 보압, 두 용어를 들 수 있다. 이는 사출부 제어 구조가 어떻게 생겨먹었건(어떤 메이커의 성형기이건) 불문하고 동일하다.

📝 *Note*

사출부 제어구조는 성형기 메이커마다 다르다. 그러나 내면을 자세히 들여다보노라면 어김없이 사출과 보압으로 압축됨을 알 수 있다. 원리는 같은데 형태만 다르게 해놓은 것으로 해석되는 대목이다(그림 6.19, 6.20, 6.21 참조).

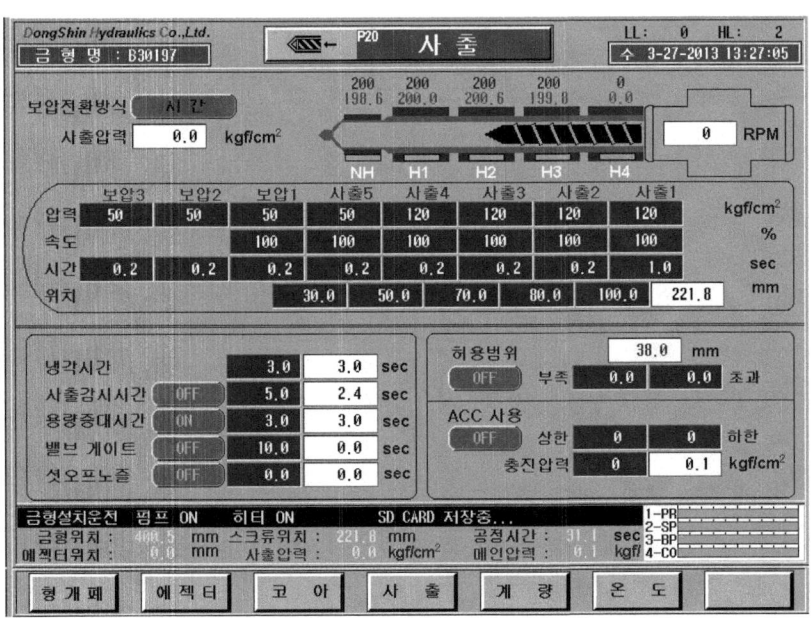

그림 6.19 D사 사출성형기 injection unit

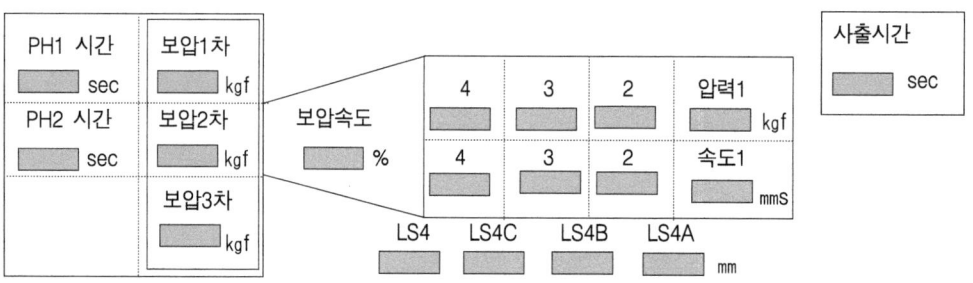

그림 6.20 L사 사출성형기 injection unit

	보압			사출			
	보압3	보압2	보압1	사출4	사출3	사출2	사출1
SP %							
PR, BAR							
TIM, sec				–	–	–	–
POS, mm	–	–	–				

그림 6.21 W사 사출성형기 injection unit

■ 사출과 보압

지금껏 설명한 대로 사출조건은 사출과 보압으로 정확히 양분되며, 사출 part는 충전을, 보압 part는 보압을 담당한다.

⇨ 사출 part가 충전을 담당한다고는 하나 사출 part 내에서도 얼마든지 충전과 보압을 다 달성할 수가 있으므로 반드시 충전만 담당한다고 단정지어서는 곤란하다. 본 내용에 대해서는 추후 설명키로 한다.

유지압(維持壓)이란 용어도 있다. 유지압은 유지(維持)만 하는 압력(壓力)이란 뜻이다.

> **Note**
> 유지압(維持壓)은 사출조건 패널 상에는 존재하지 않는(명문화되지 않은) 추상적인 용어란 사실에 주목한다.

⇨ 유지압(維持壓)은 성형이 달성되는 이치상 보압 다음에 위치하므로 보압으로 분류되나, 게이트가 굳을 때까지만 압력을 가하는 관계로 수지 공급은 전무(全無)하며, 성형을 마무리하는(사출조건을 총체적으로 마무리짓는) '마무리용 압력'쯤으로 이해하면 족하다.

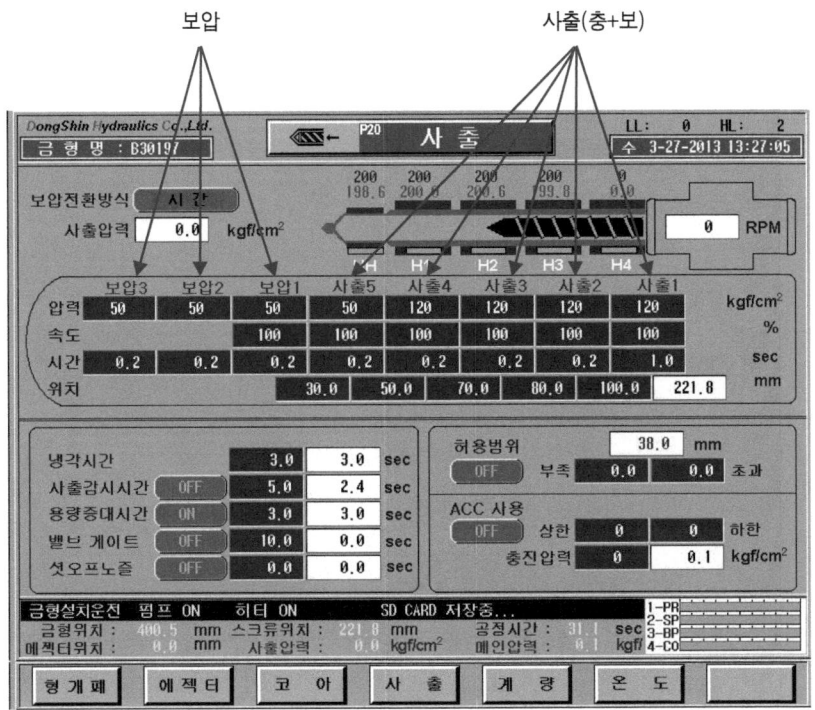

그림 6.22 사출과 보압

■ 1차(一次)와 2차(二次)

사출은 1, 2차 개념(概念)으로도 생각해 볼 수 있는데 충전을 1차라 하고, 보압을 2차라 하는 것이 그것이다.

▷ 시중에 나와 있는 사출 서적들을 보 노라면 1차압이 어떻고 2차압이 어떻고 하는 걸 볼 수 있다. 여기서 1차압은 충전(압력)을, 2차압은 보압을 의미한다.

1차와 2차란 말 속에는 순서상의 의미와 개념상의 의미, 두 가지가 함축되어 있다.
① 순서상 의미의 1, 2차

순서상 의미란 성형이 진행되는 순서를 말함이다. 이는 충전이 먼저이고, 보압은 나중이란 뜻이다. 이 역시 cavity에 녹은 플라스틱이 사출되어 그득히 채워지고 난 뒤 보압이 가해진다는, 소위 순서상의 의미를 뜻한다. 이는 논리상으로도 맞고 적용되는 순서로도 맞다.

② 개념상 의미의 1, 2차

개념상(概念上) 의미란 사출조건을 제어할 때 성형 아이템에 따라서는 사출 1차만 제어할 수도 있고, 2차 혹은 그 이상 단계까지 제어할 수도 있는데, 어떤 식으로 제어하건 성형의 원리인 충전과 보압 '개념(概念)'으로 접근해야 된다는 뜻이다. 이해를 돕기 위해 부연설명을 하기로 한다.

8단 제어 system

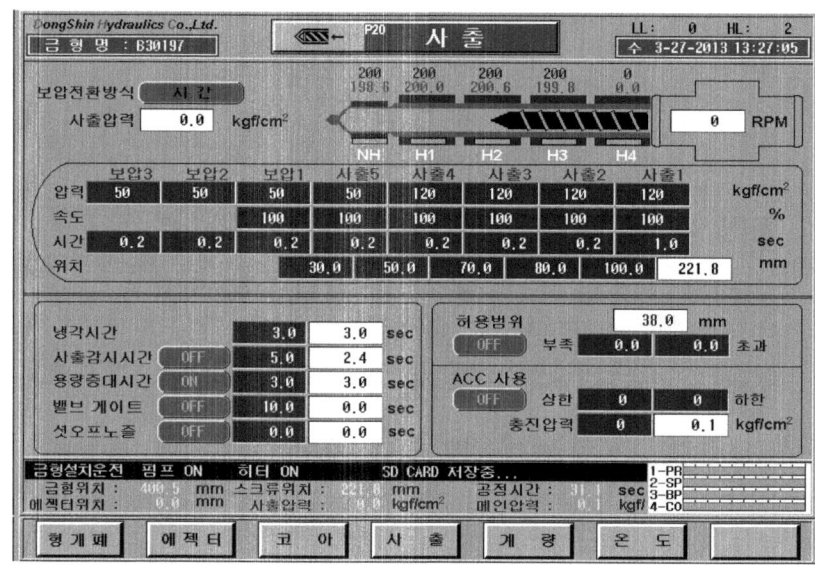

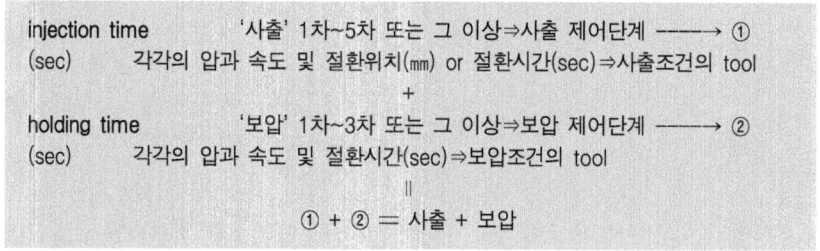

해설

①은 사출 part(=충전 part)이고 ②는 보압 part이다. 고로, ①=사출=1차(충전), ②=보압=2차(보압)가 된다. 결론적으로 1차(충전)란 말 속에는 ①조건인 사출1차~사출 5차 또는 그 이상의 제어단계(사출다단 또는 충전다단이라고 한다)가 다 들어가 있는 것이라 볼 수 있고, 2차(보압)란 말 속에는 ②조건인 보압1차~보압 3차 또는 그 이상의 제어단계(보압다단)가 다 들어가 있는 것이라 볼 수 있다.

결론적으로 충전과 보압을 몇 개의 part로 나눠 세분화해놓았다는 얘기이며, 그렇다고 하더라도 큰 줄거리는 충전과 보압일 수밖에는 없을 터, 사출조건을 제어할 때는 항상 충전과 보압 '개념(概念)'으로 접근해야 된다는 얘기다.

주어진 단계를 다 사용한다고 가정하면 ①은 충전으로, ②는 보압으로 제어해야 마땅하나, 사출 1차만 사용해서 완전한 성형품이 취출되어 나왔다고 하면 사출 1차 속에는 1차(충전)와 2차(보압)가 공존(共存)하고 있다는 사실도 아울러 알아둘 필요가 있다.

⇨ 2차 이상은 충전과 보압으로 정확히 양분된다. 그러나 위 ②까지 조건을 넘기지 않는 한 보압이란 용어는 눈을 닦고 봐도 찾아보기 어려우며, 이때를 대비해서 등장시킨 용어가 개념상(概念上)의 충전과 보압, 즉 위에서 말한 개념상(概念上) 의미의 1, 2차이다.

지금까지의 설명으로 미루어, 성형의 원리상에서 말하는 1, 2차 할 때의 '차(次)'와 사출부 제어패널 상에서 말하는 사출 1·2·3·4·5(차), 보압 1·2·3(차) 할 때의 '차(次)'는 비록 똑같은 글자로 표기되기는 하나 동일시해서는 곤란하다는 사실을 알 수 있을 것이다.

⇨ 성형의 원리로 대별되는 1차(충전), 2차(보압)할 때의 1, 2'차'는 사출과 보압 전반을 아우르는 개념적(概念的)인 성향이 강한 용어임을 유념해야 한다.

사출은 1차(충전)만 존재해서도 곤란하고 2차(보압)만 존재해서도 더욱 곤란하다. 이유여하를 불문하고 이 두 가지가 결합해서 공존(共存)해야만 한다. 그래야 하나의 완전한 성형품으로서의 가치를 인정받을 수 있기 때문이다.

⇨ 사출성형에 의해 생산된 플라스틱 성형품은 1차인 충전(充塡)과 2차인 보압(保壓)이 어우러져서 만들어진다. 만약 1차인 충전만 시켜 성형품을 만든다면 플라스틱의 특성상 수축은 피할 수 없으므로 성형품으로서의 가치는 당연 상실된다. 또 2차인 보압만 존재한다는 것도 이치에 맞지 않는다. 비어있는 cavity에 충전도 되지 않았는데 어떻게 보압이 가해진다는 말인가. 성형이 되려면 의당 충전이 먼저 이루어지고 난 뒤 보압이 가해져야 마땅하다. 적어도 이치상 그리고 순서상 그러하다.

> Note
>
> 충보(充保)의 원리, 즉 충전과 보압의 원리(=성형의 원리)는 사출조건을 조합할 때 사용하는 공식과도 같은 개념이다. 성형의 원리에 대한 이해가 부족하면 제대로 된 사출조건을 구사할 수가 없다. 성형품에 나타나는 트러블을 효과적으로 제압하려면 성형의 원리에 입각한 보다 절묘한 control 개념이 따라줘야 가능하기 때문이다.

■ 단(段)

단(段)은 제어단계를 뜻하는 말이다. 이는 1단(段) 제어·2단(段) 제어·3단(段) 제어할 때의 '단(段)'을 말한다.

⇨ 사출조건을 보면 사출 1차압과 속도가 나오는 걸 볼 수 있을 것이다. 사출 1차압과 속도는 곧 사출 1차 조건을 가리키며, 이 사출 1차 조건이 방금 말한 1단(段) 제어에 해당된다. 1단 제어는 사출조건 제어에 있어서 가장 기본이 되는 제어방식이다.

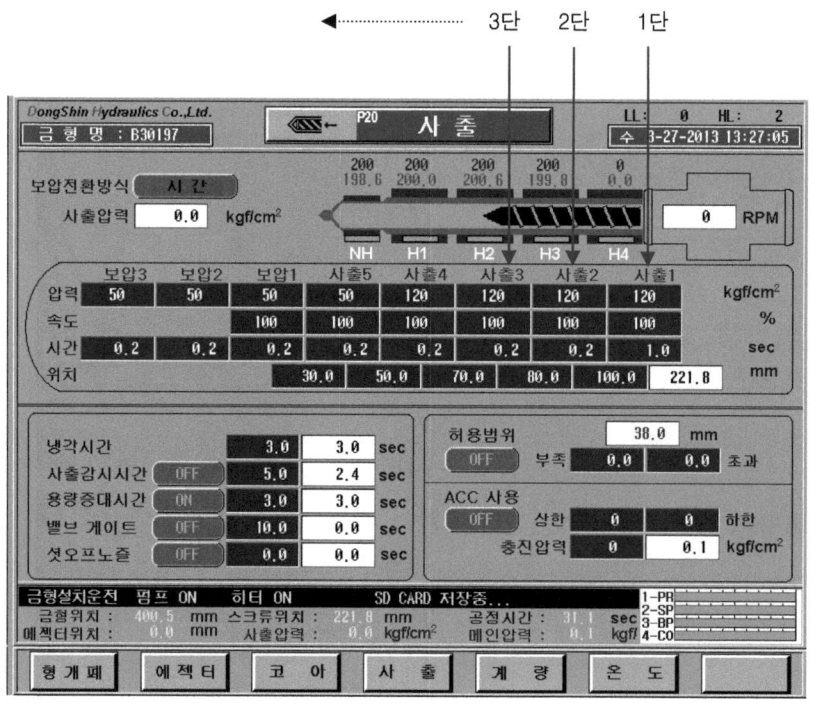

그림 6.23 단(段)

■ 다단제어(多段制御)

다단제어는 제어할 수 있는 단계가 많다는 뜻이다. 고로 1단만 채택해서 사출조건을 부여하면 다단제어라 할 수 없으며, 다단제어가 되기 위해서는 반드시 2단 이상의 단계를 채택해서 제어해야 한다.

⇨ 2단 이상 제어란 1단을 제외한 2단 이상을 말하는 것이 아니라, 1단을 포함한 2단 이상을 말하는 것임에 유의한다.

사출성형기의 변천과정을 살펴보면, 초기에는 1단밖에 없는 성형기에서부터 출발하여 2단, 3단, 4단의 과정을 거쳐 오늘날과 같은 첨단 성형기로 발전하였다. 다단제어 성형기란 2단 이상의 제어방식을 탑재한 사출성형기를 지칭하는 말이다.

다단제어 성형기는 성형하고자 하는 아이템에 따라 난이도가 심하고 까다로운 품질을 요할 경우 거기에 적극 대처할 수 있도록 사출성형기의 발전사에 힘입어 출현한 사출조건 구성일 따름이라 이해하면 족하다. 다단제어 성형기 중에서도 제어단계가 몇 가지 안 되는 성형기, 즉 저단제어 성형기일수록 성능이 떨어질 것이란 예측도 물론 가능하다. 다단제어도 다단제어 나름 아니겠는가. 그러나 큰 틀은 사출성형의 원리인 1차(충전)+2차(보압)=성형의 완성이며, 주지한 바와 같이 성형의 원리는 불변(不變)하다.

⇨ 현대를 다품종 소량 생산시대(多品種 小量 生産時代)라 일컫는다. 이 말은 다양한 아이템에 생산은 소량만 한다는 뜻으로서, 수량은 얼마 되지도 않는데 품질만 지독스럽게 까다로워졌다는 얘기도 된다. 까다로운 품질을 소화해내려면 성형기의 능력 또한 탁월할 것을 요구받는다. 이런 추세에 부응키라도 하듯 요즘 성형기는 그 대부분 다단화되어 있다.

📝 *Note*

요즘 성형기의 제어행태는 7단 이상이 주류를 이루다시피 하는 걸 볼 수 있는데, 제어구조(7단 제어의 예)는 사출 4단, 보압 3단 해서 도합 7단이다. 여기서 사출 다단(=사출 1단~4단)은 충전단계이고, 보압 다단(=보압 1단~3단)은 보압단계이다. 정리하면, 사출 4단(=충전 다단)+보압 3단(=보압 다단)=완제품=성형의 원리=1차(충전)+2차(보압)이란 사실을 알 수 있으며, 1단 속에 숨어있는 충전과 보압(유지압 포함)을 충전 따로, 보압 따로 떼내어서 사출(=충전) part는 4단계로, 보압 part는 3단계로 범위를 넓혀 도합 일곱 단계까지 제어할 수 있도록 재편(再編)해 놓았음을 알 수 있다. 재편해놓은 이유는, 각각의 단계별로 각기 다른 조건(각기 다른 압과 속도를 말한다)을 부여해서 성형품에 나타나는 트러블을 효과적으로 제압하라는 무언(無言)의 사인(sign)이다.

각각의 단계별로 각기 다르게 설정해놓은 각각의 조건들(각각의 사출압력과 사출속도를 말한다)이 의도한 대로 먹혀들도록 하기 위해서는 조건을 변환시키는 역할을 하는 위치절환(位置絶環, p159)에 대한 이해는 필수다.

Point

다단제어 성형기는 위치절환(㎜)이라고 하는 기능이 없으면 그야말로 무용지물(無用之物)이다. 역설적으로 위치절환(㎜)이란 기능이 성형기에 추가되면서 다단제어 성형기가 발전하게 되었다는 말도 틀리지 않았다.

▶ 요약 ◀

〈성형온도 편〉

1. 성형온도
   모든 조건에 있어서 가장 우선적으로 설정해줘야 되는, 설정 영(0) 순위 조건

2. 모든 플라스틱은 성형이 가능한 온도범위가 저마다 정해져 있다.

3. 성형온도 설정
   성형하고자 하는 플라스틱의 전체적인 성형가능 온도범위 내에서 고·중·저로 3등분해서 판단('성형 가능 온도 범위'에 의한 3분법적 논리)

4. MI 값
   melt indexer의 줄임말. 밀도(密度)와 유동성과의 관계를 값으로 나타낸 것.

5. 온도구배의 원칙
   노즐 쪽 온도를 높여주고 뒤로(호퍼 쪽) 갈수록 낮춰주는 것.

〈계량조건 편〉

1. 계량조건은 플라스틱을 가소화하기 위한 조건

2. 계량조건 구성요소
   계량 량(=계량완료)·계량 속도·배압·흐름방지 등

3. 배압을 줌으로써 얻는 기대효과
   건조효과·공기배출 효과·중량증가 효과·혼련효과·기포제거 등

4. 가소화 공정의 다단(多段)
   각각의 단계별로 각기 다른 조건(각기 다른 가소화조건)을 제어할 수 있도록 해 놓은 것.

▶ 요약 ◀

〈사출조건 편〉

1. 사출성형
사출조건을 통해 성형품이 만들어지며, 성형품이 만들어지는 이치는 성형의 원리에 의해 비롯된다.

2. 성형의 원리
충전(充塡)과 보압(保壓)이 어우러져서 플라스틱 제품이 성형되어 나온다는 이치. 사출성형은 이유여하를 막론하고 충전과 보압이 결합해서 공존(共存)

3. 충전과 보압, 보압과 유지압
충전은 비어있는 cavity를 채우는 공정이고, 보압은 그렇게 채워진 cavity 내 성형품의 수축을 잡는 공정이다. 유지압은 게이트가 굳을 때까지만 압력을 가하는 마무리용 압력. 유지압은 사출조건 패널상에는 존재하지 않는(명문화되어 있지 않은) 추상적인 용어로 이해.

4. 1차와 2차
1차는 충전, 2차는 보압이란 의미

5. 사출조건 제어 메커니즘
충전과 보압의 얼개로 조합. 어떤 성형기이건 충전과 보압 개념(槪念)으로 접근.

6. 다단제어(多段制御)
2단 이상 제어방식을 탑재한 사출성형기 지칭. 사출성형기의 발전사에 힘입어 출현한 사출조건 구성으로 이해.

(1) 협의(狹義)의 해석(解釋)과 광의(廣義)의 해석

사출조건을 제어함에 있어서 몇 단까지 제어할 것인가는 어떤 트러블이 성형품에 나타나느냐에 따라 다르다. 불량이 다양하게 나타나면 제어단계가 넓어지고 간단하면 1단만으로도 충분하다. 1단만으로 성형할 경우 이 1단 속에는 충전과 보압이 공존(共存)할 수밖에 없는데, 이를 좁은 의미에서 본 사출의 개념 즉 협의의 해석이라 정의한다. 2단 이상 제어할 경우는 넓은 의미에서 본 사출의 개념, 즉 광의의 해석이라 정의한다.

⇨ 처음 대하는 금형은 몇 단 제어로 해야 할지 참으로 막막하다. 물론 생겨먹은 대로(주어진 제어형태대로) 다 설정해주고 성형을 할 수도 있다(이렇게 해도 작업은 이상 없이 진행되며 실제로 이런 식으로 작업하는 사람들이 많다). 그러나 매사 이런 식이면 만져줘야 될 것도 많고 무엇보다 번거롭기가 그지없어 권장할 방법이 못된다. 이런 상황을 피하려면 금형이란 상대가 뭘 원하는지(어떤 형태의 제어를 원하는지) 탐색부터 해 보는 것이 필요하다.

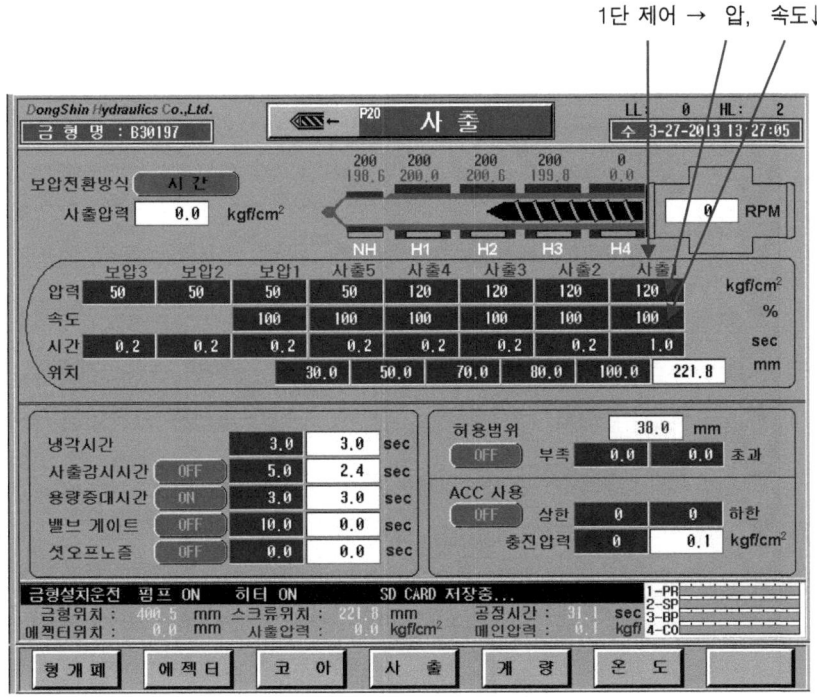

그림 6.24 1단 제어로의 탐색

■ 1단 제어로의 탐색

1단 제어는 초기조건을 제어할 때 요구되는 조건 탐색용으로 국한한다(1단으로 탐색할 경우 오버패킹(over packing, 과충전)을 막기 위해 압과 속도를 낮춰 출발하는 것이 포인트). 본 경우가 좁은 의미에서 본 사출의 개념(槪念) 즉, 협의의 해석에 입각한 제어이다.

⇨ 경험이 축적되면 처음부터 2단 제어로 탐색할 수도 있다.

탐색조건인 1단만으로 완전한 성형품이 성형되어 나왔다고 하더라도 그냥 놔둬서는 안 되며 충전과 보압(유지압 포함)을 목적에 맞게 나눠주는, 소위 2단 제어 방식을 취해주는 것이 제대로 된 제어라 할 수 있다.

1단만으로 사출조건을 종결시켜서는 안 되는 이유

- problem 1 성형기와 금형의 무리수

  1단만으로 사출조건을 종결하면 사출 1차압과 속도만으로 충전과 보압을 만족시키는 꼴이 되어 사출압력이 높게 먹히기라도 하는 날이면 영락없는 무리수다.

  ⇨ 이 말은, 사출압력이 높으면 성형기와 금형에 무리가 따른다는 뜻이다.

- problem 2 잔류응력(殘留應力, residual stress)의 증대

  용융수지가 cavity를 채우는 과정에서 생긴 응력(應力, stress)이 소멸되지 않고 성형품에 잔류해 있는 것을 잔류응력(殘留應力, residual stress)이라고 한다. 사출성형은 특성상 응력(應力)을 내장하지 않을 수 없으며, 내장된 응력의 크기에 따라 휨이나 크랙(crack) 및 치수변화를 동반한다.

  ⇨ 플라스틱 성형품은 스트레스(stress, 응력)를 받으면서 성형이 된다고 해도 지나치지 않다. 충전단계에서 받는 stress를 전단응력(shear stress), 보압단계에서 받는 stress를 압축응력(compression stress)이라고 한다.

> **Note**
>
> 전단응력(shear stress)은 충전 시 금형의 표피 층(skin layer)에 유동수지가 빠르게 유동함으로써 발생하는 응력(應力, stress)을 말하는 것이고, 압축응력(compression stress)은 수축을 잡기 위해 보압을 가함으로써 발생하는 응력(應力, stress)을 말한다.

잔류응력(殘留應力, residual stress)은 성형품이 냉각될 때 어느 정도 해소가 되나 성형품의 형상과 냉각효과에 따라 차이를 나타내므로 균일한 냉각은 필수다.

⇨ 성형온도와 금형온도를 높여 낮은 압으로 충전과 보압을 달성하는 조건 control은 잔류응력을 최소화하기 위한 조건으로 유용하다.

> **Note**
>
> 1단만으로 사출조건을 종료하면 사출압력이 높게 먹힐 수밖에 없는 아이템일 경우 딱히 대응할 방법이 없어 잔류응력에 무방비로 노출된다.

problem 1, 2의 해결책으로 1단 제어만으론 불가능하며, 1단 속에 숨어있는 충전과 보압을 분리 control하는 방안이 유력하다. 충전과 보압을 분리 컨트롤할 경우 2차인 보압은 1차인 충전압력의 50% 이하로 낮출 수 있는 잇점도 있다(반드시 50% 이하로 낮출 수 있는 건 아니지만 대체로 이런 경향을 나타낼 때가 많다). 이런 이유로 탐색조건인 1단만으로 완전한 성형품이 성형되어 나왔다고 하더라도 그대로 두지 말고 충전과 보압으로 분리 컨트롤(2단 제어로 변경)하라는 것이다.

⇨ 충전과 보압을 다단으로 제어해서 단계적으로 압을 떨어뜨릴 수만 있다면 전단응력과 압축응력을 약화시키는데 도움이 되므로 잔류응력을 최소화하는데도 기여한다.

■ 2단 제어

2단 제어는 충전과 보압을 분리 control한다는 개념(概念)이다.

⇨ 본 경우가 넓은 의미에서 본 사출의 개념(概念) 즉, 광의의 해석에 입각한 제어이다.

그림 6.25는 그림 6.24의 조건을 2단 제어로 재조합한 조건이다.

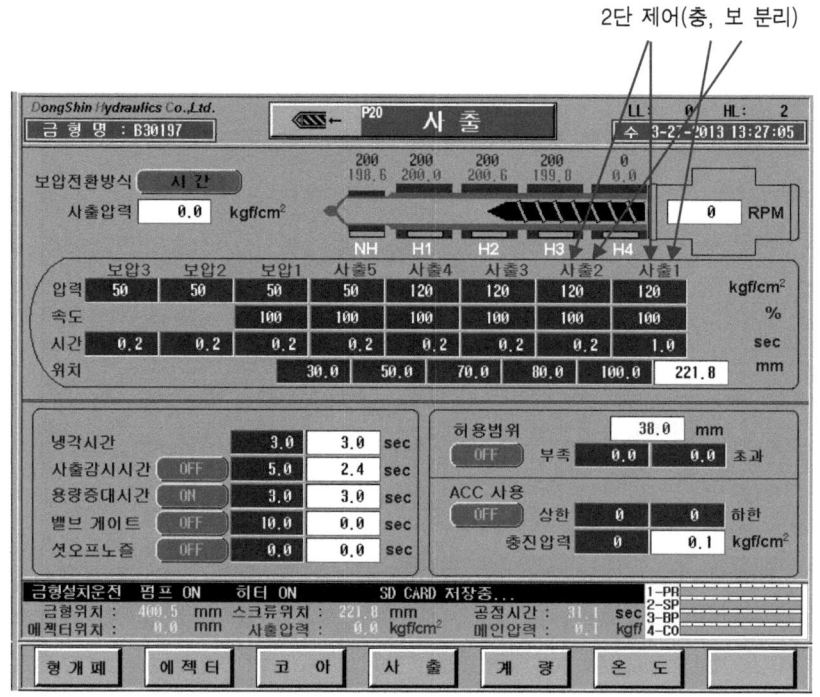

그림 6.25 2단 제어

다음은 처음부터 2단으로 탐색할 경우에 있어서의 제어요령에 대해 알아보자. 2단 제어로 하기 위해서는 1차 절환(p162 참조)을 설정해줘야 하며, 초기조건에서의 1차 절환(mm)은 충전과 보압의 경계를 가르는 의미 외에 다른 의미는 없다. 이유는 미성형을 해소하는 데 역점을 둬야 하기 때문이다.

⇨ 초기조건의 일차적인 목표는 미성형을 성형으로 이끄는 것이며, 외관불량은 어디까지나 나중의 일이다.

초기조건을 2단으로 출발하면 압과 속도의 과다 설정뿐 아니라 계량 량이 많게 설정되었다거나 열이 높게 설정되어 있는 등, 조건전반이 다소 과한 쪽으로 치우쳐 있어도 오버패킹(over packing, 과충전)될 우려가 없다. 압과 속도가 아무리 높고 빨라도 충전 달성이 못되도록 절환 거리(mm)를 좁혀서 출발하기 때문에 성형이 될래야 될 수가 없기 때문이다.

본 control의 핵심은 1차 절환(㎜) 제어에 있으며, 압과 속도가 아무리 높고 빨라도 주입할 수지가 없으면 무용지물(無用之物)이란 이치를 적극 대입시킨 결과물이다. 유의할 점은, 2차압과 속도가 높으면 다시 over packing될 우려가 있으므로 1차압 설정치의 50% 이하로 낮춰 출발하는 것을 잊어서는 안 된다.

⇨ 2차압을 아예 0%로 출발해도 좋다. 이것이 가장 안전하다. 제대로 된 설정은 한 두 쇼트(shot)를 받아보고 난 뒤 결정해도 늦지 않기 때문이다.

탐색조건인 2단 제어만으로 사출조건을 종료할 경우 외관상 특이할 만한 불량이 나타나지 않고, 순전히 충전과 보압을 분리 control하는 것만으로도 만족할 수 있는 아이템일 경우가 대부분을 차지한다.

■ 3단 제어 이상

3단 제어 이상은 충전과 보압을 분리 control하되, 성형목적에 맞춰 판을 새로 짠다는 개념에 다름 아니다. 판을 어떻게 짤 것인가는 성형하고자 하는 아이템의 불량현상(주로 외관불량)이 쥐고 있다.

⇨ 본 경우도 2단 제어와 마찬가지로 광의의 해석에 입각한 control 개념이다.

그림 6.26은 광의의 해석 원리도를 나타낸다.

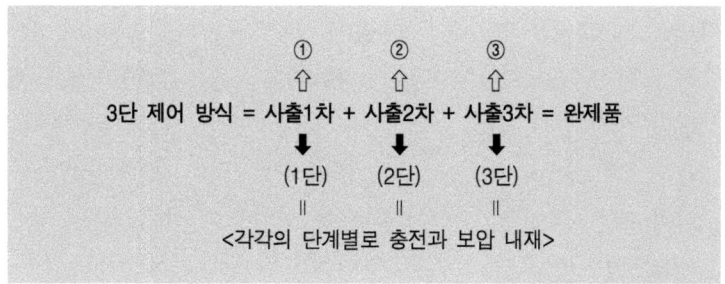

그림 6.26 광의의 해석(廣意의 解釋) 원리도-3단 제어의 예

그림 6.26의 ①, ②, ③ 중 어느 하나(여기서는 ①)를 광의의 해석에 입각해서 쪼개보면 다음과 같은 몇 가지 경우의 수를 발견할 수 있다. 즉, ①을 쪼개 ❶충전, ❷보압(유지압 포함)으로 하고 ③은 생략하는 방식-case A, ①을 쪼개 ❶+❷ 하여 충전으로, ❸을 보압(유지압 포함)으로 하는 방식-case B, ①을 쪼개 ❶충전, ❷보압, ❸유지 압으로 하는 방식 -case C 등이다.

⇨ ①을 쪼개는 방법, 다시 말해 충전과 보압을 분리시키는 요령에 대해서는 p159 위치절환(㎜) 편을 참조하시라.

해설

    case A : ①=1차(충전)
             ②=2차(보압)
             ③=생략

case A는 ①을 쪼개 ❶=충전, ❷=보압으로 하고 ③은 생략하는 방식이다. 본 방식은 광의의 해석에 입각한 사출조건 제어에 있어서 가장 기본이 되는 방식으로서, 1단 제어만으로 완전한 성형품이 성형되어 나왔을 때, 조건을 무리 없이 마무리하고자 할 경우 취하는 가장 보편적인 컨트롤패턴이다.

    case B : ①+②=1차(충전)
             ③=2차(보압)

case B는 ①을 쪼개 ❶+❷하여 충전으로, ❸은 보압으로 하는 방식이다. 본 경우 어느 한 쪽이라도 소홀히 하면 영락없이 불량이다. 즉, ❶+❷를 소홀히 하면 미성형, ❸을 소홀히 하면 수축이 발생한다.

    case C : ①=1차(충전)
             ②=2차(보압)
             ③=유지 압

case C는 ①을 쪼개 ❶충전, ❷보압, ❸유지압으로 하는 방식이다. case C는 좀 색다른 방식에 속한다. 즉, ❶을 충전으로, 나머지 ❷, ❸은 보압과 유지압으로 한 것이 그것이다.

본 경우 ❶과 ❷로써 실질적인 성형은 사실상 종료되나 굳이 ❸을 설정한 이유는, 수축을 잡기 위해 조건 ❷의 압력(보압, 수축해소용)을 우려할 만한 수준으로 높이다보니까 성형기에 무리가 따랐기 때문이다.

⇨ 조건 ❸은 성형기 무리를 방지하기 위한 조합이다. 성형기 무리를 방지하기 위해서는 마지막 압을 낮춰주면 좋다(높은 압으로 사출을 종료하면 매 성형시마다 "쿵쿵" 거리며 높은 압으로 인한 부하를 감내해야만 한다).

Note

조건을 제어하다보면 의도한 대로 되지 않을 경우가 더러 있게 마련이다. case C의 경우 이론적으로는 ❷조건의 압(=보압)이 ❶조건의 압(=충전압력)의 50% 이하로 떨어져줘야 마땅하나 실제로는 ❶조건 못지않게 ❷조건이 높게 설정되다보니까 기계적으로 무리가 따라 ❸조건을 추가로 설정해줄 수밖에 없었다는 얘기다. 결국 조건 ❷의 결점을 보완하기 위해 추가로 설정한 조건이 조건 ❸이란 얘기이며, 의도한 대로 조건 ❸을 설정함으로써 성형기 무리수를 상당부분 억제하게 될 것이다.

유지압에는 두 부류가 있다. 즉, gate seal을 겨냥한 유지압과 사출기 무리방지용 유지압이 그것이다. gate seal을 겨냥한 유지압은 위 ❷조건이 좋은 예로, ❷조건이 진행되는 동안 스크루가 움직임을 멈추고 짧은 시간을 지체하는 것이 그것이고, 사출기 무리방지용 유지압은 조건 ❸이 좋은 예다.

(2) 1차적 성형계획(一次的 成形計劃)과 2차적 성형계획(二次的 成形計劃)

1차적 성형계획이란 제어단계부터 정(定)하는 것을 말하고, 2차적 성형계획이란 압과 속도 및 거리(㎜), 시간 등을 앞서 정한 1차적 성형계획에 덧씌워 사출조건을 실질적으로 제어하는 것을 말한다.

⇨ 1차적 성형계획에 의거 제어단계를 정(定)한다고는 하였으나 최종 제어단계가 확정되었다는 것을 의미하는 것은 아니며, 2차적 성형계획을 실행하는 과정에서 당초 계획했던 1차적 성형계획이 변경 될 수도 있다는 사실에 주목한다.

성형계획을 순조롭게 진행시키기 위해서는 협의의 해석에 입각한 1단(또는 광의의 해석에 입각한 2단) 제어로 탐색부터 해보고 성형품에 나타나는 트러블 유형에 따라 몇 단 제어로 하는 것이 바람직할 것인지 보다 실질적인 계획으로 유도해 나가야 한다. 이런 일련의 과정을 거쳐 채택키로 한 조건이 7단 제어 중 4단까지만 채택했다고 가정해보자.

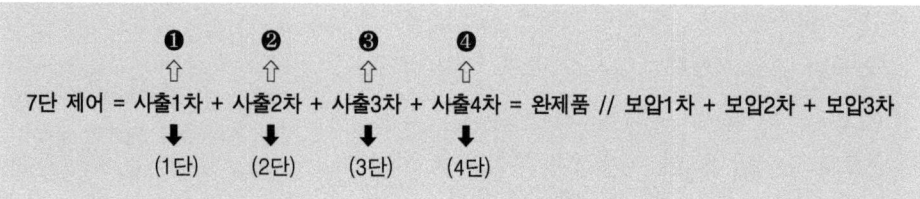

그림 6.27 7단 중 4단까지만 채택하였을 경우

• 상정 가능한 조건 군(群)
(a) ❶+❷+❸=충전, ❹보압(유지압 포함)
(b) ❶+❷=충전, ❸보압, ❹유지압
(c) ❶충전, ❷충전+보압, ❸보압, ❹유지압

해설

(a) ❶+❷+❸=충전, ❹보압(유지압 포함)
(a)는 ❶에서 ❸까지를 충전으로, ❹를 보압(유지압 포함)으로 조합한 조건이다(1차적 성형계획). 목적에 맞게 압과 속도 및 거리(㎜), 시간 등을 배분해주고 성형품을 취출해 나가면서 수정을 가해 보다 완벽하게 성형시켜 나간다(2차적 성형계획).

(b) ❶+❷=충전, ❸보압, ❹유지압
(b)는 ❶+❷해서 사출2차(2단)까지를 충전으로, ❸은 보압, ❹는 사출기 무리방지용 조건(=유지압)으로 조합한 조건이다(1차적 성형계획). 각각의 단계별로 압과 속도 및 거리(㎜), 시간 등을 목적에 맞게 컨트롤한다(2차적 성형계획).

(c) ❶충전, ❷=충전+보압, ❸보압, ❹유지압
(c)는 ❶조건에서 충전이 끝나지 않고 ❷조건까지 이어지다가 보압까지 어우러진 모양새다. 보압도 ❷조건에서 끝나지 않고 ❸조건까지 이어져 있다. ❹조건은 유지압이다. 충전을 ❶에서 ❷까지 걸치도록 하는 것은 거리(㎜) 제어로 얼마든지 가능하며, 그보다 ❷조건의 보압과 ❸조건의 보압 및 ❹조건의 유지압에 주목할 필요가 있다.

❸조건의 보압은 ❷조건의 조건구성상 보압만 별도로 컨트롤하는 것이 현실적으로 불가능하여(이 말은, ❷조건의 조건구성상 충전과 보압을 겹치게 조합하다보니까 수축 컨트롤이 제대로 되지 않는다는 말과도 같다), 보압 중 주입 양의 일부를 넘겨받아 속도를 낮추고 압을 높여

수축을 마무리 지은 케이스다. ❹조건은 ❸조건의 압이 예상외로 높게 책정되다보니까 성형기에 무리가 따라 궁여지책으로 설정한 조건(성형기 무리방지용 조건)이다.

그림 6.28은 7단 제어를 다 채택했을 경우를 나타낸다. 7단 제어를 다 채택하였으므로 '충전'은 사출 1·2·3·4차까지, '보압(유지압 포함)'은 보압 1·2·3차까지를 한 묶음으로 생각해서 제어해야 한다.

```
                ①     ②     ③     ④     ❺     ❻     ❼
                ⇧     ⇧     ⇧     ⇧     ⇧     ⇧     ⇧
7단 제어 방식 = 사출1차 + 사출2차 + 사출3차 + 사출4차 + 보압1차 + 보압2차 + 보압3차 = 완제품
                ⬇     ⬇     ⬇     ⬇     ⬇     ⬇     ⬇
              (1단)  (2단)  (3단)  (4단) (보압1단)(보압2단)(보압3단)
```

그림 6.28 7단 제어를 다 채택하였을 경우

① 1차적 성형계획(一次的 成形計劃)

⇨ 1차적 성형계획은 앞서 설명한 대로 사출 다단(多段)을 충전으로, 보압 다단(多段)을 보압(유지압 포함)으로 '확정' 제어한다.

② 2차적 성형계획(二次的 成形計劃)

⇨ 2차적 성형계획은 1차적 성형계획에 의거 확정된 제어단계를 앞서 설명한 바와 같이 실행하면 된다.

사출부(injection unit) 제어구조가 비록 7단(또는 그 이상)까지 갖춰져 있다고 하더라도 실제 설정에 있어서는 모두 설정할 수도 있고, 필요한 단계만 선택해서 설정할 수도 있다. 모두 설정할 것이냐, 필요한 단계만 선택해서 설정할 것이냐는 전적으로 조건을 control하는 본인의 판단에 달려있다.

⇨ 특별한 경우가 아니면 사출 part(사출 1, 2, 3, 4차 … 조건을 말한다) 내에서도 충전과 보압이 종결되어 완제품이 나오다보니까 보압 part(보압 1, 2, 3차 조건을 말한다)는 사용하지 않을 경우가 많다. 더욱이 보압 part(보압 1, 2, 3차 조건을 말한다)의 경우 성형기 메이커에 따라서는 수지가 유입될 수 있도록 해놓은 것(이 경우는 보압+유지압 기능을 수행한다)도 있고 유입될 수 없도록 해놓은 것(이 경우는 유지압 기능만 수행한다)도 있으므로 내용을 모르고 함부로 만졌다가는 엉뚱한 조건을 설정할 수도 있다.

📄 *Note*

유지압 기능만 수행할 수 있도록 해놓은 성형기는 반쪽뿐인 보압 역할을 수행하나, 보압+유지압 기능을 수행할 수 있도록 해놓은 성형기는 그야말로 요긴하게 쓰인다. 수축부위 구석구석까지 쑤셔주고 밀어주며 남은 유지압으로는 사출조건을 총체적으로 마무리지으면 될 터이니 말이다.

성형기 메이커에 따라서는 주어진 방식대로 다 설정해주지 않으면 다음 공정으로 이행되지 않는 기계도 있다. 이때는 물어볼 것도 없이 다 설정해줘야 한다. 그렇지 않으면 작업 진행이 안 될테니까 말이다.

▶ 요약 ◀

〈협의의 해석과 광의의 해석 편〉

1. 초기조건
   1단 또는 2단 제어로 탐색

2. 1단 제어로 사출조건을 종결시켜서는 안 되는 이유
   성형기와 금형의 무리수, 잔류응력(殘留應力, residual stress)의 증대 때문

3. 위 2번 해결책
   충전과 보압 분리 control

4. 잔류응력=전단응력+압축응력
   성형품에 내장되는 잔류응력은 충전단계에서 받는 전단응력과 보압단계에서 받는 압축응력의 합계응력이다.

5. 사출조건을 제어함에 있어서 몇 단 제어로 할 것인가는 어떤 트러블이 성형품에 나타나느냐에 따라 다르다.
   불량이 다양하게 나타나면 제어단계가 넓어지고, 간단하면 2단 제어로도 충분하다.

〈1차적 성형계획과 2차적 성형계획 편〉

사출성형은 1차(충전), 2차(보압)이라고 하는 성형의 원리에 의거 완성되며, 여기다 위치절환(㎜)을 가미시키면 다단제어(多段制御)의 실현이 가능하게 되고, 이로 말미암아 협의의 해석과 광의의 해석에 입각한 보다 실질적인 제어까지 가능하게 됨을 알 수 있다.

▶ 요약 ◀

사출의 기본구조 = 1차(충전) + 2차(보압)
⇩
1, 2차(次)로 분리시키기 이전 사고방식
⇩
■ 협의의 해석 ■
∥
1단 제어만 채택하였을 경우 적용하는
일단의 사출조건 control 개념(槪念)
⇩
1, 2차(次)로 분리시키는 사고방식
⇩
■ 광의의 해석 ■
∥
2단 이상 제어방식을 채택하였을 경우 적용하는
일단의 사출조건 control 개념(槪念)

(3) 사출조건의 tool

■ 압과 속도(pressure & velocity)

압과 속도는 사출조건에 있어서 가장 기본이 되는 조건이자 필수조건이다.

⇨ 사출조건에 대해 처음 배울 때는 압과 속도부터 먼저 배우게 된다. 이유는 이 두 가지가 사출조건에 있어서 가장 기본이 되는 조건이기 때문이다.

Note

사출압력은 녹은 수지를 금형 속으로 밀어 넣는 '힘(力)'을 말하는 것이고, 사출속도는 사출되어 나가는 빠르기를 의미한다. 그러므로 어느 한 쪽도 없어서는 아니 될 필수적 기능이다.

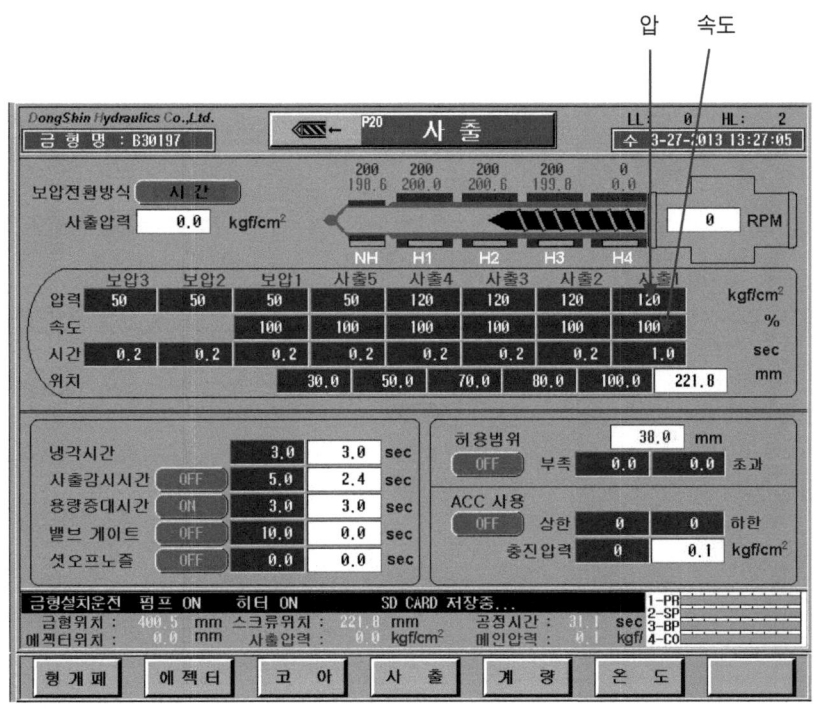

그림 6.29 압과 속도

<사출압력(射出壓力, injection pressure-I.P)>

사출계통에 처음 입문하면 선배들이 곧잘 해주는 말이 있다. 미성형이 발생하면 다른건 만지지 말고 사출압력만 1%씩 올려주라고 하는 말, 말이다. 그저 만만한 게 사출압력이다.

① 두께와 사출압력

성형품의 두께가 두꺼우면 낮게, 얇으면 높게 설정한다. 두께가 두꺼우면 수지가 금형 내를 유동 중에 쉽게 굳질 않아 낮은 압으로도 성형이 가능한 반면, 얇으면 빨리 굳어 압을 높여주지 않으면 미성형(未成形, short shot)이다.

⇨ 두께가 얇을수록 압을 높게 가해야 하며, 그러고도 부족하면 성형온도와 금형온도를 높여야 성형이 가능하다.

② 크기와 사출압력

성형품의 크기는 유동거리와 관계가 깊다. 즉, 크기가 크면 유동거리가 길어지고 작으면 짧아진다는 것이 그것이다. 그러므로 크기가 크면 보다 멀리 수지를 밀어 넣어야 할 터, 밀어주는 힘인 사출압력도 높여줘야 하고 작으면 낮춰줘도 된다.

⇨ 본 경우는 1점 게이트를 말하는 것이며, 게이트가 두 개 이상 심어져 있는 다점(多占) 게이트일 경우 동시주입이 가능하여 유동거리가 짧아지는 효과가 있으므로 이 경우는 예외다.

③ 점도(粘度)와 사출압력

플라스틱의 점도가 높으면 높게, 낮으면 낮게 설정한다.

⇨ 점도가 높으면 유동이 불량하여 이를 보완하기 위해서는 압을 높여줄 수밖에 없고 낮으면 반대로 된다.

④ 밀도(密度)와 사출압력

밀도도 점도와 마찬가지로 높으면 높게, 낮으면 낮게 설정한다.

⇨ 플라스틱의 밀도가 높으면 점도가 높을 때와 마찬가지로 유동이 불량하여 이를 보완하기 위해서는 압을 높여줄 수밖에 없고 낮으면 반대로 된다.

⑤ 금형온도와 사출압력

금형온도가 낮으면(금형이 차가우면) 높게, 높으면(금형이 뜨거우면) 낮게 설정한다.

⇨ 금형온도가 낮다는 말은 유동저항이 심하다는 뜻이며, 거기다 두께마저 얇다면 압을 웬만큼 높여도 미성형은 해소되지 않는다. 이때는 원인이 되는 금형온도를 높여주면 해결된다. 반대로, 금형이 뜨거우면 너무 잘 흘러줘서 탈이다. 이때는 미성형이 아닌 버(burr)가 발생되는데, 이때의 burr는 압을 낮추거나 원인제공자인 금형온도를 낮춰주면 해결된다. 때로 성형온도를 낮춰줄 수도 있다(아님 둘 다 낮추던가). 어느 쪽을 낮추건 지나치게 잘 흐르는 수지에 브레이크(brake)를 걸어주겠다는 의도가 내포되어 있다.

⑥ 성형온도와 사출압력

성형온도를 낮춰주려면 압을 올려야 하고(❶), 압을 낮춰주려면 성형온도를 높여야 한다(❷).

⇨ 열(熱)을 낮추면 낮춘 만큼 유동이 떨어져 이를 보완하기 위해서는 압(壓)을 높여야 한다는 논리이고, 압(壓)을 낮춰도 마찬가지로 유동이 떨어져 이를 보완하기 위해서는 열(熱)을 높여야 한다는 논리이다(금형온도도 같은 맥락). ❶, ❷는 사출압력 제어에 있어서 가장 기본이 되는 원칙이다.

📝 *Note*

> ❶은 ❷와 달리 생산수량은 더 나올지 모르나 성형기와 금형에 무리를 가져올 수 있고, ❷는 압을 낮추는 효과는 톡톡히 볼지 모르나 사이클이 길어져 쇼트 수(=생산수량)가 덜 나올 수도 있다. 조건을 제어할 때는 이 둘의 관계를 보다 조화롭게 엮어야 한다.

• **초도 성형에서의 사출압력**

초도 성형에서의 사출압력은 50% 이하 설정이 바람직하다.

⇨ 50% 이하 설정이란 될 수 있으면 낮은 수치로 출발하라는 뜻이다. 사출압력 제어단위는 백분율(%, percentage)로 된 것도 있고 kgf/cm², MPa, Bar 등 몇 가지 유형이 있다. 백분율(%, percentage)로 되어 있으면 99%가 설정 최대치이다. 본 서는 백분율(%, percentage) 위주로 해설한다.

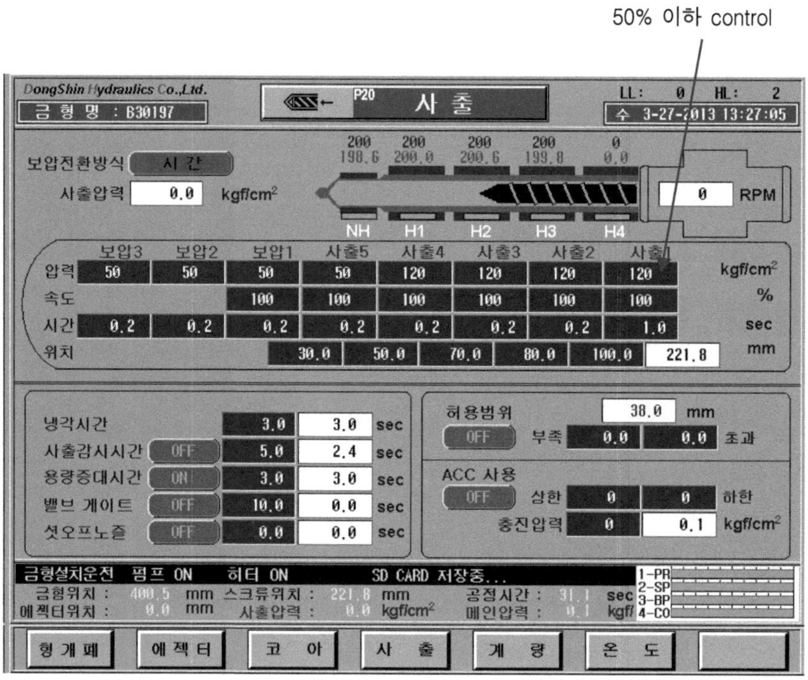

그림 6.30 초도 성형에서의 사출압력

  초도 성형은 미성형이 무난하다. 처음부터 완전성형을 지향하려다보면 무리수를 두게 마련, 뜻밖에 금형을 분해할 일도 생긴다. 이는 단번에 성형을 완성할 목적으로 압을 필요 이상 높게 가한 나머지 뜻하지 않은 과충전(over packing)이 됨으로써, 성형품이 금형에 박혀 빠져나오지 못하는 경우를 말하는 것이다. 박히는 정도는 금형의 구조가 복잡하게 생겨 먹었을수록 심하다.

  때로 금형의 구조 또는 성형품의 형상에 따라 처음부터 완전성형을 지향해야 될 경우도 있으므로, 무조건 미성형만 고집한다는 것도 어떤 의미에선 무리다(플레이트 이젝션 방식의 금형이 좋은 예).

⇨ 지금껏 단 한번도 해보지 않은 금형이라면 조심하는 것이 상책이다. 몇 쇼트(shot)만 미성형을 받으면 사출압력이 높은지, 낮은지 금방 알아차리게 된다.

⇨ 성형품이 돌출될 때 판(鈑, plate)으로 성형품을 밀어내는 방식의 금형을 플레이트 이젝션 금형이라고 한다. 플레이트 이젝션 방식의 금형은 처음부터 완전성형을 지향하지 않으면 이형불능이라고 하는 복병을 만나기 십상이다.

> Note
>
> 플레이트 이젝션 방식의 금형이라고 해서 다 완전성형을 지향해야 된다는 것은 아니다. 성형재료가 강인한 재질(예 : PC 등)일 경우는 문제가 되지만, 연한 재질(예 : PE 등)일 경우 미성형 상태의 성형품을 금형으로부터 분리해내는데 크게 애로를 못 느끼기 때문이다.

<사출속도(射出速度, injection speed(or injection velocity)-I.S or I.V)>

사출속도는 사출압력과 보다 긴밀한 관계를 유지하며 사출조건 컨트롤의 한 축을 담당한다. 사출속도의 주된 쓰임새는 외관 불량 해소에 있다.

⇨ 성형품에 나타나는 탄화(burn)나 제팅(jetting) 등의 불량현상은 속도가 빨라서 그럴 경우가 태반이다. 그러나 속도를 느리게 하면 방금 말한 현상들은 해소가 될지 몰라도 속도가 느림으로써 또 다른 불량(flow mark 등)이 나타날 수 있으므로 단계별 제어에 입각한 구도로 재편해줄 필요가 있다. jetting을 예로 들면, slow → fast → slow control 방식을 많이 선호하는데 보다시피 하나의 조건에도 느리게 했다가 빠르게 하는가 하면 다시 느리게 한다. 어떤 트러블은 fast → slow → fast → slow로 하기도 한다. 즉, 빠르게 → 느리게 → 빠르게 → 느리게 다. 그 외에도 조합 가능한 경우의 수는 많다.

> Note
>
> 빠르기를 달리하는 이유는, 성형과정에서 나타나는 불량현상들 대부분이 빠르기를 어떻게 하느냐에 따라 사라지기도 하고 나타나기도 하기 때문이다.

사출속도는 속도(=사출속도)가 빨라서 생긴 불량이 아닌 한 되도록 빠르게 해주는 것이 좋다고 나와 있다. 속도를 빠르게 하면 성형품의 때깔(=광택)이 좋아지기 때문이다.

⇨ 이런 현상은 수지와 금형 면과의 마찰효과에 기인한다. 나아가, 속도를 빠르게 하면 충전시간이 빨라져 사출시간 단축 효과를 기대해 볼 수 있고, 금형을 채운 용융고분자의 온도를 균일하게 하는 효과도 아울러 기대된다.

> **Note**
> cavity로 유입되는 용융수지의 온도를 균일하게 하면 불균일한 수축을 막아 변형도 억제된다. 그러나 열안정성이 나쁜 수지(ex) PVC 등)를 빠르게 주입시키면 유로(流路)의 마찰로 분해되어 흑줄(black streak)이 생길 수 있으므로 주의해야 한다.

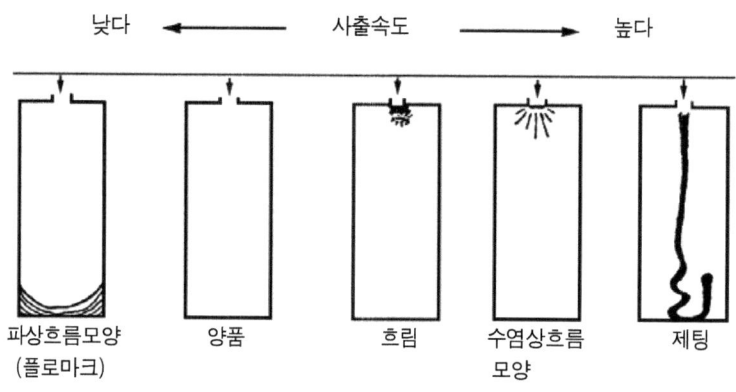

그림 6.31 사출속도와 플로 패턴

• **초도 성형에서의 사출속도**

초도 성형에서의 사출속도도 사출압력과 마찬가지로 오버패킹(over packing)을 막기 위해 50% 이하로 출발하는 것이 좋다.

⇨ 사출속도는 사출압력에 비해 오버패킹(over packing)될 우려가 비교적 덜한 편이나 조심하는 것이 상책이므로 되도록 느리게 출발하는 것이 좋다.

압을 높이면 속도를 낮추고, 속도를 높이면 압을 낮추는 것은 압과 속도 제어에 있어서 기본이 되는 컨트롤패턴이다.

⇨ 압과 속도는 상반되게 제어할 경우가 많다. 이는 의도적으로 그렇게 하자는 것이 아니라 어느 한 쪽을 낮추면 다른 한 쪽은 높이지 않으면 안 될 상황이 발생하기 때문이다.

<압과 속도 control>

사출압력은 미성형(short shot)을, 사출속도는 외관불량을 제압하는 용도로 사용한다.

⇨ 성형의 우선은 미성형을 성형으로 이끄는 것이며, 다음으로 외관불량을 제압하는데 있다. 그러나 압(壓)만으로 미성형을 잡는다거나 속도(速度)만으로 외관불량을 잡는다는 것은 있을 수 없는 일이며 압 뒤에는 속도가, 속도 뒤에는 반드시 압이 따라붙는다는 사실을 명심해야 한다.

📝 *Note*

에어벤트(air vent)를 내기가 어려운 깊이가 깊고 구석진 곳에 나타나는 탄화는 속도를 낮춰서 잡고, 그로 인한 미성형은 압을 약간 높이는 쪽으로 가닥을 잡으면 쉽게 해결된다.

압과 속도는 실과 바늘의 관계여서 어느 한쪽도 소홀히 할 수 없으며, 사안에 따라서는 같이 높여 줄 수도 있고 같이 낮춰줄 수도 있으며, 어느 한 쪽을 높이면 다른 한 쪽은 낮춰주고 다른 한 쪽을 낮추면 다시 어느 한 쪽은 높여주는 등 다양한 제어가 가능하다.

⇨ 압을 높이면 속도를 낮추고, 속도를 높이면 압을 낮추는 것은 압과 속도 제어에 있어서 공식과도 같은 개념이다. 그러나 모든 성형품을 이런 식으로 제어해야 된다는 것은 결코 아니며, 사안에 따라서는 같이 높여주거나 낮춰주는 등 다양한 제어가 가능하다.

📝 *Note*

통상 충전단계에서는 속도 위주로, 보압단계에서는 압 위주로 제어할 경우가 많다. 속도 위주로 제어하라는 말은, 미성형이 발생되지 않는 선에서 압을 고정시켜놓고 속도를 빠르게 하거나 느리게 하여 외관불량을 제압하란 얘기이며, 압 위주로 제어하라는 말은 속도를 낮추고(낮춘 상태 그대로 두고) 압을 높여 수축을 잡으란 얘기이다. 속도 위주로 제어하는 것을 '속도 사출', 압 위주로 제어하는 것을 '압 사출'이라 부른다.
사출조건을 제어하다보면 충전단계를 압 위주로 제어할 경우도 있다. 보압도 수축만 문제되지 않는다면 속도 위주로 제어할 경우도 있다는 사실에 유의한다(성형품의 두께가 두꺼우면 높은 압을 요구받지 않으므로 속도 위주로 제어할 경우가 많고(단, 보압은 압 위주), 얇으면 높은 압과 빠른 속도를 동시에 요구받는다).

사출압력을 99%로, 속도를 0%로 하여 사출을 시켜보니까 스크루 포지션(screw position, p181 참조) 상에 디스플레이되는 스크루의 움직임이 거의 없다시피 하는 걸 볼 수 있었고 이번에는 사출압력을 0%로, 속도를 99%로 하여 사출을 시켜보니까 스크루의 움직임이 빨라지는 걸 볼 수 있었다.

이로 미루어 금형으로 유입되는 용융수지에 빠르기를 더해주는 것은 사출속도란 사실을 알 수 있으며, 비록 압을 높여줬다고 하더라도 속도를 느리게 하면 빠르기를 더하지 못해 느리게 한 수치만큼 움직임도 느려진다는 사실을 아울러 알 수 있을 것이다.

⇨ 압(壓)을 아무리 높여줘도 속도가 느리면 높아진 압(壓)의 위상을 실감하지 못할 때가 많다.

사출압력을 미는 힘이라 하였다. 미는 힘이 정해진 상태에서 빠르기를 더하면 용융수지의 움직임은 높여준 수치만큼 탄력을 받아 힘있게 앞으로 쭉쭉 뻗어나간다.

⇨ 미는 힘이 정해졌다는 말은 미성형을 성형으로 이끌었다는 반증이며, 그 때의 높지도 낮지도 않은 압을 적정 사출압력이라고 한다. 미는 힘이 정해질 당시 속도도 당연히 설정되어 있었을 터, 이는 외관불량 해소용이 아닌 성형을 달성하기 위한 것(미성형 → 성형)이란 사실에 주목한다. 일단 성형이 되어 나오면 다음 수순으로 외관 불량은 없는지 꼼꼼히 따져보고 빠르게 해서 제압하는 것이 좋을 건지 느리게 해서 제압하는 것이 좋을 건지 저울질해봐야 한다.

Note

미성형에서 성형으로 이끄는 와중에도 외관불량이 동시다발적으로 나타날 수 있다. 이때는 동시 해결이 가능할 것 같으면 즉각 대응하면 되나, 판단이 서지 않으면 혼란만 가중될 수 있으므로 성형을 우선 달성한 연후에 해결책을 모색하는 것이 현명하다.

요즘 성형기의 사출조건 제어구조를 살펴보면 하나의 압력이 여러 단계의 속도를 거느리며, 주된 제어는 각각의 사출속도가 관장하는 구조로 돼 있는 걸 볼 수 있다. 이는 적정 압력이 정해지고 나면 압은 더 이상 만질 필요가 없고, 속도만으로 빠르기를 조절해서 외관불량을 제압해나가라는 의미로 읽히는 대목이다(그림 6.32 참조).

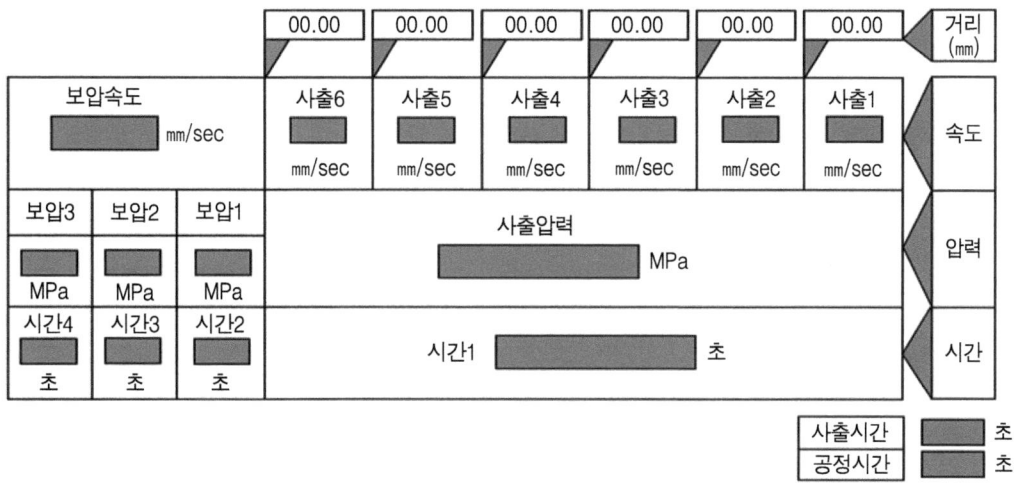

그림 6.32 전동 사출기 injection unit(W사)

성형기 메이커에 따라서는 그림 6.32와 같은 구조로 된 것도 있고, 압 하나에 속도 하나씩 따라붙도록 된 것도 있다. 사출조건 제어구조가 어떤 식으로 되어 있건 불문하고 충전단계에서는 속도 위주로, 보압단계에서는 압 위주로 제어함이 옳다. 이유는 외관 불량 해소 단계가 충전이고, 수축을 해소하는 단계가 보압이기 때문이다.

압을 1% 올리고 내림은 성형과 미성형의 경계를 쉽게 넘나들지만, 속도는 그러하지 못할 경우가 많다(본 경우가 바로 압과 속도와의 관계를 극명하게 드러낸 예이다). 미성형의 경우 속도를 제법 빠르게 했는데도 잡혀 나오지 않을 경우가 많지만, 압은 약간만 올려줘도 쉽게 잡히는 걸 보면 왜 압을 우선적으로 만지려 드는지 이해할 수 있는 대목이다. burr도 마찬가지다.

⇨ 성형품에 나타나는 트러블은 그 대부분 빠르기를 어떻게 하느냐에 달려 있으며, 수축은 보압을 어떻게 하느냐에 달려 있다. 충전단계에서의 압은 미성형을 방지할 수 있는 최소한의 압만 유지하는 것이 좋고, 보압은 속도를 최소한의 빠르기로 유지하되, 수축이 문제될 경우 압(=보압)을 조금씩 올려 주는 방향으로 컨트롤하는 것이 제대로 된 제어이다.

⇨ 압이 높아도 속도가 느리면 burr가 차나올 가능성이 현저히 떨어진다. 이런 현상은 압을 최고(=99%)로 높이고 속도를 0%로 했을 때 스크루의 움직임이 감지되지 않는 것과 같은 맥락이다(스크루는 이유여하를 불문하고 움직임이 있어줘야 미성형이건 burr건 결론이 난다). 이 상태에서 속도를 점진적으로 높이면 burr도 서서히 모습을 드러내기 시작

burr를 잡기 위해 압을 낮추면 금방 잡히지만 속도로 잡으려면 웬만큼 낮추지 않고서는 꿈쩍도 하지 않는다. 압을 카운터펀치에 비유하면 속도는 잽에 비유된다. 잽을 백 번 휘두르는 것보다 한 방의 카운터펀치는 일거에 평정되기 마련이다.

압(壓)은 속도를 지탱해주는 든든한 버팀목 역할을 수행한다. 현재 압이 50%이고, 속도가 99%라고 가정해보자. 이때 속도를 높여주고 싶어도 가용범위를 다 소진해버렸으므로 추가상승이 불가능하다. 본 경우 압을 1%만 더 줘도 속도를 다시 0~99%까지 쓸 수 있는 여력이 생긴다.

⇨ 하는데, 이런 일련의 사실들은 1차 burr, 2차 burr(p186 참조)를 막론하고 공통적으로 나타나는 현상이다.

사출속도는 덤벙덤벙 컨트롤이고, 사출압력은 제법 신중한 컨트롤이 요구된다. 사출 속도를 덤벙덤벙 컨트롤이라고 한 것은 그저 아무렇게나 막 설정해도 된다는 뜻이 아니라, 올리고 내리고의 기복이 비교적 심하다보니까 그렇게 표현한 것이다. 이에 대해 압을 보다 신중하게 제어할 것을 주문한 것은, 압이 너무 높으면 성형기와 금형에 무리가 따른다는 사실을 의식한 조치다.

⇨ 사출조건에서의 컨트롤 point는 빠르기 조절에 있다. 빠르기는 속도가 관장하나 느리게 할 필요성이 있을 때는 충전이 불가할 수 있으므로 압을 높여서 빠르기의 부족분을 보상시켜줘야 한다. 반대로 압을 낮춰도 충전이 불가할 수 있을 터, 낮춰준 만큼의 압의 공백을 속도를 빠르게 해서 보상시켜 줄 필요가 있다.

> Note
>
> 압과 속도는 상호 의존적인 관계에 있다. '그 압'을 유지하기 위해서는 '그 속도'가 필요하고, '그 속도'를 유지하기 위해서는 '그 압'이 필요하니 말이다.

■ 보압(保壓)과 보압속도(保壓速度)-holding pressure & holding speed(or holding velocity)

보압과 보압속도는 수축을 잡기 위해 가하는 압과 속도이다. 보압을 가하면 수축 부위로 수지가 추가로 공급되어 수축이 잡힌다.

⇨ 보압과 보압속도도 사출압력과 사출속도와 마찬가지로 압과 속도에 불과할 뿐, 특별한 의미는 없다. 단지 명칭만 달리해놓았을 따름이다.

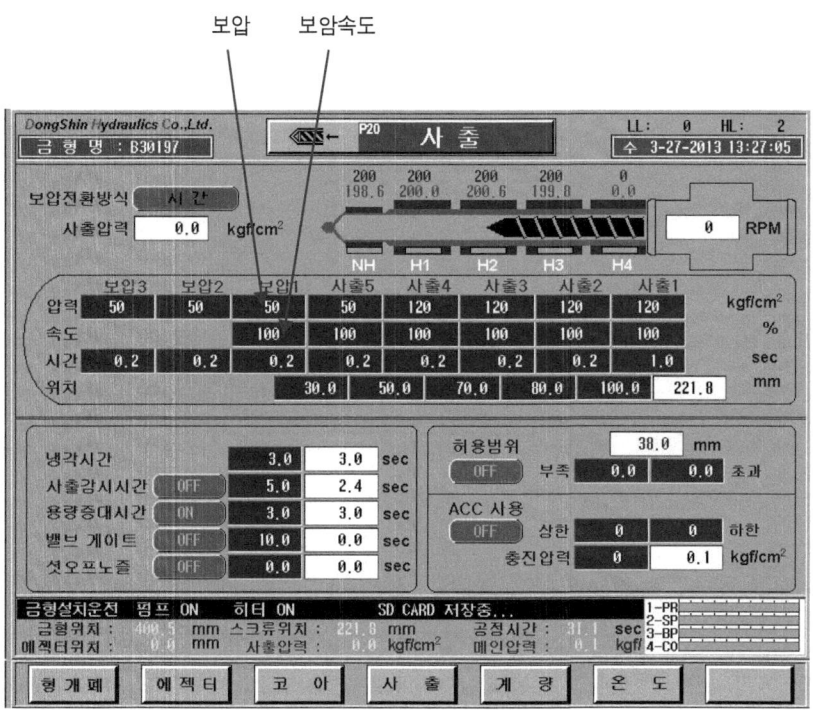

그림 6.33 보압과 보압속도

수축은 압(壓) 위주로, 충전은 속도(速度) 위주로 제어하는 것이 좋다고 한 바 있다. 충전단계는 미성형과 외관불량을, 보압단계는 수축해소가 주된 목적이기 때문이다.

그림 6.33은 사출조건 구도를 사출과 보압으로 양분했을 때, 명문화된 보압과 보압속도를 나타낸다. 사출조건에는 그림 6.33에서와 같이 눈에 보이는(명문화시켜놓은) 보압과 보압속도도 존재하지만, 눈에 보이지 않는(명문화시켜놓지 않은) 보압과 보압속도도 존재함을 알아야 한다.

⇨ 충전은 속도 위주 제어이고, 보압은 압 위주 제어이다. 보압(保壓)을 괜시리 보압이라 했겠는가. 속도보다 압 위주로 제어하라는 무언의 사인(sign) 아니겠는가 말이다.

⇨ 보압과 보압속도는 수축을 잡기 위해 존재하는 압과 속도이다. 따라서 사출조건 패널상에 명문화시켜놓은 보압과 보압속도는 수축을 잡으라는 준엄한 명령에 다름 아니다.

Chapter 6 사출성형기술 • 153

> **Note**
>
> 보압은 사출조건 패널 상에 명문화시켜놓은 보압 외에 성형의 원리를 근간으로 한 개념상의 보압도 존재함을 알아야 한다. 초창기의 성형기를 예로 들면, 1단 제어 하나뿐인 성형기가 주류를 이루었으며 이때도 수축은 잡혔다. 이유는 1단 제어 속에 숨어있는 개념상의 보압(유지압 포함)이 존재했기 때문이다. 이것이 숨은 보압의 실체라면 실체. 본 내용에 대해서는 '성형의 원리' 편에서 익히 설명한 바 있다.

수축을 잡는 방법에는 주어진 구간을 다 사용해서 잡을 수도 있고, 원하는 구간만 채택해서 잡을 수도 있다. 전 구간을 다 사용해서 잡을 경우는 명문화된 보압까지 다 제어할 경우를 말하는 것이고, 원하는 구간만 채택해서 잡을 경우는 필요한 단계만 선택 제어할 경우이다.

성형기 메이커에 따라서는 보압(명문화된 보압을 말한다)을 전형적인 개념의 보압(수축 잡는 보압 의미)으로 활용할 수 있도록 해놓은 것도 있고, 유지압으로만 활용할 수 있도록 해놓은 것도 있다. 어느 경우에 속하는 것인가는 압만 존재하느냐 속도가 함께 존재하느냐에 따라 다르다.

압만 존재할 경우는 유지압 개념의 보압(gate seal 용 및 사출기 무리방지용 보압)이라 할 수 있으며, 속도가 함께 존재할 경우는 수축을 잡기 위해 수지를 추가로 주입시킬 수 있는 보압이라 할 수 있다.

이런 사실은 스크루 포지션을 통해서도 쉽게 포착된다. 즉, 압만 존재할 경우는 스크루 포지션 상에 디스플레이되는 스크루의 움직임이 없다시피 하지만, 속도가 함께 존재할 경우는 수치(보압속도 수치를 말한다)를 올릴 때마다 스크루의 움직임도 올려준 수치만큼 빨라진다는 것이 그것이다.

⇨ 전형적인 개념의 보압을 편의상 '전진 보압'이라 부르기로 한다. 이는, 스크루가 보압 중 수지를 조금이라도 더 밀어 넣기 위해 '전진한다' 하여 그러는 것이다. 유지압도 보압이다. 성형이 달성되는 이치상 보압 다음에 위치하니까 말이다. 그러나 유지압은 글자 그대로 유지만 할 뿐 스크루의 움직임은 없다.

그림 6.34는 주어진 단계를 다 사용할 경우 수축은 보압(명문화된 보압을 말한다)에서 잡으라고 구성해 놓은 것이다. 이를 잘못 해석하면, 수축은 보압(명문화된 보압을 말한다)까지 가야 잡을 수 있는 걸로 오인할 소지도 있다.

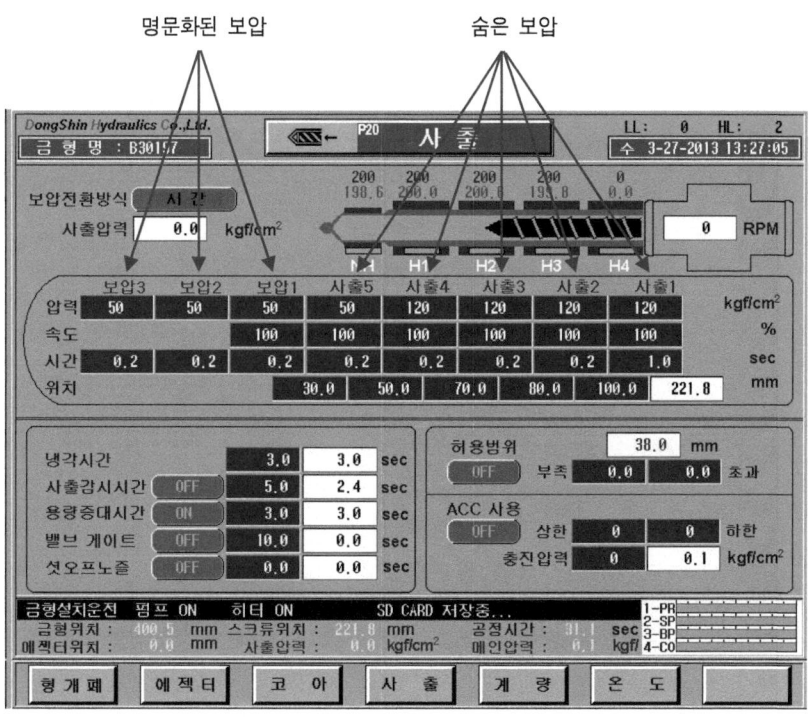

그림 6.34 명문화된 보압과 숨은 보압

유지압으로 수축을 잡는다는 것은 고려할 가치조차 없으며, 전형적인 수축 해소 방법은 역시 보압 중 수지를 조금이라도 더 밀어 넣어 잡는 것이 제대로 된 제어이다.

⇨ <플라스틱 사출 성형조건 CONTROL 법>에서 수축을 잡기 위해 유지압의 효과를 노린 성형조건 컨트롤 사례를 한 차례 소개한 적이 있는데, 이 경우는 유지압을 가하는 동안 언더플로(under flow, 아래로 흐른다는 뜻(cavity → runner) 일종의 역류)를 막아 게이트 주위의 빨림(이 역시 수축이다)을 막겠다는 의도로 해석해야 하며, 유지압으로 수축을 잡을 수 있다는 적극적인 논리로 해석해서는 곤란하다는 사실을 밝혀두고자 한다.

📝 *Note*

> 보압의 끝단은 유지압이며, 하는 역할은 언더플로(under flow)를 막아 게이트 주위의 빨림을 막겠다는 의도(gate seal 용-유지압-1)와 사출기 무리를 방지하겠다는 의도(유지압-2)로 요약할 수 있다. 언더플로(under flow)를 막고 게이트를 정상적으로 굳히기 위해서는 이전의 압(보압을 말한다)보다 낮으면 안 되며, 이전의 압이 비록 높게 설정되어 있다 하더라도 그 상태 그대로 유지시켜줘야 한다는 사실을 유념한다.
> 유지압-1이 가해지는 동안 gate seal이 걸린 것으로 판단되면(여기까지가 성형품과 관련된 지극히 정상적인 사출조건), 이때를 놓치지 말고 유지압-2(소위 '0(영, zero)조건'(압·속도 공히 0%로 한 조건-이것 역시 유지압이다)를 걸어(여기서부터는 성형품과 무관한 순수 사출기 무리 방지용 조건) 약간의 지연타임(0.1초 정도)을 부여한 뒤 계량으로 넘기면 깔끔한 마무리가 된다.

• 성형기 메이커 별 사출조건 제어 패널 분석

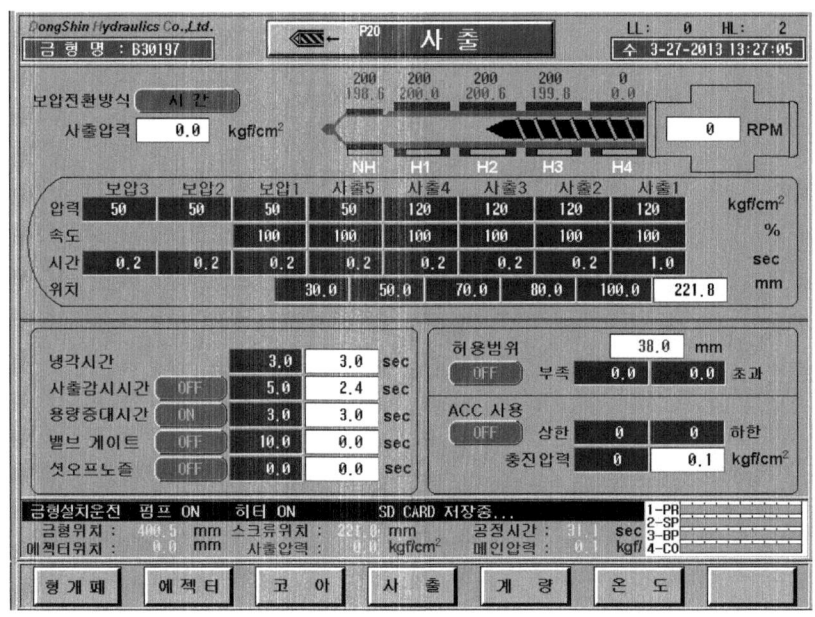

그림 6.35 D사 사출성형기 injection unit

그림 6.35는 D사 사출성형기의 사출부 제어 구조를 나타낸다. 패널에서 보는 바와 같이 명문화된 보압 2차와 3차만 제외하고 사출과 보압(명문화된 보압 1차를 말한다) 공히 각각의 압과 속도를 다 갖추고 있다.

본 경우는 명문화된 보압 2차와 3차를 제외하고 충전과 보압(명문화된 보압 1차 즉, 전진 보압을 말한다)을 다 달성할 수 있다는 의미로 해석이 가능하다.

⇨ 조건 전개 시 명문화된 보압 2차와 3차 중 2차는 gate seal용, 3차는 사출기 무리방지용 유지압으로의 활용이 가능하다.

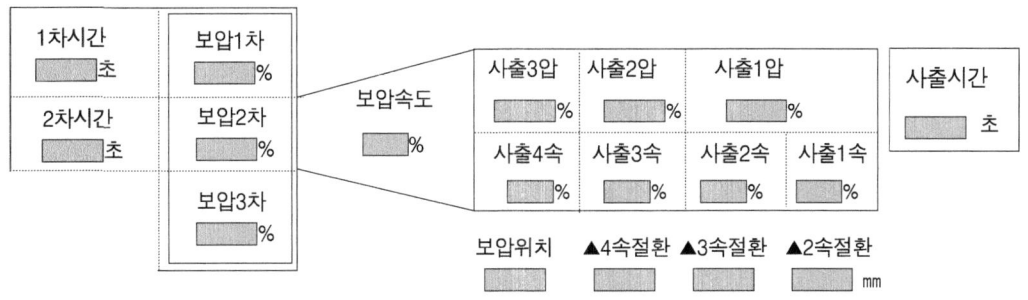

그림 6.36 L사 사출성형기 injection unit

그림 6.36은 L사 사출성형기의 사출부 제어 구조를 나타낸다. L사도 마찬가지로 사출과 보압 공히 각각의 압과 속도를 다 갖추고 있다. 단, 사출에서는 사출1압이 두 개의 속도를, 보압에서는 한 개의 속도가 세 개의 압을 거느리고 있다는 점이 차이라면 차이다. 이 경우도 마찬가지로 어느 단계에서건 충전과 보압을 다 달성할 수가 있으며, 전(全) 제어단계를 다 사용할 경우 충전은 사출1압에서 3압까지, 수축은 보압 1, 2, 3에서 잡아야 한다는 의미로 해석이 가능하다.

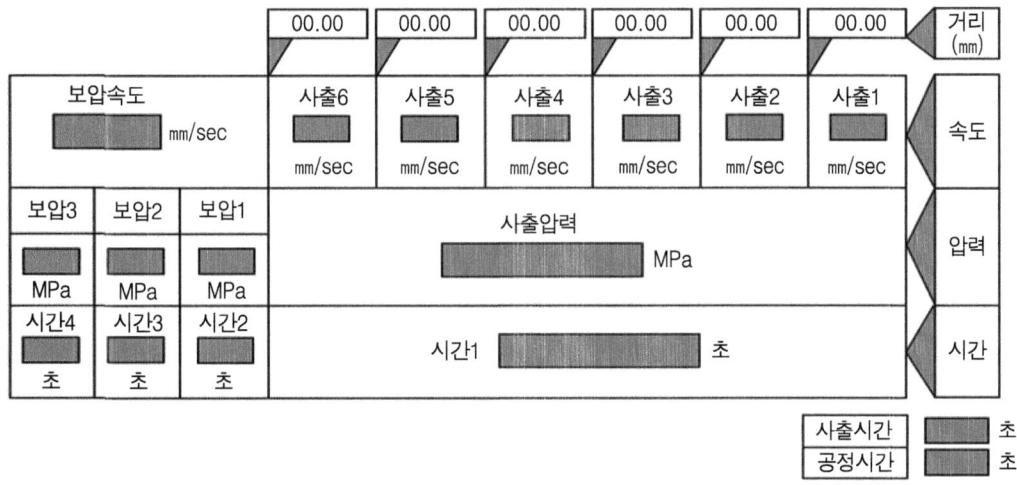

그림 6.37 W사 사출성형기 injection unit

그림 6.37은 W사 성형기의 사출부 제어구조를 나타낸다. 이 성형기는 보다시피 압 하나가 여섯 개의 속도를 거느리고 있고, 보압속도 하나가 세 개의 압을 거느리고 있다. 본 경우 충전은 사출 몫으로, 수축은 보압 몫으로 나눠 분리 컨트롤을 해야 취지에 부합된다.

<보압 다단(多段) 컨트롤 메커니즘(control mechanism)>

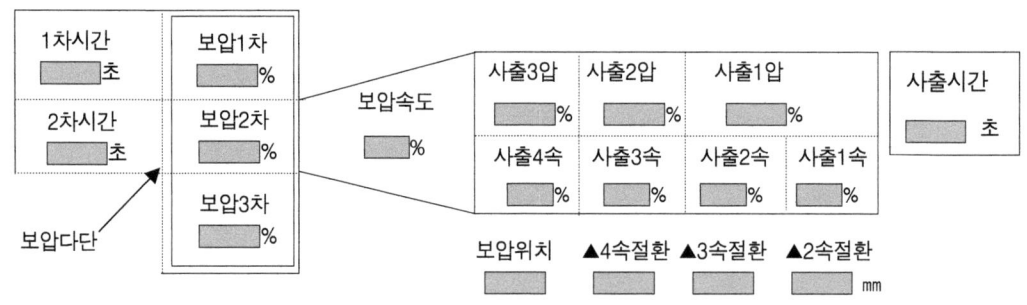

그림 6.38 보압 다단(L사)

보압 다단은 충전 다단과 비교했을 때 개념부터가 다르다. 알다시피 충전 다단은 비어있는 cavity를 채우는 공정이고, 보압 다단은 그렇게 충전된 cavity 내 성형품의 속살을 채우는 공정이다. 이런 이유로 충전 다단은 gate에서 cavity 말단을 향해 성형시켜 나가는 반면, 보압 다단은 거꾸로 cavity 말단에서 gate 쪽으로 채워 나오면서 gate를 봉입(gate sealing)하고 마무리한다.

⇨ cavity 말단부는 압력손실이 많아 다른 부위에 비해 압(보압을 말한다)을 높여줘야 수축이 잡힌다. 그러나 나머지 부위는 점진적으로 gate와 가까워 오므로 그리 높지 않은 압으로도 수축제압이 가능하다. 이를 3단으로 나누면 1단은 높게, 2단은 1단보다 낮게, 3단은 2단보다 낮게 하는 구도를 그려 볼 수 있다. 결과적으로 뒤로 갈수록 압이 낮아지는 모양새가 된다(반대로 하면 뒤로 갈수록 압이 높아지는 모양새가 되어 사출기 무리만 가중시키고, cavity 말단부는 적기에 수지공급이 이뤄지지 않아 수축이 심화된다).

📝 *Note*

보압 다단도 충전 다단과 마찬가지로 성형품을 part별로 나누는 전략이 필요하다. 이렇게 하면 필요 이상 높은 압으로의 설정을 막아 잔류응력을 경감시키고 변형을 억제할 수 있다.
수축은 특별한 경우가 아니면 보압 1단만으로도 능히 제압된다. 압이 낮으면 높여주면 되고, 너무 높다 싶으면 사출기 무리방지 차원에서 2단을 하나 더 걸어 낮은 압을 하나 더 설정해주면 될 터인즉 말이다.

■ 위치절환(位置絶環, mm)

위치절환(位置絶環)은 각각의 제어단계별로 각기 다르게 설정해놓은 각각의 조건들이 차질 없이 이행될 수 있도록 조건을 절환하는(전환하는, 변환하는) 역할을 하는 기능이다. 다단제어 성형기를 목적에 맞게 활용하기 위해서는 각각의 단계별로 각기 다른 조건을 설정하려는 노력이 필요하다.

여기서 각기 다른 조건이란 각각의 제어단계별로 각기 다르게 설정해놓은 각각의 사출압력과 사출속도를 일컫는 말이며, 이는 곧 다단제어 성형기에 있어서 필수적으로 요구되는 제어행태라 할 수 있다.

⇨ 위치절환은 사출조건을 제어함에 있어서 사뭇 중요한 기능이다. 이것이 없으면 정밀사출은 참으로 요원하다.

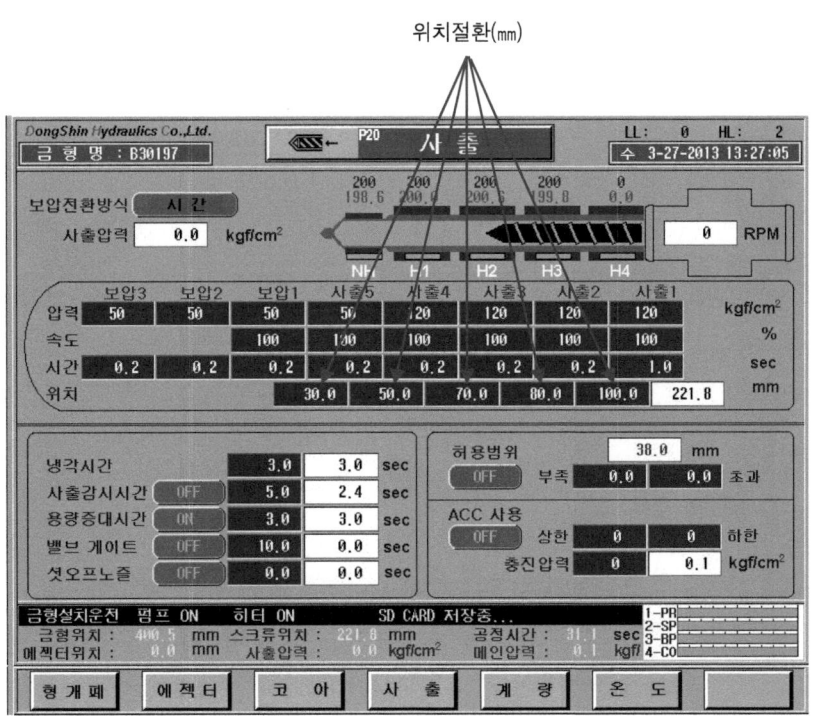

그림 6.39 위치절환(mm)

위치절환을 성형기에 넣어둔 이유는 간단하다. 하나의 압과 하나의 속도, 다시 말해 1단만으로 성형하던 종래의 사고방식에서 탈피하여 서로 다른 압과 속도로 변환시켜가며 자유자재로 제어하겠다는 것이다. 이렇게 되기 위해서는 각각의 제어단계별 사출조건이 의도한 대로 먹혀들 수 있도록 조건을 절환(전환 또는 변환)시킬 수 있는 그 어떤 매개체적 역할을 하는 게 반드시 있어야 한다. 그래야 다음 조건, 그 다음 조건으로 조건이 차질 없이 절환될 수(바뀔 수) 있을 터이니 말이다.

방금 말한 매개체적 역할을 하는 것으로 바통(baton)을 예로 들어 보자. 알다시피 바통은, 달리기할 때 주자(走者)들끼리 주고받는 자그마한 몽둥이다. 주자들은 생김새도 다르고 성격도 다르다는 것은 익히 아는 사실이다.

이를 사출에 비유하면 서로 다른 조건, 즉 서로 다른 압과 속도를 가리킴을 어렵사리 알 수 있다. 바통이 전달되는 순간 이 주자에서 저 주자로, 주자 '자체'가 바뀌게 되며, 바통 역할을 하는 기능이 여기서 말하는 위치절환이다.

⇨ 위치절환은 조건이 바뀌는(절환되는, 변환되는) 포지션(changing position)을 의미하며, 스크루가 해당 절환에 도달하면 어김없이 다음 조건으로 변환된다.

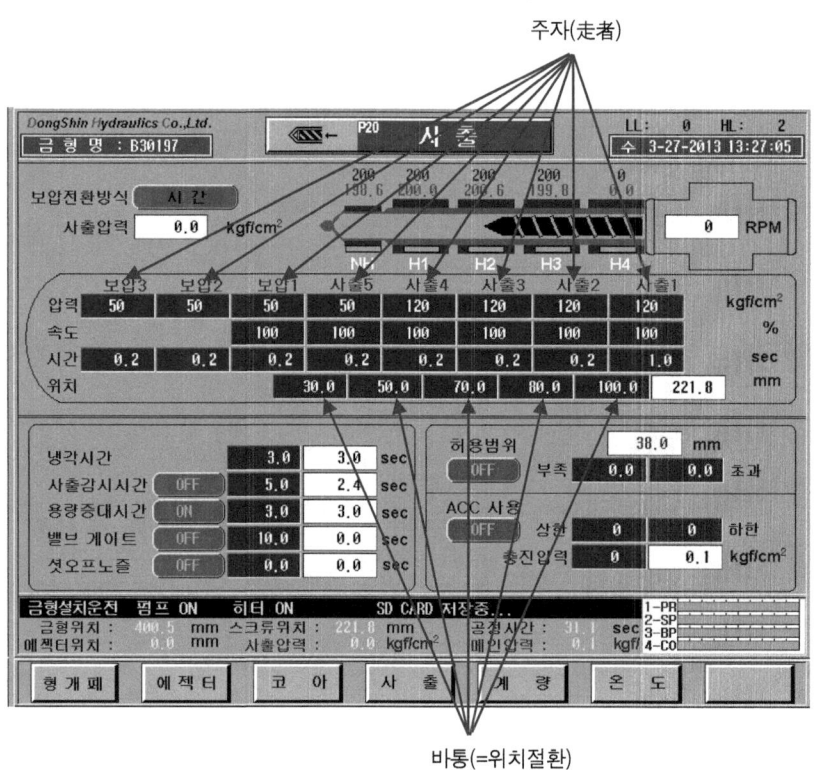

그림 6.40 바통과 위치절환

사출성형기에 구성되어 있는 위치절환은 1차 절환·2차 절환·3차 절환·4차 절환 등으로 불리며, 작동순서는 각각 정해진 일련번호대로 순차 작동된다.

⇨ 방금 소개한 것들은 7단 제어를 탑재한 사출성형기의 위치절환 구성을 나타낸다.

위치절환은 1차 절환·2차 절환·3차 절환·4차 절환할 때의 1, 2, 3, 4(차)와 같이 위치(position)가 바뀔 때마다 조건도 따라 바뀌며, 전(全) 제어단계를 다 사용할 경우 1차 절환 → 2차 절환 → 3차 절환 → 4차 절환 등으로 순차 절환되나, 일부만 사용할 경우는 해당 절환만 작동되고 나머지는 작동되지 않는다. 한편, 위치절환은 S1, S2, S3, S4로도 표기되는데, S는 스트로크(stroke, 거리('㎜'로 표기))의 약어(略語)이다. 위치절환을 '거리(㎜)'로 명명하는 것은 바로 이 스트로크(stroke)란 용어 때문이며, S1은 1차 절환을, S2는 2차 절환, S3는 3차 절환, S4는 4차 절환, S0는 계량완료(㎜)를 나타낸다.

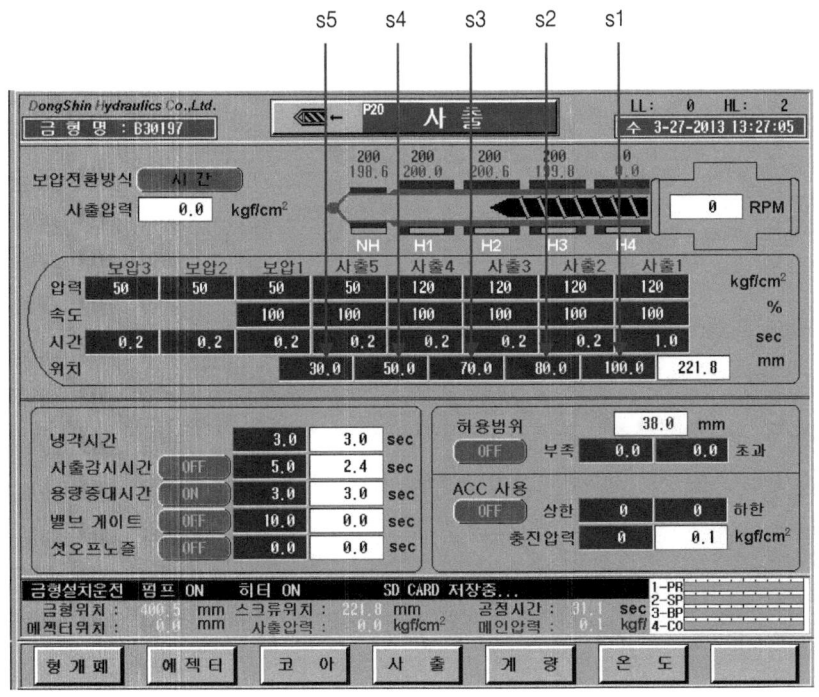

그림 6.41 stroke(㎜)

위치절환 제어단위는 거리(㎜), 즉 밀리미터(㎜)다. 설정수치(㎜)는 각각의 제어단계별 사출조건에 있어서의 경계가 된다.

⇨ 1차 절환(s1)은 사출 1차 조건과 사출 2차 조건의 경계가 되고, 2차 절환(s2)은 사출 2차 조건과 사출 3차 조건의 경계가 되며, 3차 절환(s3), 4차 절환(s4)도 마찬가지로 각각의 사출조건의 경계가 된다. 또 사출 1차는 S0에서 S1까지, 사출 2차는 S1에서 S2까지, 사출 3차는 S2에서 S3까지, 보압은 S3부터 사출시간이 종료될 때까지 영향을 미친다(그림 6.42 참조).

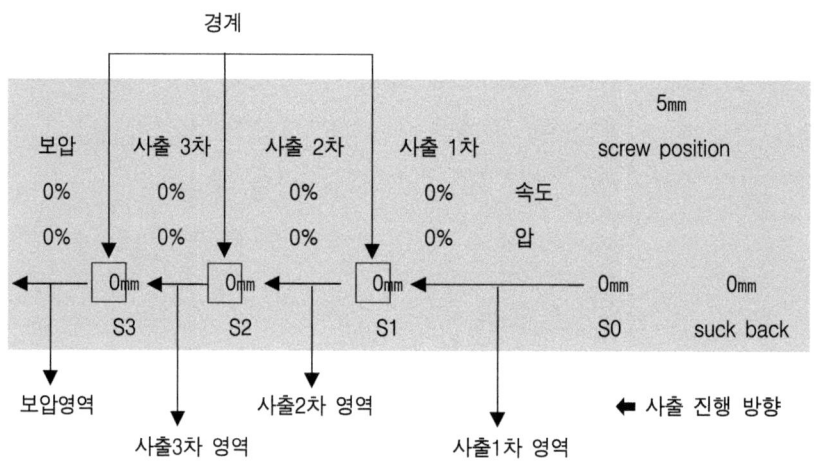

그림 6.42 각각의 사출조건의 경계가 되는 위치절환(4단 제어 성형기의 예)

<1차 절환(㎜) control>

1차 절환은 모든 절환에 있어서 가장 기본이 되는 절환인 동시에 최초절환이기도 하며, 사출 1차 조건과 사출 2차 조건을 연결해주는 중간 매개체적 역할을 한다.

⇨ 1차 절환을 설정하지 않으면 사출 1차에서 2차로의 조건변동은 일어나지 않는다.

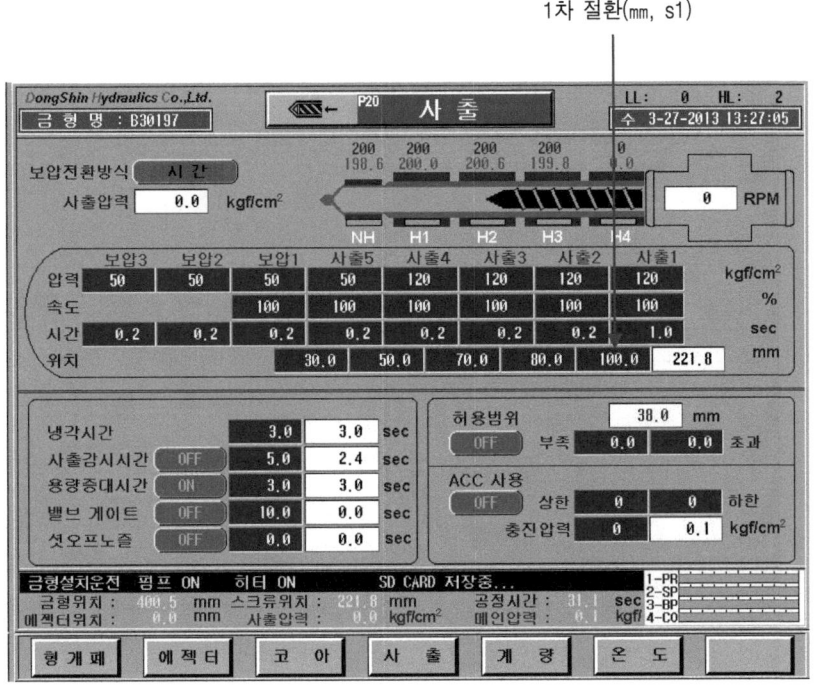

그림 6.43 1차 절환(mm)

사출 1차조건(1단)만 채택하였다면 사출 1차 조건만으로 성형이 종료되어버릴 것이므로 그 다음 단계로의 절환이 필요치 않으나, 사출 2차조건(2단)까지 채택하였다면 해당 절환인 1차 절환(mm)을 스크루 포지션 상에서 목격한 충전과 보압의 경계선이 될 만한 그 때의 수치를 입력시켜줘야 한다. 이렇게 하는 것이 1차 절환 control 요령이다.

⇨ 다단제어는 그림 6.43의 충전단계를 몇 개의 part로, 보압단계를 몇 개의 part로 나눠 각각의 part별로 위치절환(mm)을 포진시켜놓은 것으로 요약할 수 있다. 취지에 부합되기 위해서는 각각의 part별로 각기 다른 조건을 설정해줘야 한다.

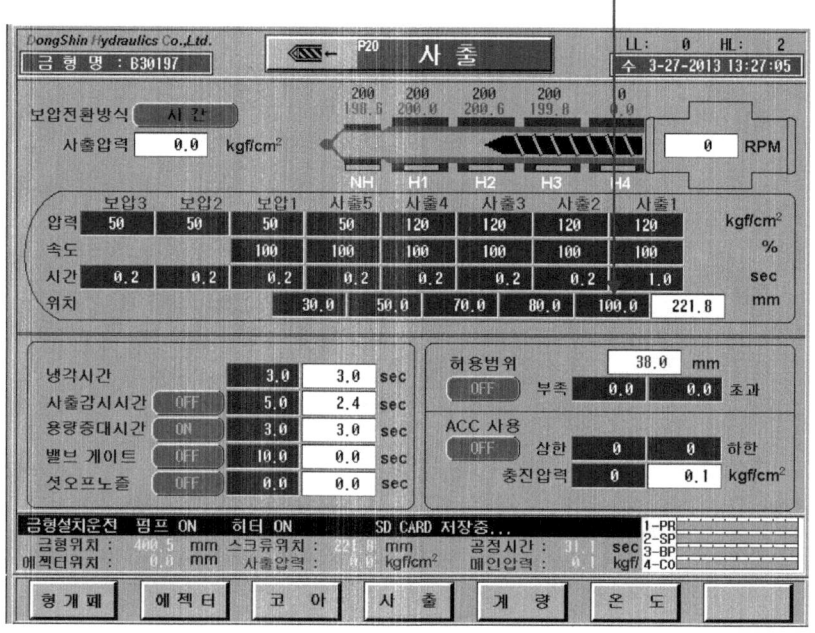

그림 6.44 1차 절환(mm) control

　사출 1차조건(1단)만으로 성형하면 만질 수 있는 것이라고는 1차압과 속도 및 사출시간 밖에 없다. 사출시간을 설정하고 압과 속도(1차압과 속도를 말한다)를 부여해서 사출을 시켜보니까 처음에는 빠르게 움직이다가 어느 순간 느려지는가 싶더니, 사출시간이 끝나갈 즈음 완전히 멎어버리는 것이 아닌가.

　이 같은 움직임은 1단만으로 성형했을 때 보다 뚜렷이 나타나는데, 어디까지가 충전이고 어디까지가 보압이며 어디까지가 유지압인지 확연히 구분된다. 이는 가만히 놔둬도 저절로 그렇게 된다는 사실에 주목한다.

⇨ 본 경우 빠르게 움직일 때가 충전, 느리게 움직일 때가 보압, 흐름이 멎었을 때가 유지압 단계이다.

1차 절환(㎜)을 충전과 보압의 경계가 될 만한 그때의 수치로 맞춰주려면, 성형의 원리에 입각한 일단의 수치를 설정해 주고, 성형품을 취출해 나가면서 기설정한 수치를 높였다 낮췄다 하면서 성형품에 나타나는 변화를 잘 살펴봐야 한다. 이렇게 하다보면 성형과 미성형을 구분짓는 아슬아슬한 경계선과 필연적으로 맞닥뜨리게 되는데, 그때의 그 아슬아슬한 수치가 구하고자 하는 1차 절환 수치이다. 이러한 조건 컨트롤의 저변에는 '방향의 원리'란 이치가 자리잡고 있다.

⇨ 방향의 원리란 조건 조이기의 일환으로서 성형조건 컨트롤의 전반적인 맥락은 좌·우·상·하의 방향설정에 있다고 보여지는 바, 이러한 논리에 편승해서 조이기를 거듭하다보면 해당 성형품에 꼭 맞는 가장 이상적인 조건이 설정 또는 수정 및 검증되어 나온다는 '경험론적 이치'를 말하는 것이다(p237 참조).

최초 사출은 1차압과 속도가 관장한다. 그러다 1차 절환(㎜)이 걸리면서부터는 2차압과 속도가 바통을 넘겨받는다. 이런 일련의 과정은 다음과 같이 확인 가능하다. 즉, 사출부 디스플레이 패널(display panel)을 예의주시해보면, 사출 개시와 때를 맞춰 계량완료에 떡 허니 멈춰 서 있던 자그마한 불빛(파일럿램프(pilot lamp)라고 한다)이 1차 절환(㎜)으로 빠르게 이동함과 동시에 1차압과 속도에 머물러 있던 또 다른 불빛(이것 역시 파일럿램프(pilot lamp)이다)이 2차압과 속도로 잽싸게 이동한다는 것이 그것이다.

⇨ 파일럿램프(pilot lamp)는 시스템의 동작 상태를 보여주는 광원(光源)으로서, 디스플레이(display) 기능의 일종이다.

1차 절환(㎜)을 control한다는 것은, 계량완료(㎜)로부터 1차 절환(㎜)까지가 충전에 해당되는 관계로 충전 중 유입되는 용융수지의 양을 조절한다는 측면이 강하다. 1차 절환(㎜) 이후는 사출 2차 조건이 바통을 넘겨받아 보압 역할을 수행한다. 본 경우가 성형의 원리에 입각한 2단 제어이다.

⇨ 본 경우 계량완료(㎜)로부터 1차 절환(㎜)까지를 충전만 되게 할 수도 있고, 충전+보압이 되게 할 수도 있다. 충전만 되게 하려면 수축은 사출 2차에서 잡아야 하므로 1차 절환 이후의 조건인 사출 2차는 보압과 유지압까지 다 달성될 수 있도록 해줘야 한다. 만약 충전+보압(유지압 제외)이 되게 하려면 사출 1차에서 수축까지 다 잡아야 하므로 1차 절환 이후의 조건인 사출 2차는 유지압 역할만 수행하게 되며, 이때의 유지압 역시 보압을 말하는 것임은 앞서 설명한 바와 같다.

2단 제어로 사출조건을 종료할 경우 2차압인 보압(유지압 포함)은 1차압인 충전압력의 50%이하로 낮춰 설정한다는 것이 지금까지 알려진 보편적인 설정방식이다.

⇨ 50% 이하란 충전압력이 70%로 설정되었다고 가정했을 때 보압은 그 반(半)에 해당되는 35%로 설정한다는 얘기이나, 이는 어디까지나 일반론적인 얘기이며, 실제로는 성형품의 두께에 따른 차등제어가 불가피하다.

> **Note**
>
> 두께가 얇으면 50% 이하 설정도 가능하나, 두꺼우면 수축이 우려되므로 충전압력보다 높게 설정해야 될 경우도 비일비재하다.

2차압이 1차압보다 낮게 설정되면 절환 수치를 높여줄수록 미성형이 발생할 가능성이 높고, 수치를 낮추면 burr가 차 나올 가능성이 높다. 이런 현상은 압이 높게 설정된 구간과 낮게 설정된 구간과의 영역이 좁아지기도 하고 넓어지기도 하기 때문이다.

⇨ 통상 미성형이 발생하면 압(壓)부터 올리려고 기를 쓴다. 그러나 양(mm)이 문제가 된 상태에서는 이야기가 사뭇 달라진다. 분명히 1차 절환(mm)과 계량완료(mm)와의 간격이 좁은 나머지 미성형이 발생될 수밖에 없는 구조로 되어 있는데도 불구하고 이를 모른 체 압만 죽어라 하고 올려줘 봤자 헛발질이 될 가능성이 높기 때문이다. 이때는 1차 절환(mm)을 하향제어하거나 계량완료(mm)를 상향 제어하는 등의 조치를 취해줘야지 압만 올려서는 해결될 성질이 못 된다는 것을 보여주는 단적인 예다. 중요한 것은 원인이 어디에 있는가 하는 것이다.

> **Note**
>
> 양(量, mm)이 충분한데도 미성형이면 압을 올려줘야 마땅하나, 압을 올려줬는데도 미성형이면 온도(성형온도와 금형온도)가 낮지는 않은지, 재료의 유동성은 어떤지, 금형에는 하자(瑕疵)가 없는지 등을 꼼꼼하게 따져봐야 한다.

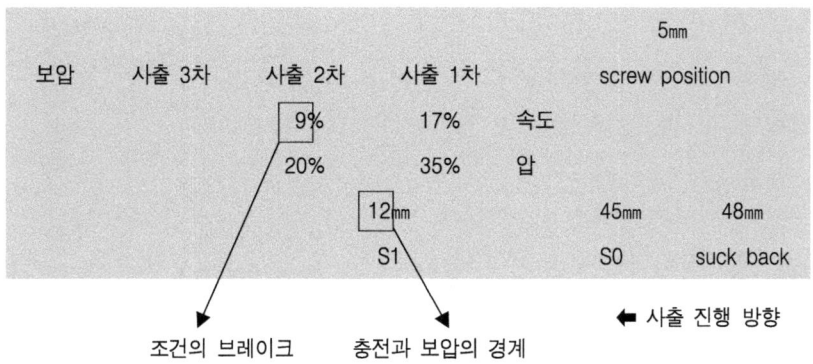

그림 6.45 압과 속도와 위치절환(mm)과의 관계

그림 6.45는 압과 속도와 위치절환과의 관계를 나타낸다. suck back 48mm에서 사출이 시작되어 압 35%, 속도 17%로 1차 절환 12mm까지 주입된다. 스크루가 1차 절환 12mm에 도달하면 사출 2차 조건으로 전환되면서 압 20%, 속도 9%로 사출시간이 종료될 때까지 보압이 가해진다는 것이 본 조건의 골자다.

⇨ 사례는 1차가 충전이고 2차가 보압이다. 3차 이후는 아무 것도 설정하지 않았다. 이는 필요로 하는 단계만 선택 제어했다는 뜻이다. 사례의 경우 사출 2차 조건인 압 20%, 속도 9% 중, '9%'란 수치에 주목하시라. 보다시피 9%는 1차 속도 17%에 비하면 턱없이 낮은 수치이다. 그러나 이렇게 해야 1차 절환(mm)을 기점으로 브레이크(brake, 제동)가 걸리면서 의도했던 보압 역할도 무난히 수행할 수 있게 되고, 충전과 보압의 경계도 한결 명확해져 수치(mm)를 높이면 미성형, 낮추면 성형이 되는 등 성형의 원리에 충실한 제어가 가능하게 되는 것이다.

📝 *Note*

> 충전(充塡)은 외관불량을 제압해야 되는 관계로 속도를 느리게 할 수도 있고 빠르게 할 수도 있으나, 보압(保壓)은 속도를 느리게 해야 목적달성이 용이하다.

충전조건인 사출 1차에 의해 주입되는 양은 33mm(45mm(계량완료)-12mm(1차 절환))이고, 보압조건인 사출 2차에 의해 주입되는 양은 7mm(12mm(1차 절환)-5mm(screw position, 스크루가 최종 전진한 현재의 스크루 위치))이다.

⇨ suck back은 실제 사출되는 양(mm)과 무관하므로 제외시켰다.

사례의 조건에서 미성형이 발생했다고 가정했을 때, 35%로 설정되어있는 압을 몇 % 더 올려 제압할 수도 있고, 속도를 몇 % 더 올려 제압할 수도 있다.

⇨ 본 경우는 양(㎜)이 부족해서가 아닌 압과 속도가 낮고 느릴 경우 해결책이다.

압과 속도를 올려줬는데도 미성형이 잡혀 나오지 않으면 미성형의 크기만큼 양을 더 주입시켜 제압한다.

⇨ 본 경우 압과 속도는 충분한데 양(㎜)이 부족할 경우 해결책이다.

양을 더 주입하는 방법은, 1차 절환 수치를 미성형의 크기를 감안해서 11㎜, 10㎜, 9㎜ … 등으로 하향 제어하거나, 계량완료(㎜)를 46㎜, 47㎜, 48㎜ … 등으로 상향 제어하는 방법이 있다.

⇨ 작은 미성형은 1차 절환 수치만 하향제어해도 쉽게 잡혀 나오나, 큰 미성형은 근본적으로 양이 부족할 수 있으므로 계량완료(㎜)를 큰 폭으로 상향 제어해야 잡혀 나온다.

> **Note**
>
> 1차 절환(㎜)을 하향 제어할 경우 쿠션(량)도 감안(5㎜가 적당)해서 컨트롤해야 하며, 압과 속도 및 양(㎜)을 다 동원했는데도 미성형이 잡히지 않으면 온도(성형온도와 금형온도를 말한다)를 비롯, 금형·수지·설비 등 전반적인 점검이 필요하다.

1차 절환(㎜)을 하향 제어하거나 계량 량(=계량완료(㎜))을 상향 제어하면 양이 얼마가 더 들어갔건 불문하고 충전에서 머무는 시간이 길어져 그 여파가 보압조건까지 미쳐 수축이 심화되는 수가 있다. 본 경우 보압을 몇 % 더 주거나 보압시간을 몇 초 더 줘서 만회한다.

⇨ 사출은 매우 정교한 기술이다. 이것을 만지면 저것에 영향을 미치고, 저것을 만지면 요것에 영향을 미치니 말이다. 기계가 아무리 정교하게 되어 있어도 다루는 사람의 생각이 정교하질 못하면 주어진 성능을 100% 발휘할 수 없다. 정밀사출을 구현하길 진정으로 원한다면 압 1%, 속도 1%, 거리 1㎜ (성형기에 따라서는 0.1㎜ (혹은 0.01㎜)), 시간 1초(성형기에 따라서는 0.1초(혹은 0.01초))까지-<111원칙>-소홀함이 없어야 한다. 이것이 진정 정밀사출로 가는 지름길이다.

초도 성형에 있어서의 조건탐색은 1단 제어로 하되, 1단 제어만으로 완전한 성형품이 성형되어 나왔다고 하더라도 마지막 마무리는 2단 제어의 모양새를 갖춰주는 것이 제대로 된 제어이다.

⇨ 기량이 숙달되면 처음부터 2단 제어로 출발할 수도 있다. 2단 제어로 출발하면 압과 속도가 아무리 높고 빨라도 1차 절환(mm)을 미성형이 발생될 수밖에 없는 구도(1차 절환(mm)의 상향 제어)로 출발하기 때문에 오버패킹(over packing)의 우려도 없다. 더구나 2차압도 1차압의 50% 이하로 낮춰 출발하는 관계로 1차 절환(mm)을 통해 넘어온 미완의 성형품을 완전하게 성형시킨다는 것도 사실상 불가능하다.

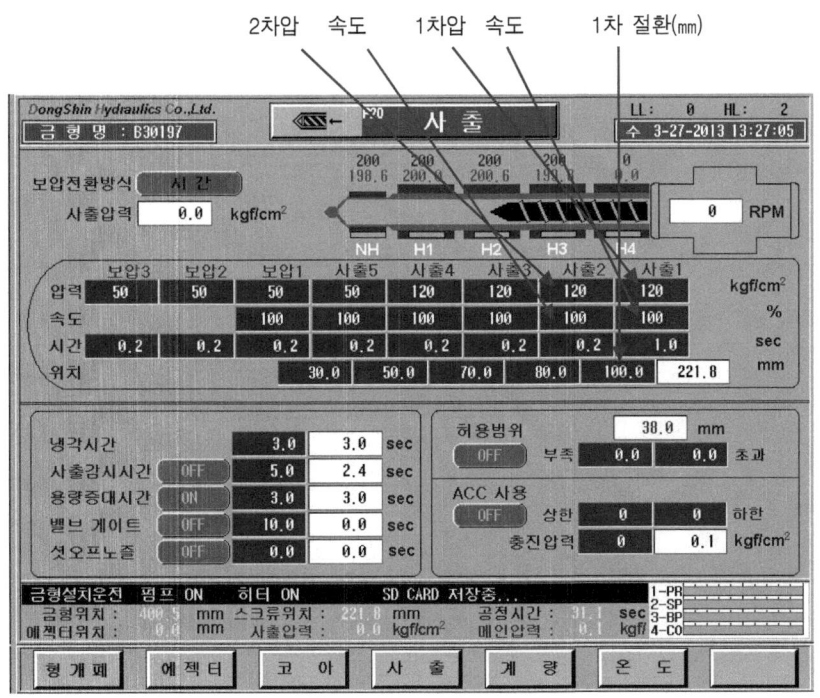

그림 6.46 2단 제어 탐색

1차 절환(mm)의 설정목적은 충전과 보압을 2단 제어라는 명목하에 명확히 나눠줌으로써 사출 1차 조건만을 고집했을 경우에 발생할 수도 있을 무리한 사출압력의 상승을 막아 사출기 및 금형을 보호하고 성형품에 발생하는 잔류응력의 경감에도 상당한 기여를 한다는 데 의의를 찾을 수 있다.

⇨ 통상 2단 제어만으로 완전한 성형품이 성형되어 나오면 그리 까다롭지 않은 제품이란 사실을 알 수 있으며, 까다로운 축에 속하려면 적어도 3단 이상은 넘어가줘야 한다(물론 3단도 3단 나름이긴 하지만). 3단 제어로 하려면 1차 절환은 말할 것도 없고 2차 절환까지 설정해줘야 한다. 그래야 2차 절환 이후의 조건인 사출 3차(3단)까지 제어가 가능할 터이니 말이다.

<사출절환과 보압절환>

위치절환(mm)은 크게 사출절환과 보압절환으로 나뉘는데, 사출절환은 '충전'을, 보압절환은 '보압'을 모토로 한다(사출절환은 충전을 담당하는 절환이라 하여 충전절환으로도 불린다).

⇨ 사출절환과 보압절환은 사출과 보압에서 유래된 용어이나, 실제 패널에는 존재하지 않는다는 사실에 주목한다.

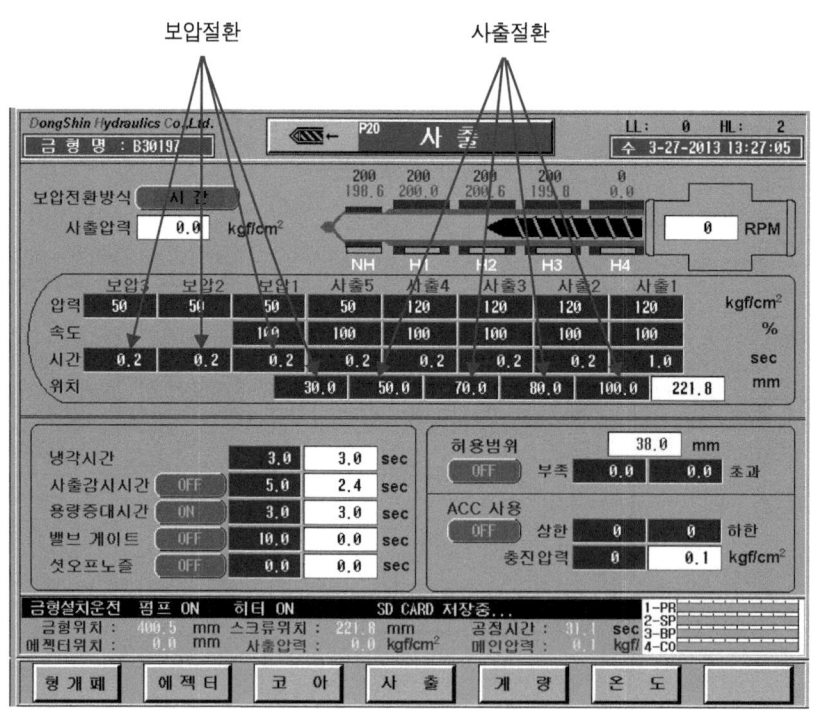

그림 6.47 사출절환과 보압절환

충전절환은 '충전조건'을, 보압절환은 '보압조건'으로 전환하는 역할을 한다. 본 경우는 해당 성형기가 허용하는 전(全) 제어단계를 다 사용할 경우를 말하는 것이나, 필요한 단계만 선택 제어해도 결과는 마찬가지다. 성형의 원리상 충전절환(=사출절환) 내에서도 얼마든지 충전과 보압 달성이 가능하여 충전을 목적으로 절환 한 절환은 충전절환으로, 보압을 목적으로 절환한 절환은 보압절환으로 명명할 수가 있기 때문이다. 이 두 경우의 차이점은 보압조건을 제어함에 있어서 명문화된 보압을 제어하느냐, 명문화되어 있지 않은 보압을 제어하느냐에 달려있다.

충전절환은 '충전'을 모토로 한 것이므로, 미성형은 말할 것도 없고 충전 중에 나타나는 외관불량까지 다 잡아야 한다. 이에 대해 보압절환은, '보압'을 모토로 한 것이므로 수축만 잡으면 된다. 사출조건 구도를 보면 대체로 이런 취지로 구성해놓았음을 알 수 있다.

⇨ 4단 제어는 충전 3단, 보압 1단으로 구성되어 있으며, 7단 제어는 충전 4단, 보압 3단으로 구성되어 있다. 성형기에 따라서는 이보다 훨씬 복잡하게 된 것도 많다.

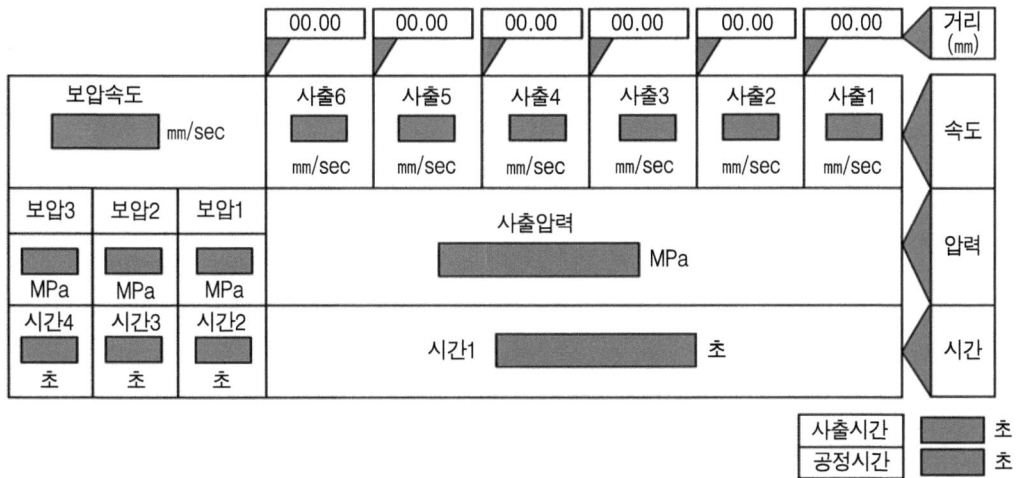

그림 6.48 9단 제어 성형기(W사)

그림 6.48은 9단 제어를 탑재한 사출성형기의 사출조건 제어구조를 나타낸 것이다. 그림 6.48을 보면 충전단계가 꽤 넓다는 사실을 알 수 있는데, 충전

⇨ 제어단계를 넓게 사용하는 성형품일수록 까다로울 가능성이 높고, 반대이면 단순한 조건을 요할 경우가 많다.

단계가 넓으면 외관트러블을 제압하는데 보다 많은 단계를 할애할 수 있어 나쁘지 않다(제어단계를 넓혀놓았다고 해서 다 설정할 필요는 없으며, 필요한 단계만 선택 제어하면 된다).

<사출절환>

사출절환은 '충전'을 모토로 스크루 포지션 상에서 목격한 일단의 충전 량(㎜)을 몇 개의 part로 나눠, 미성형과 외관불량을 제압하기 위해 전환하는 용도로 사용한다.

⇨ 전술한 바와 같이 7단 제어 성형기의 위치절환(㎜)은 1차 절환·2차 절환·3차 절환·4차 절환 등으로 되어 있으며, 이 중 사출절환으로 명명할 수 있는 것은 1, 2, 3차 절환까지이고 4차 절환은 보압조건으로 전환시키는 절환이라 하여 보압절환으로 불린다(통상 맨 마지막에 위치한 절환이 보압절환이다).

사출절환이 '충전'을 모토로 한 것이라고는 하나, 보압절환을 제외한 여타의 절환에서도 얼마든지 충전과 보압 달성이 가능하여(성형의 원리상 가능) 완전한 성형품을 성형할 수가 있으므로, 수축을 잡기 위해 보압절환 이후의 조건인 보압조건까지 넘겨야 한다는 생각은 잘못된 것이다. 또 보압절환 이후의 조건인 보압조건에서 수축을 잡겠다는 발상에도 문제가 있다.

이유는 보압조건을 어떤 식으로 구성해놓았느냐에 따라 수축을 잡을 수도 있고, 못 잡을 수도 있기 때문이다.

⇨ 성형기 메이커에 따라서는 보압조건을 유지 압만 가할 수 있도록 해놓은 것도 있으므로 이런 유형의 성형기로는 수축을 잡을 수 없다.

사출절환은 거리(㎜) control이 주종을 이루나 시간(時間)으로도 제어할 수 있으며, 성형기에 따라서는 시간(時間)과 거리(㎜) 둘 다 제어할 수 있도록 해놓은 것도 있다. 시간과 거리(㎜) 둘 다 제어할 수 있도록 해놓은 성형기는 먼저 도달한 시간 또는 거리(㎜)에 의해 그 다음 단계로 전환된다.

⇨ 오래 된 성형기일수록 사출 1차 시간, 사출 2차 시간, 사출 3차 시간 등과 같이 '시간절환'이 주종을 이루나, 요즈음은 시간과 거리(㎜)를 병행 제어할 수 있도록 해놓은 성형기가 대세다.

> **Note**
> 시간절환과 거리(㎜) 절환은 명칭만 다를 뿐 하는 역할은 같다. 단지, 정교한 면에서는 시간보다 거리(㎜) 절환이 우수한 편이다. 시간절환은 위치절환을 의미하기도 하지만, 충전시간과 보압시간을 의미한다는 사실도 간과해서는 안 된다.

거리(㎜)를 제어해서 명문화된 보압조건까지 조건을 전환시키려면 반드시 보압절환을 설정해줘야 되나, 시간으로 명문화된 보압조건까지 조건을 전환시키려면 위치절환(㎜)은 어느 위치에 있건 상관없고 셋업(set up) 시간만 경과하면 자동으로 전환된다.

Tip

> 사출조건을 조합할 때 충전과 보압을 알아보기 쉽게 하려면 명문화된 보압조건을 활용하는 것이 좋다. 예컨대, 2단까지 제어해서 완제품이 나왔다면 1차는 그대로 두고 2차만 명문화된 보압으로 자리를 옮긴다는 것이 그것이다(사출 2차를 명문화된 보압으로 옮기면 그때의 1차 절환 수치(㎜) 또한 보압절환으로 옮겨줘야 완전한 이동이 된다). 이렇게 되면 홀로 남은 1차는 누가 보더라도 충전단계임을 알아차릴 수 있고, 명문화된 보압으로 자리를 옮긴 2차 역시 누가 보더라도 보압임을 쉽게 알아차린다.
> 사출조건을 위와 같이 조합하면 충전을 몇 단까지 제어했건 불문하고 명문화된 보압을 제외한 나머지는 다 충전단계임을 단번에 알아차린다(초기조건을 제어할 때도 이런 식으로 조합하면 외관 트러블이 나타나 사출조건-여기서는 충전조건-을 추가로 펼쳐야 하는 상황이 온다고 하더라도 곧장 펼치기만 하면 되므로 한껏 편리하게 운용할 수 있다(상세내용 그림 6.49 참조)).

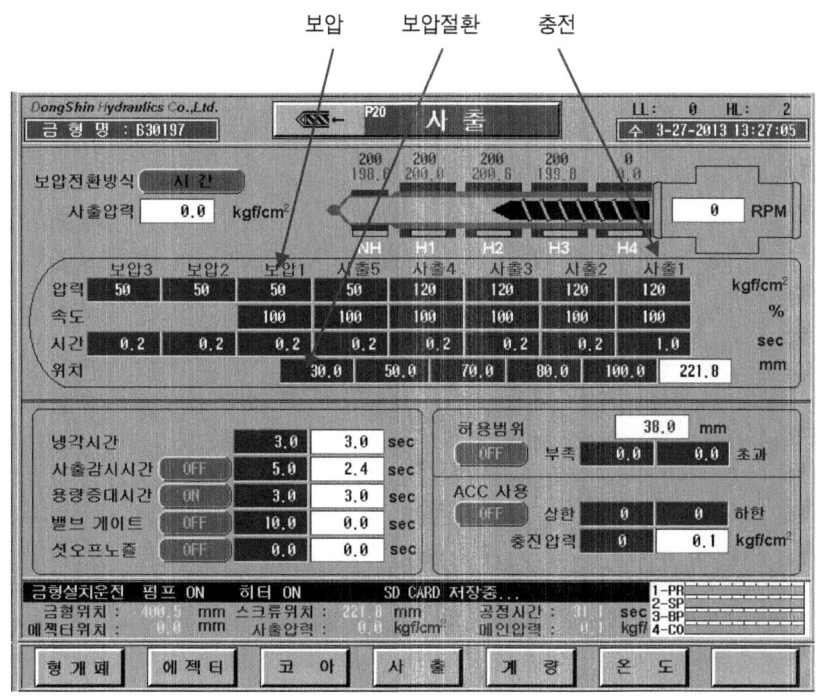

그림 6.49 알기 쉬운 충전과 보압

<사출절환 control>

어떤 성형품을 계량완료 30mm, 1차 절환 10mm로 설정했다고 가정했을 때, 사출 1차 조건에 의해 주입되는 양(mm)은 20mm(30mm(계량완료)-10mm(1차 절환))가 되며, 이 양이 cavity 내로 주입되어 충전이 완료된다고 가정해보자.

이때, 1차 절환뿐 아니라 나머지 절환을 다 사용한다고 하면 1차 절환 25mm, 2차 절환 20mm, 3차 절환 15mm, 4차 절환 10mm(바로 이 4차 절환 10mm가 위 1차 절환 10mm인 셈) 등으로 나눠줄 수도 있을 것이다.

⇨ 각각의 절환수치는 생각하기에 따라 다양하게 나올 수 있다.

위와 같이 하면 목표로 한 수치 20mm를 모두 충족시키는 꼴이 된다. 여기서 마지막 단계인 4차 절환(=보압절환) 10mm에서 보압이 걸리게 되는데, 의도한 대로 수축을 잡기 위해 스크루가 수 mm 더 전진하게 될 것이다.

⇨ 앞서 성형기 메이커에 따라서는 보압절환 이후의 조건인 명문화된 보압조건의 경우 수지가 추가로 주입될 수 있도록 해놓은 것도 있고, 유지압 역할만 할 수 있도록 해놓은 것도 있다고 한 바 있다. 만약 유지압 역할만 할 수 있도록 해놓은 성형기라면 수축을 잡기 위해 수지를 추가로 주입시키기란 사실상 불가능하여 성형품에는 수축이 발생하게 된다. 이런 유형의 성형기는 마지막 단계의 절환인 4차 절환(=보압절환)까지 가기 전(前) 단계의 조건, 다시 말해 3차 절환 이후의 조건인 사출 4차에서 보압을 달성해야 마땅하다.

📝 *Note*

> 제어방식이 어떤 식으로 되어있건 보압절환 이후의 조건(=명문화된 보압조건)은 보압과 유지압이 공존하거나 유지압만 존재할 가능성이 높다. 용융수지의 추가적인 유입 없이 순전히 유지압으로만 활용할 수 있도록 해놓은 보압조건일 경우 성형의 완성은 충전 part인 사출 part에서 충전과 보압까지 다 달성하라는 의미로밖에 해석할 수가 없다. 유지압 역할만 할 수 있도록 해놓은 성형기냐, 통상적인 보압역할을 수행할 수 있도록 해놓은 성형기냐의 구분은 전적으로 보압속도가 있느냐 없느냐에 달려있다. 압과 속도와의 관계에서도 언급하였듯이 압(壓)만 설정하고 속도를 0(영, zero)으로 하면 빠르기를 더 하지 못해 움직임 자체를 기대할 수가 없어 수축을 잡기 위해 스크루를 수 mm 더 전진시키기란 불가능에 가깝다. 그러므로 수지를 조금이라도 더 밀어넣기 위해서는 반드시 속도가 따라붙어야 한다. 결론적으로 압과 속도를 다 갖춘 성형기라면 소위 '전진 보압'에 해당된다고 봐야 할 것이고, 압만 존재할 경우는 유지압 역할만 수행한다고 봐야 한다는 것이다.

그림 6.50은 weld line에 발생한 탄화(炭化, burn)를 없애고 weld line을 엷게 한 사례이다. 사례는 사출 1차압과 속도(=1단 제어)만으로도 목적달성에 하자가 없으나, 전(全) 제어단계를 다 사용해도 같은 결과가 나온다는 사실을 보여주고자 한 것이다.

⇨ 탄화는 속도를 느리게 하면 이변이 없는 한 잡혀 나온다. 사례는 1차압과 속도만으로도 능히 제압되나, 다단으로 하면 빠르기를 다양하게 할 수 있는 잇점도 있다.

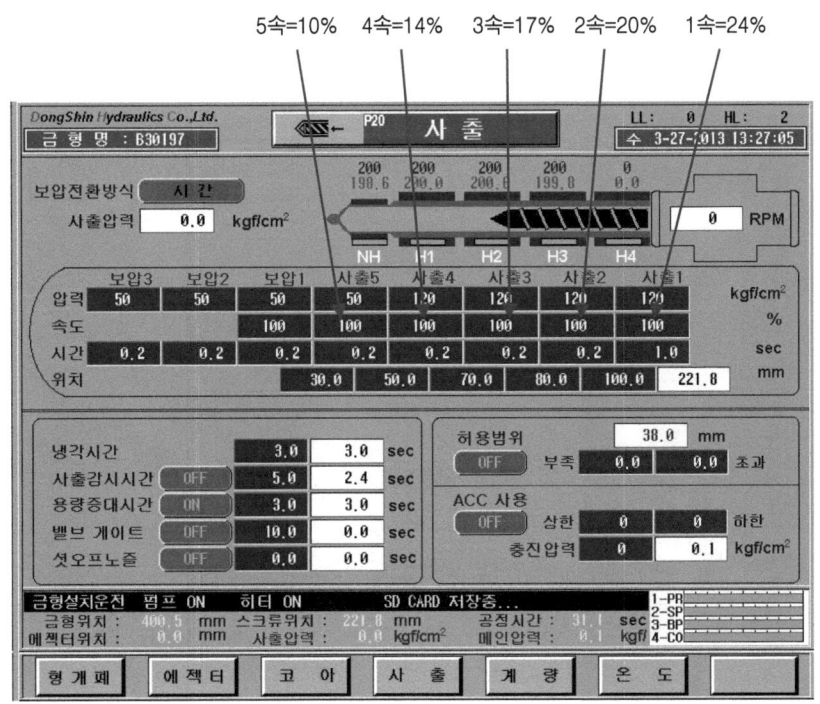

그림 6.50 사출절환 control 예(weld line 가스빼기)

<보압절환>

보압절환은 충전조건에서 보압조건(명문화된 보압조건과 명문화되지 않은 보압조건을 망라)으로 전환시키는 역할 외에, 보압조건(명문화된 보압조건을 말한다) 내에서 각각의 조건(=보압조건)들을 단계적으로 전환시키는 역할을 생각해볼 수 있다.

전자(前者)는 지금껏 설명한 바와 같고, 후자(後者)는 '보압'을 모토로, 스크루 포지션 상에서 목격한 일단의 보압 량을 보압조건(=명문화된 보압조건) 내에 구성해놓은 각각의 단계에다 적절히 배분해서 각기 다른 조건(각기 다른 보압과 보압속도를 말한다)을 부여한 뒤 순차적으로 전환시키는 것을 말한다.

⇨ 7단 제어 성형기의 보압조건(=명문화된 보압조건)은 통상 3단계로 되어 있으며, 조건 상호간 절환은 거리(mm)가 아닌 시간절환이 주종을 이룬다. 4단 제어 성형기는 보압조건(=명문화된 보압조건)이 하나밖에 없으므로 보압조건(=명문화된 보압조건) 내에서의 절환은 불가능하다.

Note

명문화된 보압조건 내에서는 통상 시간(時間)으로 제어하며, 거리(mm) 제어는 없다.

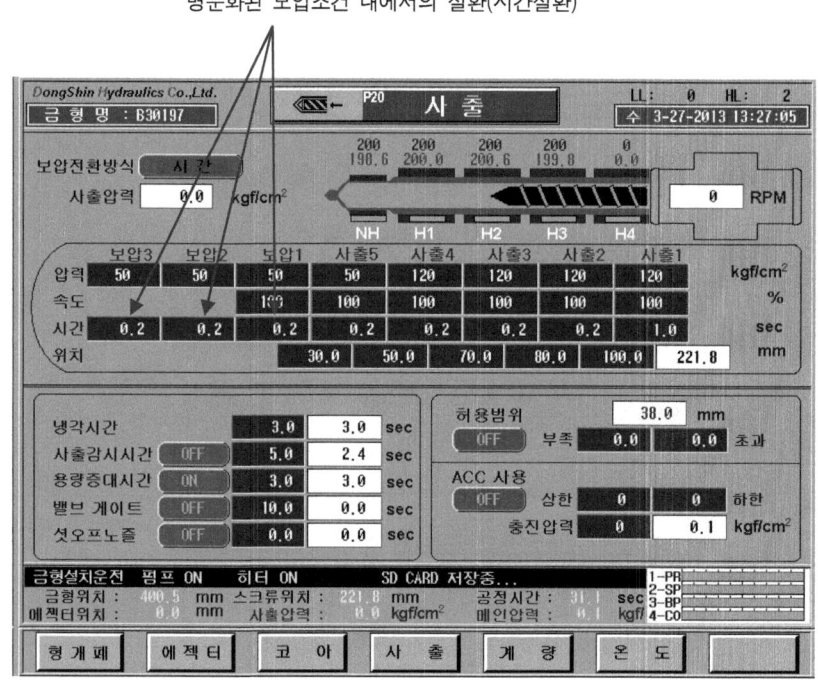

그림 6.51 명문화된 보압조건

보압조건(=명문화된 보압조건)을 제어할 때는 HP-1 하나만 제어할 수도 있고, HP-2 또는 HP-3까지 제어해서 HP-2는 gate seal용, HP-3는 성형기 무리방지용으로 활용할 수도 있다. 주어진 단계를 다 사용할 경우 HP-1은 높이고 뒤로 갈수록 낮춰주는 등 다양한 제어가 가능하다.

⇨ HP는 'holding pressure'의 약어(略語)이며 보압을 의미한다.
<주>보압속도는 15~25(%) 정도로 놓고 출발하되, 필요시 가감(up or down) control.

보압절환은 모든 절환이 다 충전과 보압을 병행하는 관계로 성형이 달성되는 이치를 모르고서는 제대로 된 제어를 할 수가 없다. 2단 제어의 경우 1차 절환이 보압절환이 된다. 성형의 원리상 1차가 충전이고 2차가 보압인 관계로 2차인 보압으로 절환시킬 수 있는 것은 1차 절환밖에 없기 때문이다. 1차 절환 이후는 보압과 유지압이 공존하는 모양새를 띨 수도 있고, 유지압만 가하는 모양새를 띨 수도 있다. 보압과 유지압이 공존하려면 계량완료로부터 1차 절환까지는 충전만 달성해야 하고, 유지압만 가할 수 있도록 하려면 계량완료로부터 1차 절환까지를 충전과 보압(=수축해소용 보압, 소위 전진 보압)으로 하고 유지압만 따로 떼내어서 1차 절환 이후로 넘겨야 한다.

<보압절환 control>

보압절환도 사출절환(=충전절환)과 마찬가지로 스크루 포지션을 봐서 위치설정을 해줘야 한다. 사출이 개시되면 처음에는 빠르게 움직인다. 스크루 포지션을 보면 빠르게 움직임을 알 수 있을 것이다.

⇨ 사출 초기에는 의도적으로 느리게 하지 않는 한 대부분 빠르게 움직인다. 이유는 cavity가 비어있는 관계로 충전단계에서는 수지 유입이 빨라질 수밖에는 없기 때문이다.

cavity가 수지로 충만하게 되면 스크루의 움직임은 눈에 띄게 둔화되면서 어느 시점, 완전히 멎어버린다. 여기서 움직임이 느려지기 시작하는 시점이 2차압의 시작이자 보압으로 전환되는 단계이며, 완전히 멎을 때가 유지압 단계이다.

⇨ 이런 현상은 사출 1차로 성형을 종료했을 때 보다 극명하게 드러난다.

계량완료 100㎜에서 사출이 개시되어 10㎜쯤 보압이 걸리기 시작하였다면 이 10㎜를 일단의 보압절환(여기서는 1차 절환) 수치로 설정해주고 성형품을 취출해 나가면서 기설정한 10㎜를 올렸다 내렸다 하면서 조이기를 시도, 충전과 보압의 경계를 명확히 해야 한다. 몇 번에 걸쳐 변화를 주다보면 성형품에 만족할만한 수치가 나타난다.

⇨ 충전과 보압의 경계를 명확히 하라는 건 각자 맡은 바 역할에 충실하라는 뜻이다. 이렇게 되려면 충전 중에는 cavity 내로 성형에 꼭 필요한 양만 주입시킬 수 있어야 하고, 수축은 보압에서 잡아야 한다(충전과 보압의 경계를 명확히 하면 성형을 달성하는데 꼭 필요한 충전 량, 꼭 필요한 보압 량이 주입되어 불필요한 수지 유입 없이 최적의 성형목적을 달성할 수 있게 된다. 이 경우 cost면에서도 유리하다).

> **Note**
> 위치절환(㎜)을 통해 충전과 보압의 경계를 명확히 한다 한들 매 쇼트마다 정확한 위치에서 절환되지는 않는다. 이유는 오차(誤差) 때문이다.

위 경우 5㎜를 남겨두고 사출이 종료되었다고 하면 1차 절환(=보압절환) 10㎜에서 5㎜까지 보압이 가해지는 꼴이 되어 보압 중 주입된 수지는 5㎜가 된다. 5㎜이후는 스크루의 움직임이 전혀 없는 유지압이 되는 한편, 스크루 헤드의 충격방지를 위한 쿠션(량)이 되는 셈이다.

⇨ 본 경우 1단 제어만으로 완전한 성형품이 성형되어 나왔을 때 2단으로 바꿔주는, 가장 보편적인 컨트롤 패턴(control pattern)이다.

보압 중 주입량 5㎜를 가지고 2차 절환, 3차 절환 등으로 나눠줄 수도 있는데 이때 2차 절환을 7㎜, 3차 절환을 5㎜로 셋업(set up)했다고 가정하면, 1차 절환 10㎜에서 3차 절환 5㎜까지가 전진 보압이고, 5㎜이후는 유지압이 된다.

⇨ 이런 설정은 실제로는 일어나기 어렵다(구간거리가 너무 짧은 것이 이유). 구간거리가 지나치게 짧으면 사출 시 pilot lamp의 불빛이 동시에 걸리다시피 하여 모양새가 썩 좋지 않다.

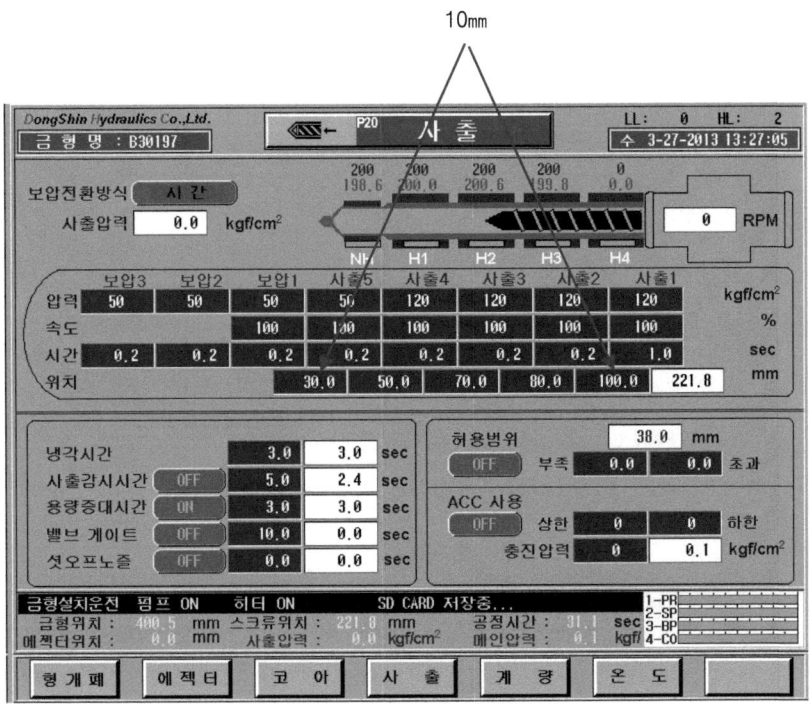

그림 6.52 보압절환 control

나아가 명문화된 보압조건(7단 제어 성형기의 경우)까지 다 제어하고자 한다면 계량완료(mm)로부터 1차 절환(mm)까지 주입된 충전 총량(mm)을 1차 절환, 2차 절환, 3차 절환 등에 배분하고 목적에 맞게 각각의 압과 속도를 부여한 뒤 마지막 4차 절환(=보압절환)을 10mm로 설정해주면 된다. 이렇게 하면 4차 절환(=보압절환) 10mm에서 보압조건(=명문화된 보압조건)으로 넘어가게 되는데, 보압조건도 마찬가지로 각각의 압과 속도(=보압과 보압속도)를 목적에 맞게 부여하고 HP-1을 2초, HP-2를 1초, HP-3를 0.1초 등으로 조합하면 명실상부한 전(全) 단계 절환이 구현된다.

⇨ 보압 중 주입량 5mm는 HP-1과 HP-2에 의해 주입되고 HP-3는 사출기 무리방지용 조건이다(본 경우는 보압과 보압속도가 다 존재할 경우를 예로 든 것이다). 결과적으로 HP-1과 HP-2는 전진 보압이고, HP-3는 유지압이 되는 꼴이다. HP-1을 2초, HP-2를 1초, HP-3를 0.1초로 한 것은 '예'에 불과하므로 착오 없기 바란다.

<주>HP-3의 경우 압·속도 공히 0(영)이며, 0으로 하면 스크루가 뒤로 튕기는 현상(P190 참조)은 다소 발생해도 "쿵쿵" 하는 사출기 무리수만큼은 방지가 가능하다(스크루가 뒤로 튕기는 현상은 그리 좋은 모양새는 아니나 성형작업에만 지장이 없으면 그냥 놔둬도 된다).

> Note
>
> 유지압만 가한다는 생각으로 보압절환을 제어하려면 스크루의 움직임이 완전히 멎을 때를 기다려 그 때의 수치를 보압절환 수치로 설정해주면 된다.

<위치절환 total 제어>

노즐구멍을 이제 막 빠져나온 용융수지는 금형 내로 유입되면서 갖가지 정황들과 맞닥뜨린다.

⇨ 노즐구멍을 빠져나온 용융수지가 맨 먼저 맞닥뜨리는 것은 금형의 차가운 면이다. 다음으로 cavity의 두께와 금형의 구조적 특성에 따른 정황들과 맞닥뜨린다. 성형을 달성하기 위해서는 이런 난관들을 슬기롭게 헤쳐나가야 한다.

> Note
>
> 노즐구멍을 빠져나온 용융수지를 사두(巳頭, 뱀 대가리)에 비유하면 때론 빠르게, 때론 느리게를 거듭하며 성형의 막바지 단계인 weld line을 향해 나아가는 모습을 상상해볼 수 있다. 빠르기를 달리하는 이유는 외관불량을 제압하기 위함이다.

위치절환을 효과적으로 제어하려면 성형품을 part별로 나누는 전략이 필요하다. 즉, 성형품에 나타나는 불량현상을 발생위치별로 나눠 때론 빠르게 때론 느리게 하는 전략을 구사함으로써 성형에 장애가 되는 요소들을 하나하나 제거해 나가겠다는 발상이다. 이렇게 하려면 어디서 어디까지를 빠르게(또는 느리게), 어디서 어디까지를 느리게(또는 빠르게) 해야 되겠다는 구간별(제어단계별, 위치절환별) 성형계획이 수립되어야 한다.

⇨ jetting을 예로 들면 slow → fast → slow control 방식이 주효하다. 이 방식은 sprue에서 gate까지는 느리게, gate 이후(1차 절환)부터 cavity 성형까지는 빠르게(cavity 성형 중 weld line에 탄화가 발생하면 weld line 도달 직전 slow 전환), cavity 성형 이후(2차 절환=보압절환)는 다시 느리게 하는 방식이다. 보는 바와 같이 성형품을 part별로 나누는 것은 위치절환이 담당하며, 의도한 대로 나누기 위해서는 불량유형에 따른 해법을 정확히 꿰뚫고 있어야 한다.

📝 *Note*

> 성형품을 part별로 나눈다는 것은 성형전략상 의미가 깊다. 다단제어 성형기의 존립기반이 성형품을 part별로 나눠 제어하라는 준엄한 명령에 다름 아니기 때문이다. 나눔의 기준이 되는 것은 성형품에 나타나는 불량 포지션(position)이며, 나누는 역할은 위치절환이 관여한다. 어떤 식으로 나누건 빠르게 아니면 느리게가 다(all)다. 빠르게 또는 느리게 하는 것은 압과 속도가 관장한다.
>
> 다단제어 성형기의 강점은 단계별로 미성형을 만들면서 서서히 완전하게 성형시켜나가는, 그러는 와중에 성형되어 나오는 모양새를 꼼꼼하게 관찰할 수 있다는데 있다. 예를 들면, 사출 1차에서는 gate까지, 사출 2차에서는 cavity의 1/3까지, 사출 3차에서는 cavity의 2/3까지, 사출 4차에서는 cavity의 3/3까지 성형시키는 경우 등이다(위치절환은 성형품이 되는 cavity만 나눠주는 것이 아니라 sprue와 runner도 나눠줄 수 있다는 사실에 유의한다).
>
> 제어단계가 많을수록 나눠줄 수 있는 구간도 많아 섬세 제어, 미세제어가 가능하다. 특히, 원하는 부위만큼 성형이 가능하여 트러블 발생 포지션 별로 위치절환을 포진시켜 때론 빠르게(또는 느리게), 때론 느리게(또는 빠르게) 함으로써 무엇 때문에 그런 현상이 생기게 되었는지 원인분석을 하는데도 상당한 도움을 받을 수 있다.
>
> 위치절환(mm)을 효과적으로 제어하려면 불량 position별로 각기 다른 스트로크(stroke)를 부여해서 때론 빠르게 때론 느리게 하는 전략이 필요하다. 이것이 위치절환(mm)이 추구하고자 하는 진정한 노림수다.

■ 스크루 포지션(screw position)

스크루 포지션은 가열실린더 내 스크루가 어디쯤 위치해 있는가를 보여주는, 디스플레이 기능의 일종이다. 주로 사출될 때와 계량될 때 디스플레이되는데, 사출될 때는 높은 수치에서 낮은 수치로의 이동이고, 계량될 때는 낮은 수치에서 높은 수치로의 이동이다.

⇨ screw position은 용융수지가 사출되어 금형 내로 유입되는 정황을 있는 그대로 보여주는 곳으로서, 성형기의 제어패널에 보면 나와 있다.

스크루 포지션을 보는 요령 또한 성형의 원리에 기초해서 봐야 한다. 즉, 1차 충전 2차 보압이라고 하는 성형의 원리에 기초하여 봐야 한다는 것이다.

⇨ 사출이 개시되면 스크루 포지션 상의 디지털 수치는 비교적 빠르게 움직이는데 이때를 1차 충전이라 하고, 어느 시점 움직임이 둔화되기 시작하면 그 때의 수치를 전, 후하여 2차 보압이라 정의해볼 수 있다.

Note

스크루 포지션 상에서 내리는 1차 충전과 2차 보압에 대해 왜 꼭 그렇게 생각해야 되는지 이유를 알아보자. 사출이 시작되기 전의 금형 내부는 텅 비어 있을 것이 자명하므로 최초 조건인 사출 1차가 개시되면 비어 있는 금형 내로의 수지유입은 한결 쉬워져 빠르게 유입될 수밖에는 없을 것이나, cavity를 어느 정도 채우고 나면 더 이상 빠르게 유입될 만한 공간이 없어지므로 스크루의 움직임은 저절로 둔화되면서 어느 시점에 가서는 완전히 멎어버린다. 여기서 최초 유입단계이자 보다 많은 양의 수지가 유입되는 단계를 본격적인 충전단계로 봐서 1차 충전이라 한 것이며, 움직임이 둔화되기 시작할 때를 수축을 제압하기 위해 미량의 수지가 공급되는 단계로 봐서 2차 보압이라 한 것이다. 움직임이 멎으면 더 이상의 수지유입은 없고 유지만 하는 유지압 단계로 진입한다.

충전과 보압은 비어 있는 cavity로의 주입이냐, 수지가 들어찬 상태에서의 주입이냐에 따라 빠르기를 달리 한다. 충전단계는 비어 있는 cavity로의 주입이다 보니까 디스플레이되는 디지털 수치도 제법 빠르나, 보압단계로 접어들면 수지가 cavity를 어느 정도 채운 상태다 보니까 디지털 수치의 움직임도 사뭇 느리다.

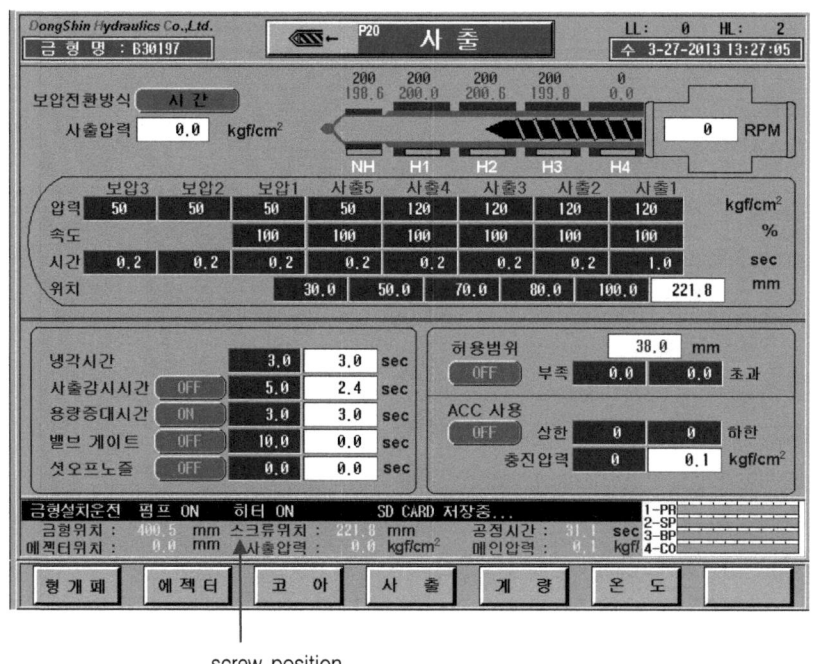

그림 6.53 screw position

충전과 보압의 경계를 확인하려면 사출시간을 cutting시킨다거나 1차 절환 수치를 올렸다 내렸다 해보면 금방 알 수 있다.

▷ 사출시간 cutting의 경우 사출 개시와 동시 스크루 포지션을 지켜보다가 충전이 거의 끝나간다 싶을 무렵 의도적으로 끊어버리면 성형은 되었으나 수축이 발생한 사실을 알 수 있고, 보압(유지압 포함)까지 걸린 걸 확인한 후 끊어버리면 성형은 말할 것도 없고 수축까지 잡힌 사실을 알 수 있다.

> **Note**
>
> 1차 절환 control은 절환수치를 올렸다 내렸다 해봄으로써 충전과 보압을 경험할 수 있으며, 충전 단계에서는 사출압력이 작용하고 보압단계에서는 보압이 작용한다. 보압 이후는 유지압이 작용하게 되는데, 유지압은 게이트를 굳히는 것이 주된 목적이다.
> 게이트가 굳는 것을 '게이트 실(gate seal)'이라고 하며, 유지압을 가하지 않으면 gate seal이 걸리지 않은 채 보압을 빼는 것과 같은 이치여서, 굳지 않은 게이트를 통해 굳지 않은 cavity 내 일부 수지가 러너(runner) 쪽으로 흘러내리게(언더플로(under flow)라고 한다. 일종의 역류) 되어 흘러내린 양만큼 수축된다.

사출성형기에 스크루 포지션이 없다면 어떻게 될 것 같은가. 아마도 조건이 제대로 먹혀들고 있는지 어떤지 종잡을 수 없을 것이다.

▷ 스크루 포지션을 자동차에 비유하면 룸미러, 백미러에 비유된다. 자동차에 룸미러, 백미러가 없으면 어떻게 될 것 같은가. 아마도 후방교통은 암흑, 그 자체일 것이다.

스크루 포지션은 성형품을 취출하지 않은 상태에서 순전히 디스플레이되는 상황을 지켜보는 것만으로도 사출조건과 계량조건, 나아가 전체 성형조건의 양(良)·부(不)를 가늠해 볼 수 있는 가늠자 역할을 한다.

▷ 스크루 포지션은 단순히 스크루의 동작상황(사출, 계량)만 볼 수 있도록 해놓은 것인데도 불구하고 디스플레이되는 모양새를 지켜보노라면 의외의 소득인 성형조건의 양(良), 부(不)까지도 감(感) 잡을 수 있도록 해 준다. 이를테면, 조건이 옳게 설정된 건지 아니면 잘못 설정된 건지 단번에 알아차릴 수 있도록 해준다는 것이다.

> **Note**
>
> 움직임이 느리면 압과 속도가 낮을 거란 사실을 유추해 볼 수 있고, 압과 속도를 올렸는데도 개선될 기미가 보이지 않으면 금형온도가 낮거나 성형온도의 낮음 또는 가소화가 불충분할 것이란 사실을 유추해 볼 수 있다. 흐름이 빠른데도 미성형이면 스크루의 최종 전진 위치가 몇 ㎜인지 알아보는 것도 빼놓을 수 없다. 만약 0㎜까지 전진하는 것이 포착되었다면 계량 량 부족이 원인이며, 이때는 예상되는 미성형의 크기에다 보압 량과 쿠션 량을 감안한 수치만큼 계량완료 스트로크(stroke)를 넓혀주는 조치가 따라야 한다.

> 빠르기도 충분하고 양도 넉넉한데도 미성형이면 사출시간이 짧아 충전 도중에 끊겨 버린 것이라 유추해볼 수 있으며, 성형은 되었는데 수축이 발생하였다면 보압의 낮음 또는 보압시간의 짧음 등을 유추해볼 수 있다.

• 스크루 포지션을 보고 알 수 있는 유형 몇 가지

사출시간이 계시(計時)가 되었는데도 불구하고 스크루 포지션이 움직일 생각을 하지 않을 때(이때 사출기는 '우~웅'하는 소리(기계음)만 내고 있다).

⇨ '우~웅' 하는 소리는 사출압력이 걸리는 소리다. 본 경우 노즐이 식었거나 이물질로 인한 막힘 또는 고화된 스프루가 잘린 채 sprue 구멍을 틀어막고 있을 경우 등을 상정해볼 수 있다.

움직이기는 움직이는데 움직임이 영 신통치 않다.

⇨ 본 경우 압과 속도 및 성형온도, 금형온도의 낮음이 원인이다. 움직임이 느릴 때는 미성형이 우려되며, 어렵사리 성형이 되었다 하더라도 흐름이 떨어진 상태에서 성형이 되었을 것이므로 플로마크(flow mark)와 웰드 라인(weld line)의 선명함이 우려된다.

📝 Note

> jetting을 잡기 위해 초속을 저속으로 하였다면 디스플레이되는 스크루의 움직임 또한 당연히 느릴 수밖에 없을 터, 이 경우는 예외다.

움직임이 지나치게 빠르면 압과 속도 및 성형온도, 금형온도 등이 높음을 유추해볼 수 있다.

⇨ 움직임이 빠르면 조건이 잘 먹혀들고 있다는 반증이나, 도가 지나치면 오버패킹(over packing)이 우려된다. 그러나 적정 열(熱)과 적정 압(壓) 및 적정 속도를 받으면 대부분 빠르게 움직인다는 사실도 간과할 수 없다.

<실전 테크닉 몇 가지>

• 사례- I

보압	사출 3차	사출 2차	사출 1차		5mm screw position
0%	0%	14%	57%	속도	
0%	0%	20%	30%	압	
0mm	0mm	11mm		40mm	42mm
3차 절환	2차 절환	1차 절환		계량완료	suck back

← 사출 진행 방향

사례는 4단 중 2단까지만 제어하였다. 사출이 개시되면 가열실린더 내 스크루는 suck back(흐름방지) 42mm에서 1차 절환 11mm까지 압 30%, 속도 57%로 전진한다. 사출 1차 조건에 의해 주입되는 양은 29mm(40mm(계량완료)-11mm(1차 절환))로서, 미성형을 제압하기 위한 소위, 충전 량이다.

⇨ suck back 거리(mm)는 용융수지의 양과 무관하므로 제외된다.

스크루가 1차 절환 11mm에 도달하면 사출 2차 조건으로 변환되면서 압 20%, 속도 14%로 5mm(screw position)까지 전진한다.

⇨ 사출 2차는 수축해소가 주된 목적이다.

사출 2차 조건에 의해 주입되는 양은 6mm(11mm(1차 절환)-5mm(screw position))로서, 이 양이 보압 중 주입되어 수축을 해소하는데 기여한다. 5mm 이후는 유지 압(gate seal 용)이 걸리면서 1초 정도(경우에 따라서는 1초 이상도 가능) 지체하다가 계량으로 넘어가도록 사출시간을 부여하였다.

⇨ 2차압과 속도를 0%로 하면 수축으로, 1차 절환을 12mm, 13mm, 14mm 등으로 상향제어하면 수지가 덜 들어가게 돼, 덜 들어간 양만큼 미성형으로 화답한다.

사례는 burr와 flow mark가 주된 트러블이다.

⇨ burr는 용융수지가 parting line 틈새로 새어 나온 것을 말하는 것이고, flow mark는 유동불량으로 성형품의 표면이 매끄럽지 못한 현상이다.

1차 burr와 2차 burr

> 충전 중에 터져 나온 burr를 1차 burr, 보압 중에 터져 나온 burr를 2차 burr라 한다. 1차 burr는 충전 중에 터져 나온 burr인 관계로 두께가 두꺼우나, 2차 burr는 보압 중 터져 나온 burr인 관계로 얇다. 사출 1차 조건만으로 성형을 종료하면 1차 burr와 2차 burr가 혼재해있는 꼴이 되어 어느 단계에서 생긴 burr인지 구분이 모호하다. 이때, 2단 제어로 하면 1차 burr와 2차 burr가 확연히 구분된다.

burr와 flow mark는 트러블 해소 방향이 정반대다. 즉, burr를 잡으려고 하면 flow mark가 생기고, flow mark를 잡으려고 하면 burr가 생긴다는 것이 그것이다.

⇨ 성형작업을 하다보면 이런 경우가 다반사로 일어난다. 사출이 간단치 않다는 건 바로 이런 문제가 있기 때문이다.

burr와 flow mark를 잡기 위해서는 원인을 규명하는 것이 급선무다. 이는 비단 burr와 flow mark만의 문제는 아니며, 트러블을 해소하기 위해서는 원인규명이 절대적으로 요구된다.

⇨ flow mark(파상형 flow mark)는 성형온도와 금형온도의 낮음 또는 압과 속도의 낮고 느림 그리고 양(量)의 부족이 원인이다. 이와 달리 burr는 성형온도와 금형온도의 높음 또는 압과 속도의 높고 빠름 그리고 양(量)의 과다(過多)가 원인이다.

사례는 flow mark를 잡기 위해 압과 속도를 높고 빠르게 가하다보니까 burr가 터져 나온 케이스로서, 이때의 burr는 1차 절환(㎜)을 상향제어해서 제압한다.

⇨ 본 control은 flow mark는 압과 속도를 높여서 잡고 그로 인한 burr(1차 burr)는 1차 절환을 12㎜, 13㎜ 등으로 상향제어해서 잡는다는 전략이다. 성형기 메이커에 따라서는 절환수치를 0.1㎜ 또는 0.01㎜까지 보다 정교하게 control할 수 있도록 해놓은 것도 있으므로 아주 작은 burr는 12.01㎜, 12.02㎜, 12.03㎜ ⋯ 등으로 control할 수도 있다. 단, 수치를 너무 높이면 flow mark가 다시 고개를 들 수 있으므로 주의해야 한다.

이와 반대로 압을 낮추고 양(量)으로 몰이 하는 방법도 있다.

⇨ 본 control은 flow mark는 양(㎜)으로, burr(1차 burr)는 압을 낮춰 제압한다는 전략이다. 즉, 압과 속도를 낮춰 burr(1차 burr)를 잡고, 그로 인한 flow mark는 1차 절환을 하향 제어해서 양을 더 주입시켜 제압하겠다는 것이다. 이렇게 되면 flow mark를 잡기 위해 압과 속도를 무리하게 가하지 않아도 된다는 계산이 나온다. 어쩌면 현재 설정되어 있는 압과 속도를 꽤나 낮춰줄 수도 있을 것이다.

때로 burr(1차 burr)는 압을 낮추거나 절환수치를 상향제어해서 잡고, 그로 인한 flow mark는 속도를 빠르게 해서 잡을 수도 있다. 쓸 수 있는 카드는 많다. 요(要)는 어떻게 생각하느냐가 관건이다.

⇨ 사출조건은 조건을 구상하기에 따라 압은 압대로, 속도는 속도대로, 위치절환은 위치절환대로, 각각의 입맛에 맞게 분리 컨트롤이 가능하다.

2차 burr도 압을 낮춰서 잡되, 수축이 우려될 것 같으면 압은 그대로 두고 2차 절환(㎜)을 추가로 설정해서 잡을 수도 있다(burr 크기만큼의 양을 cutting시켜 burr를 잡겠다는 전략). 단, 2차 절환 이후의 조건인 사출 3차압과 속도는 0%로 하는 것이 좋다.

수치를 설정하면 burr(2차 burr)가 다시 고개를 들 수도 있기 때문이다. 이렇게 되면 1차 burr와 2차 burr, 둘 다 양(量)으로 몰이 하는 꼴이 되는데, 양으로 몰이하면 정확한 양의 수지가 금형으로 유입된다.

⇨ 사출성형은 처음부터 끝까지 양(量)과의 전쟁이다. 압과 속도는 말할 것도 없고 위치절환·사출시간·보압시간 등등의 제어도 따지고 보면 cavity 내로 수지를 조금이라도 더 밀어넣고 덜 밀어넣고의 차이이기 때문이다.

> **Note**
>
> 미성형을 잡기 위해 압과 속도를 높고 빠르게 가하는 것 역시 미성형의 크기에 해당되는 양을 더 주입시키고자 함이며, 수축을 잡기 위해 보압을 높게 가하는 것 역시 수축 부위로 수지를 조금이라도 더 밀어넣고자 함이다. 특히 수축은 수지를 추가로 주입시키지 않으면 절대로 잡히지 않는다는 사실에 주목한다. 치수도 마찬가지다. 이 역시 수지를 조금이라도 더 집어넣고 덜 집어넣고에 따라 치수가 커졌다 작아졌다 한다.

weld line에 탄화(炭化, burn)가 발생하면 통상 압과 속도를 내려 제압한다. 그러나 압과 속도를 내리면 미성형이 발생하고 올리면 다시 탄화가 생기는 등 사출조건 제어로는 빠져나가기 어려울 경우도 있다. 이때는 열이 문제되는 걸로 봐야 한다. 결론은 열이 낮다는 얘기다. 열이 낮으니까 미세제어가 되질 않아 압 1%, 속도 1%에도 울고 웃는 것이다.

반대로 열이 너무 높으면 너무 잘 흘러줘서 탈이다. 수지가 지나칠 정도로 잘 흐르면 burr가 차서 압과 속도를 사정없이 내려도 먹혀들지를 않는다. 이때는 원인제공자인 열을 낮춰줘야 한다.

⇨ 본 경우 열을 5℃~10℃ 정도만 올려줘도 효과를 본다.

Note

열이 적정하게 설정되었는데도 비슷한 현상이 발생하면 탄화는 속도를 낮춰서 잡고 그로 인한 미성형(weld line 접합 불량에 의한 미성형)은 압을 1~2% Up시켜 제압하는 방법도 있다.

⇨ 본 경우 심하면 20℃ 이상 낮출 수도 있다.

• 사례-Ⅱ

보압	사출 3차	사출 2차	사출 1차		10mm screw position	
0%	0%	24%	74%	속도		
0%	0%	50%	70%	압		
0mm	10mm	35mm		70mm	72mm
3차 절환	2차 절환	1차 절환		계량완료	suck back

← 사출 진행 방향

사례는 사출 2차가 충전과 보압을 병행하는 모양새로 조합된 조건이다. 그러므로 1차 절환까지를 충전으로 봐서는 안 되며, 1차 절환 이후의 조건인 사출 2차까지 충전이 연결되어있는 걸로 봐야 한다. 특히, 사출 2차는 1차 절환을 통해 넘어온 미완의 성형품을 완전하게 성형시킴과 동시에 수축까지 잡아야 하는 부담을 안고 있다.

사출이 개시되면 suck back 72mm에서 1차 절환 35mm, 2차 절환 10mm를 거쳐 사출이 종료된다. 실제 사출되는 양은 총 60mm(70mm(계량완료)-10mm(screw position))로서 이 양은, 사출 1차 조건에 의해 주입되는 양 35mm(70mm(계량완료)-35mm(1차 절환))와 사출 2차 조건에 의해 주입되는 양 25mm(35mm(1차 절환)-10mm(2차 절환))를 합친 값이다.

⇨ 사출 2차 조건에 의해 주입되는 양 25mm는 사출 1차 조건에 의해 못다 주입시킨 양(충전 량)을 완전하게 주입시킴과 동시에 수축을 잡는데 필요한 양까지 망라되어 있다.

한편, 사례는 보압 중 터져 나온 burr(2차 burr)를 위치절환(mm)으로 제압한 사례를 나타낸 것이기도 하다. 해당 절환은 2차 절환이며, 해당조건인 사출 3차는 0%로 하였으므로 압이 아닌 양으로 몰이한 케이스다.

⇨ 사출 3차 조건을 0%로 하지 않고 정상적인 압과 속도를 부여하면 burr(2차 burr)를 만들기 위해 수지가 다시 주입된다는 사실에 주목한다.

본 경우 1차 절환을 36mm, 37mm, 38mm … 등으로 상향제어해서 burr를 잡을 수도 있으나, 양의 부족으로 flow mark가 나타나 별 수 없이 2차 절환을 추가로 설정했다는 사실을 유념해야 한다.

⇨ burr는 미성형 상태에서 생길 수도 있고 성형이 다 된 상태에서 생길 수도 있다. 미성형 상태에서 생기는 burr는 충전 중에 발생한 burr인 관계로 힘(力)의 논리로 접근하는 것이 좋으며, 충전이 되고 난 이후에 생기는 burr는 양(量)의 논리로 접근하는 것이 좋다. 이 말은, 충전 중에 발생한 burr(미성형 상태의 burr)는 사출압력에 져서 금형이 벌어져 생긴 burr이므로 원인이 되는 압(壓)을 떨어뜨려 잡는 것이 좋고(대신, 미성형은 금형온도와 성형온도를 높이거나 유동성이 좋은 재료로 교체하는 방안 강구), 충전이 되고 난 이후에 생기는 burr는 양을 줄여서 잡는 것이 좋다는 뜻이다.

📝 *Note*

burr를 잡기 위해서는 압을 떨어뜨리는 것도 필요하지만 양을 줄여주는 것도 괜찮은 방법이 될 수 있다.

사례에서 보는 바와 같이 스크루의 현재 위치는 10mm로서, 2차 절환 10mm와 정확히 일치해 있다.

⇨ 실제로는 스크루가 10mm라고 하는 '벽'에 부딪쳐 용수철이 튕기듯 수 mm 뒤로 튕겨져 나감으로써 십 수 mm를 가리키고 있을 것으로 추정되나, 해설의 편의상 10mm로 한 점 양해 바란다. 이런 현상은 마지막 압이 직전 압력보다 현저히 낮을 때 또는 마지막 압이 현저히 높은 상태에서 계량으로 넘어갈 때 흔히 나타나는 현상이다(이런 현상을 막으려면 압을 급격히 빼지 말고 단계적으로 낮춰 빼면 된다).

이때의 성형품은 burr가 말끔히 사라진 상태이다. 그러나 이는 어디까지나 2차 절환을 설정했을 때의 이야기이고, 2차 절환을 설정하지 않으면 2mm 정도 더 전진하게 되어, 더 전진한 양만큼 burr가 터져 나온다. 결론적으로 burr 크기에 해당되는 양은 2mm임을 알 수 있다.

⇨ 본 경우 burr가 발생되려면 2차 절환 10mm에서 8mm까지 전진해줘야 되나, 해당 조건인 사출 3차압과 속도가 0%이므로 전진 자체가 불가능하다. 사례 2의 노림수는 바로 여기에 있으며, 만약 2차 절환을 설정해주지 않으면 사출 2차 조건에 의해 사출조건이 종료되어버릴 것이므로 burr는 피할 수 없게 된다. 다시 burr를 잡기 위해 2차압과 속도를 낮춰줄 수도 있으나, 이렇게 되면 미성형과 flow mark 및 수축을 잡기 위해 상당시간 애를 먹게 될 것이다.

• 사례-Ⅲ

보압	사출 3차	사출 2차	사출 1차		5mm screw position	
14%	65%	67%	70%	속도		
75%	64%	72%	82%	압		
	9mm	17mm	25mm		95mm	100mm
	3차 절환	2차 절환	1차 절환		계량완료	suck back

⬅ 사출 진행 방향

사례는 multi cavity(12cavity)를 채용한 pin point gate 3단 금형의 사출조건 제어사례이다. 사례에서 보는 바와 같이 마지막 단계의 압인 보압이 다른 조건에 비해 유달리 높다. 이는 수축을 의식한 조치로서, 성형기에 무리가 따를 가능성을 배제할 수 없다. 그래서 유지 압을 하나 더 걸어 성형기의 무리를 덜어주고 싶으나 보다시피 보압이 하나밖에 없는 관계로 이마저도 여의치 않다. 굳이 유지 압을 하나 더 걸어 성형기의 무리수를 방지하고자 한다면 사출조건을 새로 조합하는 수밖에 방도가 없다. 사출조건을 새로 조합하려고 하면 3단 제어가 바람직하나, 사례의 경우 충전단계인 사출 3차까지 외관상 특이할 만한 트러블이 나타나서 특별히 조합된 조건이라면 이마저도 불가능하다.

⇨ 사례의 조건은 외관상 특별한 문제는 없고 단지, 수축과 burr 및 미성형이 주된 트러블이다. 비교적 단순한 트러블인데도 불구하고 전(全) 제어단계를 다 사용한 것은, 압과 속도 및 거리(㎜)를 좀 더 다양하게 제어해보겠다는 의도와 충전단계의 압을 단계적으로 낮춰보겠다는 의중이 깔려있다. 이런 조건구도는 소위 '나눠주고 보자'는 식의 조건구성일 가능성이 크며, 좀 더 치밀한 계획에 의거하여 정밀성형을 구현하겠다는 의지와는 다소 거리가 멀어 보인다. 물론, 개념(概念)만 제대로 잡혀 있다면야 '나눠주기' 식 조건구성이라 할지라도 조건을 본격적으로 컨트롤해나가는 과정에서 취지에 걸맞게 포지션을 잡아나갈 수는 있다. 그러나 그렇지 않은 상황에서 이런 식으로 길들이다 보면 어느 순간 다단제어는 '나눠주기만 하면 된다'는 식의 사고(思考)가 만연할 가능성을 배제할 수 없다. 실제로 이 같은 사고(思考)로 사출을 하다 망쳐놓은 경우가 허다함은 참으로 안타까운 일이다.

📝 *Note*

> 성형작업을 하는 사람에 따라서는 초도 성형임에도 불구하고 주어진 단계를 다 설정해서 각각의 단계별로 절환 거리(㎜)를 대충 나눠주는, 소위 '나눠주기 식' 조건 제어를 하는 경우를 심심찮게 목격한다. 물론 그렇다 한들 성형만 잘 된다면야 나무랄 생각은 추호도 없다. 그러나 이런 식의 사고(思考)에 길들여진 사람치고 거리(㎜) 제어의 절묘하고도 오묘한 이치를 제대로 알고 사출조건을 구사하는 사람이 드물다는데 문제의 심각성이 있다. 순전히 '나눠주고 보자'는 식의 조건구성에 길들여진 사람은 거리(㎜) 제어의 묘미를 알래야 알 길이 없으며, 그러다보니까 압(壓) 위주로 제어해서 성형을 달성하려는 경향이 사뭇 강하다.
> 다단제어를 단순히 각각의 거리(㎜)로 나눠 각기 다른 조건을 부여하는 것이 다인 양 인식하는 사람들은 거리(㎜) 제어의 묘미를 알 길이 없다. 그러다보니까 거리(㎜) 제어를 통한 정교한 제어는 사실상 물 건너간다.
> 사출조건을 완벽하게 구사하려면 각각의 구간마다 적정 압과 속도 및 거리(㎜) 제어는 필수이다. 각각의 구간에 맞는 적정 압과 속도 및 거리(㎜)는 '방향의 원리'로 풀어나가면 된다. 즉, 압과 속도를 올렸다 내렸다, 거리(㎜)를 넓혔다 좁혔다 하다보면 구간별 적정 압과 속도 및 거리(㎜)를 어렵잖게 찾아낼 수가 있다는 것이다.

사례의 조건에서 미세한 미성형이 발생하면 사출 3차압을 1% 올리거나 3차 절환을 8.9mm, 8.8mm 등으로 하향 제어하는 등 몇 가지 방법을 쓸 수 있다.

⇨ 3차압을 올린다는 것은 그만큼 수지를 미는 힘이 부족하다는 뜻이며, 이를 알 수 있는 방법으로는 다음 사실에 주목할 필요가 있다. 사례의 경우 pilot lamp의 불빛이 3차 절환을 거치면서 보압으로 넘어가게 되는데 이때 3차 절환은 충전과 보압을 가르는 경계가 된다.
성형작업이 순조롭게 진행되다가 어느 순간 pilot lamp의 불빛이 보압으로 넘어가지 못하면 그 즉시 미성형 아니면 수축이다. 이는 성형품을 취출해보지 않아도 알 수 있으며, 이런 현상은 3차 절환을 미성형과 성형의 경계가 분명하도록 매우 아슬아슬하게 제어해놓은 것이 원인이다. 본 경우가 바로 '미는 힘이 부족한 경우'로서, 압(=3차압)을 단 1%만 더 올려줘도 쉽게 제압된다(경우에 따라서는 속도를 몇 % 더 올려줘도 된다).
만약 pilot lamp의 불빛이 보압으로 넘어가지 않아도 미성형이 발생되지 않았다면 정교한 제어라고 할 수 없으며, 이때는 미성형은 발생되지 않았지만 보압으로 조건이 넘어가지 못한 관계로 수축이 발생하게 될 것이다. 본 경우 다단(多段)으로 제어했다고는 하나 보압으로 조건을 넘기지 못했으므로 1단 개념(槪念)으로 제어한 것과 다를 바 없다. 물론 1단 개념(槪念)으로 제어한다 하더라도 수축은 잡히나 사례의 경우 multi cavity(12cavity)를 채용한 pin point gate 3단 금형이다 보니까 gate로부터 먼 쪽에 위치한 cavity의 수축은 보압을 높이지 않고는 잡히지 않는다. 결론적으로, 1단 개념(槪念)으로 제어하면 3차압을 올려줘야 한다는 얘기이나 3차압을 올리면 수축은 개선될지 몰라도 burr가 차 나올 가능성이 높고 burr를 없애자니 다시 압을 낮출 수밖에 없어 수축이 우려된다는 애로가 겹친다. 이런 난제를 풀기 위해서는 사례에서와 같이 3차 절환을 기점으로 충전과 보압을 정확히 갈라놓은 뒤 burr는 3차 절환의 상향 제어로, 수축은 보압으로 제압해야 제대로 된 제어라 할 수 있을 것이다.

Point

> 1단 개념(槪念)으로 제어하는 것을 1차적 개념(槪念)이라 정의한다면, 충전과 보압을 분리 컨트롤하는 개념(槪念)을 2차적 개념(槪念) 또는 1, 2차적 개념(槪念)이라 정의할 수 있다.
> 미는 힘이 충분해도 양(量)이 부족하면 미성형이다. 양(量)은 위 3차 절환(mm)을 말하는 것으로, 압은 그대로 두고 3차 절환을 8.9mm, 8.8mm 등으로 하향 제어하면 미세한 양의 수지가 추가로 주입되어 미성형이 해소된다. 반대로 압이 낮아도 양을 더 주입시키면 미성형이 해소된다. 단, 압이 근본적으로 낮으면 곤란하고 약간 낮은 상태에서 양을 더 주입시키면 압을 건드리지 않고도 미성형이 잡혀 나온다.

의도한 대로 burr와 수축을 제압하고 성형품을 취출하지 않고도 미성형 여부를 알려면 정교한 거리(mm) 제어(위 3차 절환 제어를 말한다)는 필수이다. 단, 지나칠 정도로 정교하게 제어하면 미세한 미성형이 나타날 수 있으므로 주의해야 한다.

burr(1차 burr)는 반대로 사출 3차압을 몇 % 내리거나 3차 절환을 9.1㎜, 9.2㎜, 9.3㎜ …(burr의 크기가 크면 10㎜, 11㎜, 12㎜ …) 등으로 상향 제어하는 등 몇 가지 방법을 쓸 수 있다.

⇨ burr를 잡는 가장 간단한 방법은 압을 낮추는 것이나, 압을 낮추면 힘이 부족해서 pilot lamp의 불빛을 보압으로 넘기지 못할 경우 수축을 해소할 길이 막막하다. 사례는 압을 극단적으로 낮추지 않는 한 미성형은 좀처럼 발생되지 않으며, 성형품의 중량도 pilot lamp의 불빛이 보압으로 넘어갔을 때보다 증가하는 경향이 있다.

pilot lamp의 불빛이 보압으로 넘어가지 못했다는 건 스크루가 3차 절환(㎜)에 도달되지 못했다는 반증이며, 보압으로 조건을 넘기기 위해서는 반드시 3차 절환(㎜)을 상향제어해서 스크루가 상향제어한 3차 절환(㎜)에 도달되도록 해줘야 한다. 이유야 어떻든 다단으로 제어했다고는 하나 보압으로 조건을 넘기지 못했으므로 1단 개념(槪念)으로 제어한 것과 다를 바 없다.

1단 개념(槪念)으로 제어하면 사례의 조건구성상 마지막 단계의 조건은 보압이 아닌 사출 3차가 되며(4차인 보압은 없는 걸로 간주), 사출 3차에 의해 주입되는 양(㎜)을 압(경우에 따라서는 압과 속도 둘 다)으로 조절하려는 경향이 강하기 때문에 3차 절환(㎜)으로 제어했을 때보다 정밀도가 떨어져 본의 아니게 많은 양의 수지가 주입될 수 있다. 이렇게 되면 성형품의 중량이 증가함은 물론이다(사례의 아이템은 특성상 중량이 매우 중요하며 약간의 중량증가도 코스트(cost)에 미치는 파급효과는 상당하다).

약간 변칙적이긴 하나 미리부터 압(위 3차압)을 올리고 그로 인한 burr는 위치절환(위 3차 절환)의 상향제어로 대응하면 일석이조(一石二鳥)의 효과를 거둘 수 있다. 그러나 이 방법은 어느 정도 선에서 멈춰야지 계속해서 되풀이하면 갈수록 압은 높아지고 양은 줄어들어 자칫 미성형 상태의 burr(1차 burr)가 터져 나올 수 있다.

📝 *미성형 상태의 burr(1차 burr)*

> 미성형 상태의 burr(1차 burr)는 성형기의 형체력이 약하다거나, 슬라이드를 장착한 금형에서 주로 나타나는 현상이다. 성형기의 형체력이 약하면 성형 도중에 금형이 벌어져 burr(1차 burr)를 만들며, 슬라이드를 장착한 금형은 형체력과는 무관하게 슬라이드의 작동방향과 형체력이 작동하는 방향의 불일치로 힘을 받을 수가 없어 burr(1차 burr)를 만든다.

미세한 burr, 미세한 미성형은 압과 속도 및 거리(㎜)를 얼마만큼 정교하게 제어하느냐에 달려있으며 특히, 거리(㎜) 제어를 통한 미세제어가 먹혀들지 않으면 열(熱)이 낮거나 금형온도가 낮을 거란 사실을 유추해볼 수 있고, 나아가 성형재료의 유동성과 금형의 제작

⇨ 거리(㎜)를 1㎜씩 또는 0.1㎜씩(성형기에 따라서는 0.01㎜씩) 미세하게 제어하다보면 금방 미성형인가 싶더니 다시 burr가 차나오는 등 미성형과 burr를 왔다 갔다 하며 미세 제어가 되지 않을 때가 있다. 이때는 열이 낮거나 금형온도가 낮다는 시그널(signal, 신호)이며, 문제 부위의 온도를 올려주면 미세 컨트롤이 가능하게 된다.

상태까지도 의심해볼 수 있다.

> **Note**
>
> 사출성형은 압과 속도 및 거리(㎜) 그리고 시간과 온도가 좌지우지(左之右之)한다. 사출조건을 섬세하게 제어하다보면 어느 조건에 문제가 있어서 그런 건지 단번에 알아차린다.

다시 사례의 조건으로 돌아가서, 사출 3차 압과 속도 및 3차 절환(㎜)을 전혀 건드리지 않고 보압을 몇 % 올린다거나 보압속도를 몇 % 올려줘도 미성형이 잡히면서 burr(2차 burr)가 터져 나온다. 이 경우가 다름 아닌 1차인 충전압력보다 2차인 보압이 높아서 위치 절환(위 3차 절환을 말한다)을 통해 넘어온 미완의 성형품을 완전하게 성형시킨 케이스이다. 단지, burr(2차 burr)가 터져 나온 것이 문제라면 문제다. 이때의 burr(2차 burr)는 4차 절환을 제어해서 burr(2차 burr) 크기만큼의 양을 cutting시켜 제압할 수도 있으나, 애석하게도 3차 절환밖에 없어 실현 불가능함은 아쉬움으로 남는다.

⇨ 본 경우 사출조건의 전 과정을 충전과 보압으로 양분시켜놓은 것이 아닌 1단 제어 개념의 구도가 돼 버렸다. 1단 개념으로 제어하면 맨 마지막 단계의 조건인 보압은 말이 보압이지 충전과 보압을 병행하는 꼴이 되어, 수축을 잡자니 압을 높여줄 수밖에 없어 burr가 문제되고 burr를 잡자니 압을 낮춰줄 수밖에 없어 수축이 문제되는 등 애로를 겪게 된다. 본 경우 보압과 보압속도를 원래 수치로 환원시켜 burr(2차 burr)를 없애고 본연의 임무인 수축제압에 치중함이 옳다. 각자 맡은바 역할에만 충실하면 된다. 충전은 충전 본연의 임무를, 보압은 보압 본연의 임무인 수축제압을, 말이다. 제 것도 못하면서 남의 영역을 기웃거려서야 되겠는가(때로, 제어하고자 하는 단계보다 주어진 단계가 좁으면 남의 영역을 기웃거릴 수도 있다. 이렇게라도 하지 않으면 성형기를 교체해야 될 상황도 배제할 수 없기 때문이다).

> **Note**
>
> 다소 난해한 제품과 맞닥뜨렸을 때는 조건을 찾지 못하고 방황하는 수가 있다. 이럴 때는 이론적으로만 접근하려 들지 말고 방향의 원리로 풀어나가면 어렵잖게 해결책이 나온다. 알다시피 방향의 원리는 조건제어 방향이 양방향이다 보니까 이쪽으로 가서 안 되면 저쪽으로 가면 된다(50:50 원칙 혹은 반반(半半) 원칙). 압(壓)을 예로 들면, 높여서 안 되면 낮추란 얘기다. 높일 때가 이론에 부합되었다면 조건이 잡혀 나와야 정상이나 의도한 대로 되지 않으면 반대로도 해보란 얘기다. 이유는 나중에 생각하고. 이렇게 해서 조건이 잡혀 나오면 당장에 내가 알고 있는 이론과 부합되지 않았을 따름이지 결과적으로는 이론에 부합된다고 봐야 한다. 왜 그랬을까를 곰곰이 생각해보면 언젠가는 그 이유를 알 수 있을 것이기에 그러하다.

사례의 경우 수축을 완벽하게 잡을 욕심으로 보압을 높이면 어김없이 burr(2차 burr)가 터져 나온다. 그러나 보압을 높게 가해도 burr(2차 burr)가 터지지 않으면서 수축을 향상시킬 수 있는 방법도 있다. 이 방법은 3차 절환 제어에 있으며, 3차 절환을 8.9㎜, 8.8㎜, 8.7㎜ … 등으로 하향 제어하되, 3차압과 속도를 미성형만 간신히 막을 수 있도록 최대한 낮춰 수정 설정한 3차 절환까지 스크루가 느리게 도달되도록 해주면 그 느려진 시간만큼 성형품의 외벽이 굳을 수 있는 시간적 여유를 주게 되어 보압을 다소 높게 가해도 burr(2차 burr)는 터지지 않고 수축은 향상된다.

이미 외벽이 굳을 만큼 굳은 관계로 burr(2차 burr)가 터질래야 터질 수가 없기 때문이다. 이 방법은 <플라스틱 사출 성형조건 CONTROL 법>에서도 소개한 바 있다.

⇨ 미성형 제압을 사출 1, 2차에서 마무리짓지 않고 사출 3차까지 넘겨 외벽굳히기 조건과 맞물리게 한 것은 gas로 인한 burn 때문이다.

외벽 굳히기 조건은 두께가 두꺼운 제품에 효과가 있으며, 얇은 제품은 빨리 굳어 목적달성이 용이하지 않다. 또 보압으로 전환되기 전까지 gate가 굳지 않아야 한다는 단서도 붙는다. 이유는 외벽 굳히기 조건 자체가 압과 속도를 낮춰 최대한 느리게 주입시켜야 목적을 달성할 수 있는 관계로 수지 유입이 느리면 자칫 gate가 굳어버릴 수 있어 gate가 굳으면 보압을 아무리 가해봤자 압력전달이 되지 않아 수축이 잡힐 리가 만무하기 때문이다. 고로, 외벽굳히기 조건을 가동하기 전에 gate가 쉽게 굳지는 않을런지 gate의 굵기를 가늠해보는 것도 나쁘지 않다.

Tip

> 사출 1차를 충전으로(미성형 제압), 사출 2차를 외벽 굳히기 조건으로 하여 성형품의 외벽을 굳힌 뒤 보압을 높여 수축을 잡을 경우를 가정해보자. 이때, 사출 2차는 취지에 걸맞게 압과 속도를 낮추되 미성형의 부담을 덜어내고 압 0%, 속도 0%(소위 '영(zero)' 조건)로 하여 일정시간 지체시킨 뒤 보압으로 넘기는 방안도 있다. 그러나 이렇게 되면 자칫 gate가 굳어버릴 수 있어 목적달성에 적신호가 켜질 수 있다는 사실을 유념해야 한다(비록 영(zero) 조건이 아니더라도 외벽 굳히기 시간을 필요 이상 길게 주면 gate가 굳어버릴 수 있다는 사실에 주목한다). 그러므로 압과 속도를 어느 정도는 부여해서 흐름을 끊지 않도록 하는 것이 좋다. 그러나 영(zero) 조건이든 압과 속도를 부여한 조건이든 불문하고 gate가 굳지 않는다는 전제하에 외벽 굳히기에만 성공한다면 둘 다 목적에 부합되는 조건이라는 데는 이론(異論)이 없다.

> **Note**
> 영(zero) 조건으로 하면 스크루의 움직임을 전혀 기대할 수 없어 거리(㎜) 제어로 보압절환(㎜)을 달성하기란 불가능하며, 이때는 시간을 제어해서(시간절환) 보압으로 넘겨야 한다. 영(zero) 조건이 아닌 경우는 거리든 시간이든 시간+거리든 관계없이 자유자재 제어가 가능하다.

다음은 사례 Ⅲ을 3단 제어로 재조합한 조건이다. 재조합한 조건구도는 사출 1차를 충전으로, 사출2차는 보압, 사출 3차는 유지압으로 하였다.

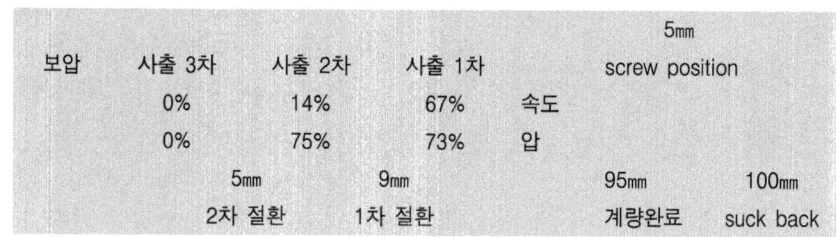

← 사출 진행 방향

사례 Ⅲ의 사출압력(충전압력) 총합은 218%(64%+72%+82%)로서, 이를 3으로 나누면 73% 정도가 나오고, 사출속도도 같은 요령으로 평균을 내면 67%정도가 나온다. 이 수치를 재조합한 조건의 1차 압과 속도로 설정한다.

사출 2차는 사례 Ⅲ의 보압조건을 그대로 사용한 것이며, 사출 3차는 유지압(이 유지압은 기존 조건에는 없는 조건이다)으로서 목적(사출기 무리방지용)에 부합되도록 0%로 하였다. 계량완료(㎜)와 suck back(㎜)은 전과 동일하므로 그대로 놔둔 것이며, 1차 절환(㎜) 역시 사례 Ⅲ의 충전거리와 동일하게 하기 위해 9㎜로 하였다.

⇨ 다 그런 건 아니지만 '나누기(÷) n'을 해서 나온 수치로 충전하면 어느 정도는 맞아 떨어진다. 물론 약간의 오차는 있을 수 있으나, 이것은 성형을 해나가면서 수정하면 된다.

⇨ 3단 제어로 한 것을 다시 원래대로 환원시키면 '펼친 조건'이 되고, 펼친 조건을 다시 3단 제어로 재조합하면 '압축한 조건'이 된다. 조건은 제어하기에 따라 다양한 형태의 조합이 가능하다.

2차 절환(㎜)은 screw position 상에 디스플레이된 수치가 5㎜인 점을 감안, 유지압으로 활용하기 위해 특별히 셋업(set up)한 것이며, 의도한 대로 유지압이 걸리면서 0.1초 정도 지체하다가 계량으로 넘어가도록 사출시간을 새로 부여하였다(기존 시간에 0.1초 Up시킨 시간으로 수정 설정).

<거리(㎜) control의 묘미(妙味)>

보압	사출 3차	사출 2차	사출 1차	속도	10㎜ screw position
14%	65%	65%	65%	압	
72%	60%	64%	70%		
15㎜	22㎜	39㎜		65㎜	68㎜
3차 절환	2차 절환	1차 절환		계량완료	suck back

← 사출 진행 방향

사례는 8cavity 3단 금형(pin point gate 채용 금형)으로서, 성형재료는 유동성이 좋은 저밀도 폴리에틸렌(LDPE)이다. 조건구도는 사출 1차에서 3차까지가 충전이고, 수축은 보압에서 잡는 구도로 조합하였다. 충전은 보다시피 사출이 진행될수록 압이 낮아지는 모양새를 취하고 있고, 보압은 수축이 문제되어 압을 높였다.

⇨ 사출 1차는 용융수지가 금형으로 막 유입되기 시작하는 단계이므로 금형으로부터 받는 저항(=유동 저항)을 감안하면 압이 높게 먹힐 수밖에 없고, 이후는 압이 낮아지는 모양새를 취하는 것이 일반적이다.

충전 중의 속도는 65%로 하여 일률적으로 하였고, 보압 중의 속도는 14%로 하여 수축을 잡기 위해 압 위주 제어를 구현하였다.

⇨ 충전 중의 속도 65%도 뒤로 갈수록 낮춰줄 수 있으나, 사례의 성형품은 그리 까다로운 제품이 아니어서 대충 자리매김시켜 놓은 것이다.

 Note

사출조건은 제어하는 사람에 따라 또는 성형품에 나타나는 트러블 양상에 따라 다양한 형태의 조합이 가능하다. 이 말은 사례의 제어가 다가 아니란 얘기이며 누가, 어떤 생각을 갖고, 어떻게 조합하느냐에 따라 또 다른 형태의 조합도 가능하단 얘기다.

충전 중 주입되는 수지 양은 50mm(65mm(계량완료)-15mm(3차 절환))이고, 보압 중 주입되는 수지 양은 5mm(15mm(3차 절환)-10mm(screw position))이다.

⇨ 강제후퇴는 가열실린더 내압(內壓)을 상쇄시키는 것이 주된 목적이므로 사출되는 용융 수지의 양과 무관하여 제외시켰다.

<낮은 조건과 높은 조건>

아래의 그림에서 알 수 있는 바와 같이 서로 이웃하는 조건에는 각기 다른 조건의 높낮이가 있다. 예컨대, 1차 절환을 기점으로 한 사출 1차 조건과 2차 조건만 보더라도 속도는 같지만 압은 1차가 높고 2차는 낮다. 이때, 1차 조건이 높은 조건이 되고 2차 조건은 낮은 조건이 된다.

⇨ 서로 이웃하는 조건의 높낮이는 속도도 속도지만 압을 보고 판단하는 것이 좋다. 이유는 압의 위력이 속도보다 상대적으로 크다고 보기 때문이다.

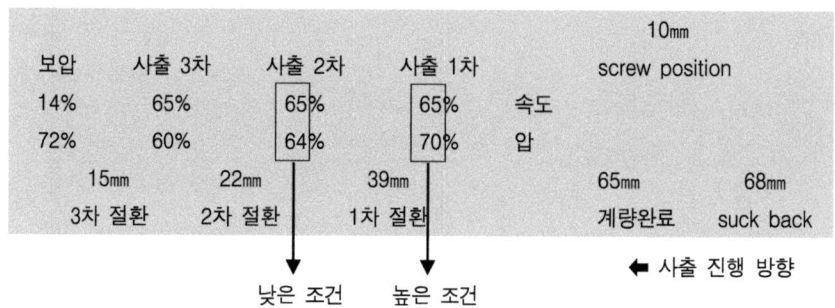

사례의 조건 중 1차 절환(mm) 39mm를 40mm, 41mm, 42mm … 등으로 상향제어하면 압이 높은 구간의 영역이 갈수록 좁아져 burr는 잡히나 수축 아니면 미성형에 직면할 가능성이 높다.

⇨ 본 조건에서 burr가 잡히고 미성형이 생길 수 있다는 점은 일면 수긍이 가나 수축이 발생하는 이유는 쉽게 납득이 안 될 수도 있겠다 싶어 부연설명을 하고자 한다. 본 조건에서의 수축은, 1차 절환(mm)의 상향제어로 압이 높은 구간의 간격은 좁아지고 압이 낮은 구간의 간격은 넓어져 스크루가 이전보다 느리게 보압조건에 도달됨으로써 늦어진 시간만큼 보압 유지시간이 짧아져서 그런 것이다. 본 경우 심하면 보압이 걸리지 않는 수도 있으므로 주의한다.

반대로 1차 절환(mm)을 38mm, 37mm, 36mm … 등으로 하향제어하거나 65mm로 되어 있는 계량완료 수치를 66mm, 67mm, 68mm … 등으로 상향제어하면 압이 높은 구간의 영역이 갈수록 넓어져 수축은 향상되나 burr가 발생할 가능성이 농후하다.

⇨ 이 경우는 반대로 압이 높은 구간의 간격이 넓어져 스크루가 이전보다 빠르게 보압조건에 도달됨으로써 보압 유지시간이 길어져서 그런 것이다. burr는 압이 높은 구간의 간격이 넓어지면 발생확률도 그만큼 높아진다.

> **Note**
> 사례는 사출조건 전체를 하나의 사출시간으로 제어할 수 있도록 해놓은 성형기여서 충전영역의 변동에 따라 보압 유지 시간이 짧아질 수도 있고 길어질 수도 있지만, 충전시간 따로, 보압시간 따로 된 성형기라면 충전영역의 변동과 무관하게 주어진 보압시간을 다 채우고 종료한다는 사실에 주목한다.

다른 경우도 이치(조건의 높낮이를 활용한 이치를 말한다)는 마찬가지다. 이런 이치를 잘만 활용하면 거리(mm) 제어만으로도 사출조건 control의 묘미(妙味)를 한껏 살릴 수 있다.

⇨ 통상 미성형과 burr는 성형의 원리인 충전과 보압 관점(觀點)에서 봤을 때 위 3차 절환 15mm를 제어해야 정상이나, 본 해설을 통해서도 알 수 있는 바와 같이 여타의 절환에서도 얼마든지 조건의 높낮이를 활용한 control이 가능하므로 반드시 충전과 보압의 이치에 합당한 위치절환을 찾아 제어해야 한다는 것은 아니란 사실에 유의한다.

> **Note**
> 보압속도가 빠르냐 느리냐에 따라 1단 제어 개념(槪念)이냐, 충전 따로 보압 따로인 전형적인 1, 2차 개념(槪念)이냐가 극명하게 갈린다.

이번에는 2차 절환을 만져보도록 하자. 2차 절환 22mm를 23mm로 상향 제어하면 1mm 상향한 만큼 burr가 잡혀 나온다. 여기서 그치지 않고 1mm 더 상향시키면 burr는 말끔히 제거되나 수축이 슬며시 고개를 들기 시작한다.

⇨ 이 역시 조건에 변화를 주면 그 여파가 마지막 조건인 보압조건으로 쏠린다는 사실을 알 수 있다. 본 경우 burr가 말끔히 제거된 상태인 2차 절환 24mm에서 손을 떼고 수축은 보압을 높여 제압함이 옳다.

Tip

수축을 잡으려면 burr(미성형 상태의 burr가 아닌 성형이 다된 상태의 burr(1차 burr))부터 제거하고 보압을 가해야 압축이 잘 돼 수축이 잘 잡혀 나온다. 알다시피 burr는 사출압력에 져서 금형이 벌어져 벌어진 틈새로 수지가 새어나온 것을 말하는 것인 바, 이 상태에서 보압을 가하면 burr만 더욱 크게 터지고 압축부족으로 수축은 심화된다. 단적으로, 벌어진 금형에다 아무리 보압을 가해봤자 수축을 잡긴 고사하고 burr만 커진다는 논리다. 보압을 가하는 와중에도 burr는 터져 나올 수 있으나, 이때의 burr는 충전 burr가 아닌 수축을 잡고 난 이후에 생기는 burr(2차 burr)이므로 압축부족을 야기한 burr(=충전 burr, 1차 burr)와는 근본적으로 다르다. 물론 burr가 생겼다고 해서 수축이 안 잡히는 것은 아니나, burr가 없을 때보다 있을 때가 압축력이 떨어질 것이 자명하므로 수축 상태도 기대에 못 미치는 수가 많다.

Note

충전단계에서 보압으로 넘어갈 때는 속도가 급격히 떨어져(보압속도를 느리게 한 것이 원인) burr(1차 burr)를 급감시키는데도 일조한다. 단, 보압이 높으면 다시 burr(2차 burr)가 터져 나올 수 있으므로 주의한다.

    높은 조건이 위치한 구간을 넓혀주는 것은 압을 높이는 것과 같은 이치이고, 낮은 조건이 위치한 구간을 넓혀주는 것은 압을 낮추는 것과 같은 이치이다. 그런 의미에서 burr는 압을 낮춰야 잡을 수 있으므로 낮은 조건이 위치한 구간을 넓혀주는 것이 좋으며, 미성형은 반대로 높은 조건이 위치한 구간을 넓혀주는 것이 좋다. 거리(㎜) 제어로 burr와 미성형이 잡히는 이치는 바로 이런 이치에 근거한 것이다.

보압	사출 3차	사출 2차	사출 1차		21㎜ screw position
14%	65%	65%	65%	속도	
72%	60%	64%	70%	압	
25㎜	32㎜	49㎜		75㎜	78㎜
3차 절환	2차 절환	1차 절환		계량완료	suck back

← 사출 진행 방향

사례는 앞서 소개한 조건을 양(量)만 일률적으로 10mm씩 올려놓은 것이다. 이렇게 해도 성형품은 종전과 다름없이 성형되어 나온다. 사례의 조건에서 작은 미성형이 발생했다고 가정했을 때 압과 속도는 일절 만지지 말고 위치절환(mm)만 만진다고 하면 2차 절환을 31mm, 30mm 등으로 하향 제어하는 방법과 1차 절환과 2차 절환을 동시에 만지는 방법 또는 3차 절환을 24mm, 23mm 등으로 하향 제어하는 방법 등이 있다.

먼저, 2차 절환을 31mm, 30mm 등으로 하향 제어하는 방법! 이 방법은 2차 절환 32mm를 기점으로 양립해있는 사출 2차 조건과 3차조건 중 2차 조건이 3차 조건보다 높은 조건이라는 점을 십분 활용한 것이다.

⇨ 높은 조건이 위치한 구간을 넓혀주면 압을 높이는 효과와 같아 작은 미성형 정도는 쉽게 제압된다.

1차 절환과 2차 절환을 동시에 만지는 방법도 마찬가지로 조건의 높낮이를 활용한 control이다.

⇨ 49mm에 위치해 있는 1차 절환(mm)을 39mm까지 내려 보니까 미성형이 잡히면서 burr(1차 burr)가 차 나오는가 싶더니 수축이 눈에 띄게 개선되었다. 이는 최고로 높은 수준의 압이 지속되는 구간이 길어지다 보니까 미성형은 말할 것도 없고(burr는 당연 발생) 수축까지 잡힌 케이스이다. 문제의 burr(1차 burr)는 2차 절환(mm)을 33mm, 34mm 등으로 상향 제어해서 제압하였다. 결론적으로 1차 절환의 하향제어는 미성형과 수축을, 그로 인한 burr는 2차 절환의 상향제어로 잡아낸 케이스라 할 수 있다.

> **Note**
>
> 본 컨트롤은 압과 속도를 전혀 건드리지 않고 순전히 거리(mm) 제어만으로 수축과 burr 및 미성형을 제압했다는데 의의가 있다.

마지막으로, 3차 절환을 24mm, 23mm 등으로 하향 컨트롤하는 방법! 이 방법은 3차 절환을 기점으로 충전과 보압의 경계가 명확히 구분지어져 있어야 한다는 단서가 붙는다. 즉, 충전은 충전 본연의 임무를, 보압은 보압 본연의 임무를 다할 수 있도록 조립되어 있어야 한다는 것이 그것이다.

⇨ 충전이 충전 본연의 임무를 다하는 데는 특별히 문제될 게 없으나, 보압이 보압 본연의 임무를 다하기 위해서는 보압속도를 어떻게 제어하느냐가 관건이다. 이 말은 보압속도를 높이면 충전과 보압을 병행하는 모양새(1단 제어 개념의 구도)가 되어 순수 보압의 의미가 퇴색되므로 목적달성이 용이하지 않다는 얘기와도 같다.

이번에는 큰 미성형이 발생하였을 경우를 가정해 보자. 이때는 쿠션(cushion)이 아직 여유롭게 남아 있으므로 쿠션을 활용한 조건, 즉 3차 절환(㎜)을 과감하게 10㎜로 수정한다.

쿠션(cushion)을 5㎜ 정도 남겨두고 거의 다 소진했는데도 불구하고 미성형이 잡히지 않으면 부족분은 계량완료(㎜)를 상향 제어해서 메울 수 있도록 한다. 즉, 계량완료를 76㎜, 77㎜ 등으로 상향 제어한다는 것이 그것이다.

⇨ 3차 절환(㎜)을 하향 제어하면 최저 수준의 압이 위치한 구간이 넓어지는 관계로 burr가 생길 소지는 줄어드는 대신 미성형이 잡혀 나올 확률은 높다.

⇨ 3차 절환(㎜)을 만지지 말고 처음부터 계량완료(㎜)를 상향 제어할 수도 있으나, 최고수준의 압(사출 1차 압을 말한다)이 위치한 구간이 넓어지면 burr가 우려되는 것이 문제다. 본 경우 cushion이 아직 여유롭게 남아 있으므로 무리를 해가면서까지 계량완료(㎜)를 늘려 잡을 필요는 없다.

> **Note**
> 계량완료(㎜)를 상향 제어할 경우 보압 중 주입 양(대략 4㎜정도(25㎜(3차 절환)-21㎜(screw position)로 추정)도 감안해서 넓혀주는 것이 좋다(쿠션은 당연 감안).

압과 속도를 전혀 건드리지 않고 거리(㎜) 제어만으로 미성형을 잡아내는 것을 달리 말하면, 압과 속도는 충분한데 양이 부족하다는 말로 대신할 수 있다. 여기서 양은 구간별 양을 말하는 것일 수도 있고, 근본적으로 양이 부족한 경우를 말하는 것일 수도 있다.

⇨ 사례는 압과 속도 및 시간 그리고 성형온도와 금형온도 등 제반 조건이 이상 없이 자리매김했을 경우를 가정한 것이다.

■ 사출시간(射出時間)과 보압시간(保壓時間)

사출시간과 보압시간은 사출조건을 총체적으로 제어하는 시간이다. 사출시간과 보압시간도 마찬가지로 성형의 원리인 충전과 보압으로 접근해야 하며, 사출조건을 아무리 잘 조합해 놓았다고 하더라도 시간을 잘못 설정하면 원하는 성형목적을 달성할

⇨ 사출시간은 0.1초(또는 0.01초) 단위로 제어한다.

수가 없다.

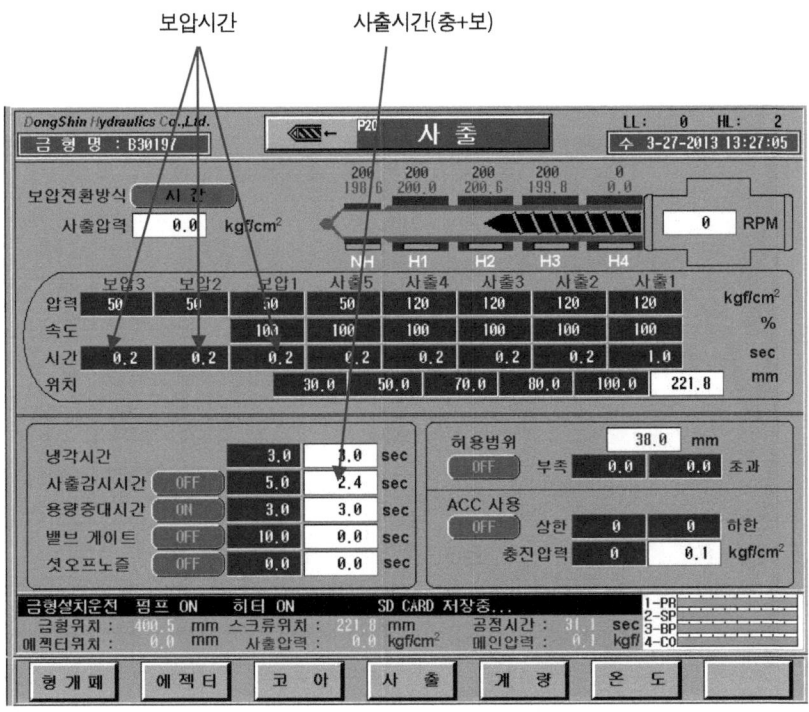

그림 6.54 사출시간과 보압시간

<사출시간(射出時間, injection time)>

사출시간은 성형시간(成形時間)을 뜻한다.

⇨ 성형품은 사출시간 내에서 성형되므로 사출시간은 곧 성형시간(成形時間)을 의미한다.

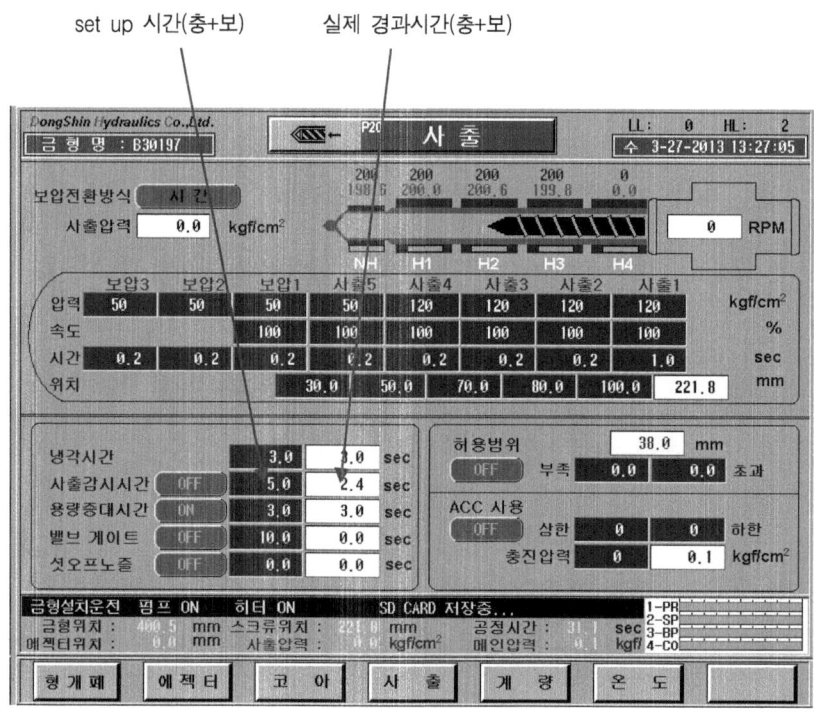

그림 6.55 injection time

성형기 메이커에 따라서는 사출시간만 있는 것도 있고, 사출시간 따로 보압시간 따로 된 것도 있다. 어떤 식으로 되어있건 성형의 원리인 충전과 보압으로 풀어야 목적에 부합되는 제어가 가능하다.

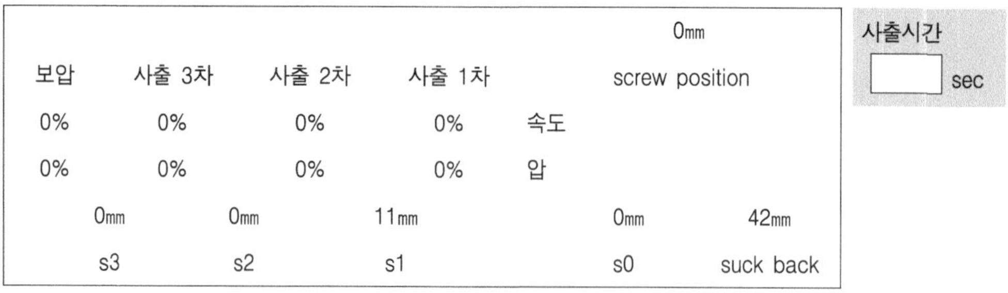

그림 6.56 사출시간만 있는 경우

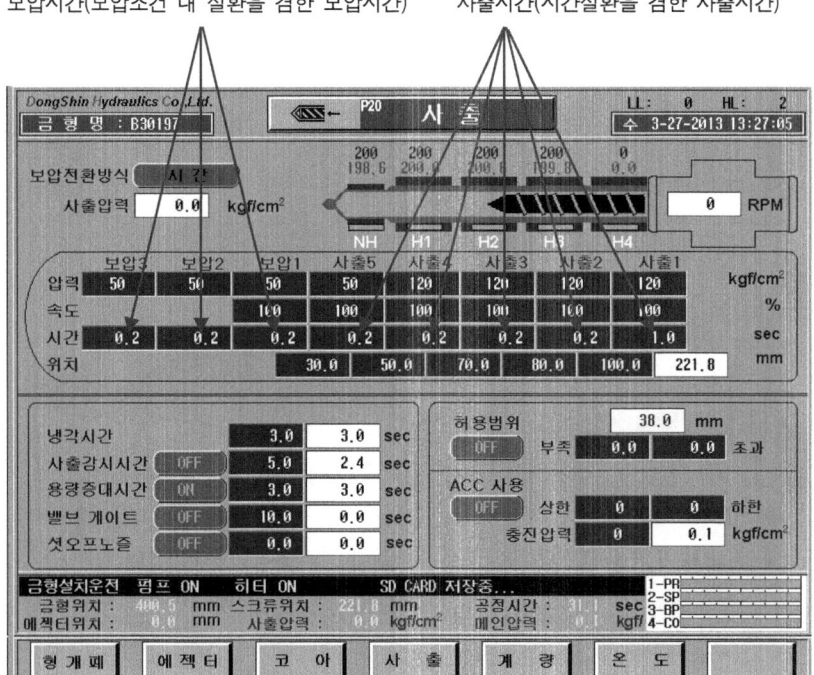

그림 6.57 사출시간 따로 보압시간 따로인 경우

그림 6.56은 사출시간이 종료됨과 동시에 계량으로 넘어가버리므로 사출시간만 관리하면 되나, 그림 6.57은 사출시간이 종료되더라도 보압시간이 끝나지 않으면 계량으로 넘어가질 않아 둘 다 관리해야 한다. 그림 6.56의 경우 보압조건을 사용하려면 반드시 보압절환까지 조건을 넘겨야 하며, 이전 단계에서 종료하면 사용이 불가하다. 그렇다고 보압(시간)이 안 걸리는 건 아니다. 이유는 사출시간 내에서도 충전(시간)과 보압(시간)이 공존(共存)하기 때문이다.

⇨ 그림 6.56의 경우 위치절환(mm)을 설정한 상태에서 사출시간을 10초로 설정했다고 가정해보자. 이때 위치절환(mm)은 어느 위치에 있건 상관없이 10초가 끝나기 전에는 절대 계량으로 넘어가지 않는다. 그러나 그림 6.57은 다르다. 그림 6.57도 위치절환(mm)을 설정한 상태에서 사출시간 7초, 보압 시간 3초로 설정했다고 가정해보자. 이 경우 사출시간 7초를 다 쓰기도 전에(실제로는 5초만 소모) 보압절환이 걸리면 그 즉시 사출시간은 종료되고 보압시간이 바통을 넘겨받아 계시를 시작한다. 보압시간은 주어진 3초를 다 소모하고 계량으로 넘긴다.

Note

시중에는 다양한 형태의 성형기가 출시되어 있으므로 내용을 잘 알고 제어해야 한다.

그림 6.58은 아날로그 타이머로서 아주 오래 된 성형기에서나 볼 수 있는 타입이다. 타이머의 명칭은 사출 1차 시간, 사출 2차 시간 등으로 불리며, 사출 1차 시간은 충전시간을, 사출 2차 시간은 보압시간을 의미한다. 결국 1차는 충전이요, 2차는 보압이란 논리다. 사용은 1차 타이머만 쓸 수도 있고 1, 2차를 병행해서 쓸 수도 있다. 두 개를 다 사용하면 1차 타이머의 작동이 끝나야 2차 타이머가 작동된다. 각각의 타이머에는 각각의 압과 속도가 따라붙는다.

그림 6.58 구형(舊形) 성형기 사출 타이머

• 게이트 실(gate seal)과 사출시간

게이트 실은 게이트가 굳는 것을 말한다. 게이트가 굳으면 cavity 내로의 압력전달이 사실상 봉쇄되어 이후에 주는 시간은 의미를 상실한다. 고로, 사출시간을 설정할 때에는 게이트 실이 발생되는 시점을 잘 판단해서 설정해야 한다.

⇨ 게이트는 그 굵기가 굵으면 쉽게 굳질 않고 가늘면 빨리 굳으나 게이트를 통과하는 용융수지의 흐름이 멈추지 않는 한 쉽게 굳질 않으며, 게이트 실(gate seal)도 수지의 흐름이 멎어지기 시작하면 그때부터 걸리기 시작한다.

> Note
>
> 수지 흐름이 완전히 멎었다고 하더라도 게이트가 굵으면 당장에 gate seal이 걸렸다고 보기는 어려우므로 이 경우는 예외다(본 경우 수축을 해소하기 위해 게이트를 굵게 해놓았을 개연성이 다분하므로 수지를 조금이라도 더 주입시켜 수축을 해소함이 옳다).
> ※ gate seal은 필요 이상의 압이 cavity 내로 전달되는 것을 막아 잔류응력을 약화시키는데 기여한다.

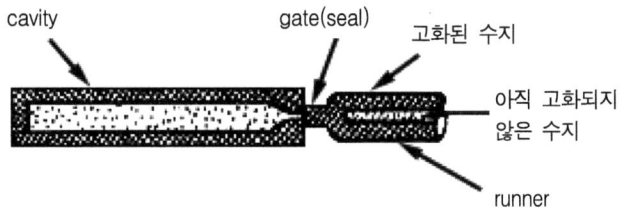

그림 6.59 gate seal

사출시간을 설정할 때는 게이트 실을 고려한 게이트의 두께와 형상 그리고 성형품의 두께와 크기를 함께 고려한다.

⇨ 사출시간은 성형품에 따라 설정을 달리하며 성형품의 크기를 기준으로 봤을 때 작으면 짧게, 크면 길게 설정한다. 크기가 크면 유동거리가 길어져 성형시간(=사출시간)도 덩달아 길어질 수밖에는 없다.

초도 성형에 있어서의 사출시간은 성형품의 샘플(sample)을 참조하거나 cavity를 들여다보고 판단하면 되는데, 이들은 모두 크기와 두께를 가늠해보기 위한 것이다.

⇨ 이후로는 성형품을 취출해 나가면서 정확한 시간으로 유도한다.

크기가 아주 작으면 1초 이하로도 설정할 수 있고, 그보다 크면 2초, 3초, 4초, 5초, 6초, 7초 … 등등으로의 설정도 가능하다. 크기가 작아도 두께가 두꺼우면 길게 설정해줘야 한다. 이유는 수축 때문이다.

⇨ 사출시간은 0.1초 또는 0.01초까지 설정할 수 있도록 된 것도 있으므로 보다 정교한 제어가 가능하다.
<주>사출시간설정의 경우 스크루 포지션을 지켜봐서 성형의 원리(충, 보의 원리)대로 이행되는 걸 정확히 확인한 뒤 끊어줘야 제대로 된 제어가 된다.

압과 속도를 높이면 기설정한 사출시간은 긴 시간이 될 여지가 다분하다. 이는 압과 속도를 높임으로써 수지 유입이 한결 빨라져 이전보다 빠르게 성형될 것이 자명하므로 기설정한 사출시간은 긴 시간이 될 수밖에는 없다는 논리다.

⇨ 사출시간이 길어질 것 같으면 냉각시간을 당겨서 반사이익을 얻을 수도 있다. 즉, 수축을 잡기 위해 어쩔 수 없이 길게 설정해버린 사출시간을 냉각시간을 당김으로써 만회해 보겠다는 의도다.

이런 이치를 잘만 활용하면 사이클 단축에 기여할 수 있다. 즉, 압과 속도를 몇 % 올리는 대신 사출시간을 0.1초 당기고, 보압을 몇 % 올리는 대신 보압시간을 0.1초 당기고 하는 등등의 경우 말이다.

<보압시간(保壓時間, holding time)>

보압시간은 성형의 원리인 충전과 보압 중, 보압을 가하는 시간이다.

⇨ 보압시간은 게이트 실과 직접 연관되는 시간이자 사출조건을 총체적으로 마무리짓는 시간.

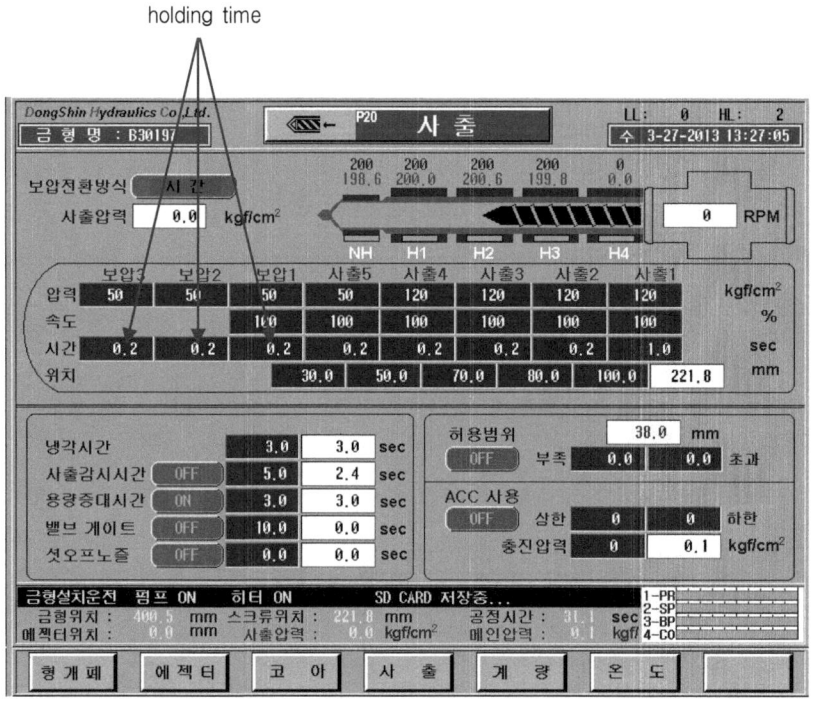

그림 6.60 holding time

타이머가 하나밖에 없을 경우는 한 개의 타이머 안에 보압시간까지 다 들어가 있는 것으로 간주해서 설정해야 하며, 분리일 경우는 적용목적에 맞게 컨트롤한다.

⇨ 보압시간을 목적에 맞게 활용하기 위해서는 어디서 어디까지가 충전이고, 어디서 어디까지가 보압인지 구분하는 요령이 필요하다.

▶ 요약 ◀

〈압과 속도 편〉

1. 사출압력은 미성형(short shot)을, 사출속도는 외관불량을 제압하는 용도로 사용한다.

2. 압과 속도
   실과 바늘의 관계. 사안에 따라 같이 높여 줄 수도 있고 같이 낮춰줄 수도 있으며, 어느 한 쪽을 높이면 다른 한 쪽은 낮춰주고, 다른 한 쪽을 낮추면 다시 어느 한 쪽은 높여주는 등 다양한 제어 가능

3. 사출압력
   미는 힘. 미는 힘이 정해진 상태에서 빠르기를 더해주면 용융수지의 움직임은 높여준 수치만큼 탄력을 받게 된다.

4. 요즘 성형기의 사출조건 제어구조를 보면, 하나의 압력이 여러 단계의 속도를 거느리며 주된 제어는 각각의 속도가 관장하는 구조로 되어 있다. 이 말은 적정 압력이 정해지고 나면 압은 더 이상 만질 일이 없고, 속도만으로 빠르기를 조절해서 외관불량을 제압해나간다는 의미로 해석.

5. 압(壓)
   속도를 지탱해주는 버팀목 역할 수행

6. 두께가 두꺼우면 그다지 높은 압을 요구받지 않으므로 속도위주로 제어할 경우가 많고, 얇으면 높은 압과 빠른 속도를 동시에 요구받는다.

▶ 요약 ◀

⟨보압과 보압속도 편⟩

1. 보압(保壓, holding pressure)
   수축을 잡기 위해 가하는 압력. 보압을 가하면 수축 부위로 수지를 추가로 공급시킬 수 있어 수축이 잡혀 나온다.

2. 수축은 압(壓) 위주로, 충전은 속도(速度) 위주로 제어한다.

3. 수축 잡는 요령
   주어진 제어단계를 다 사용해서 잡을 수도 있고, 원하는 단계만 채택해서 잡을 수도 있다.

4. 명문화된 보압과 명문화되지 않은 보압
   사출조건 panel상에 명백히 보압이라고 활자화되어 있는 보압을 명문화된 보압, 그렇지 않은 보압(개념상의 보압)을 명문화되지 않은 보압이라 칭한다.

5. 유지압-1과 유지압-2
   유지압-1은 gate seal용, 유지압-2는 사출기 무리 방지용

6. 보압 다단 컨트롤 메커니즘
   보압 다단은 cavity 말단으로부터 gate 쪽으로 채워 나오면서 gate를 봉입(gate sealing)하고 마무리하는 구도. 그래서 통상 보압 1단은 높게, 보압 2단은 1단보다 낮게, 보압 3단은 2단보다 낮게 하는 구도로 control.

⟨위치절환 편⟩

1. 위치절환(位置絶環)
   각각의 단계별로 각기 다르게 설정해준 각각의 조건들이 차질 없이 이행될 수 있도록 절환하는(전환하는, 변환하는) 역할.

▶ 요약 ◀

2. **위치절환을 성형기에 구성해놓은 이유**

   하나의 압과 하나의 속도, 다시 말해 1단 제어만으로 성형하던 종래의 사고방식에서 탈피하여 서로 다른 압과 속도로 변환시켜가며 자유자재로 제어하겠다는 의도.

3. **성형기에 구성해놓은 위치절환**

   1차 절환 · 2차 절환 · 3차 절환 · 4차 절환 등.

4. **위치절환은**, 1차 절환 · 2차 절환 · 3차 절환 · 4차 절환 할 때의 1, 2, 3, 4(차)와 같이 위치가 바뀔 때마다 조건도 따라서 바뀌며, 전 제어단계를 다 사용할 경우 1차 절환⇨2차 절환⇨3차 절환⇨4차 절환 등으로 순차 작동되나, 일부 단계만 사용할 경우는 해당 절환만 작동되고 나머지는 작동되지 않는다.

5. **위치절환의 설정단위는 거리(mm), 즉 밀리미터(mm)이다. 설정수치(mm)는 각각의 제어단계별 사출조건의 경계가 된다.**

6. **1차 절환(mm)**

   모든 절환에 있어서 가장 기본이 되는 절환인 동시에 최초절환이기도 하며, 사출 1차 조건과 사출 2차 조건을 연결해주는 중간 매개체적 역할 수행.

7. **1차 절환 control**

   사출 1차조건만 채택해서 사출조건을 부여하면 사출 1차 조건만으로 성형이 종료되어 버릴 것이므로 그 다음 단계로의 절환이 필요치 않으나, 사출 2차 조건까지 채택해서 사출 조건을 부여하면 해당 절환인 1차 절환을 스크루 포지션(screw position) 상에서 목격한 충전과 보압의 경계선이 될 만한 그 때의 수치 입력.

8. **1차 절환(mm)을 설정한다는 것은 금형으로 유입되는 용융수지의 양을 조절한다고 볼 수 있다. 1차 절환(mm) 이후는 사출 2차 조건이 바통(baton)을 넘겨받아 보압 역할을 수행한다. 본 경우가 성형의 원리에 입각한 2단 제어이다.**

▶ 요약 ◀

9. 2단 제어를 채택해서 사출조건을 마무리할 경우, 2차 압력인 보압(유지압 포함)은 1차 압력인 충전압력의 50% 이하로 낮춰 설정한다는 것이 지금까지 알려진 보편적인 설정방식.

10. 사출 2차 조건이 사출 1차 조건에 비해 낮게 설정되는 경향이 많다 보니까 1차 절환 수치를 높여주면 높여줄수록 미성형이 발생할 가능성이 높고, 반대이면 burr가 차 나올 가능성이 높다.

11. 1차 절환의 설정목적은 충전과 보압을 2단 제어라는 명목하에 나눠줌으로써 사출 1차 조건만을 고집했을 경우에 발생할 수도 있을 무리한 사출압력의 상승을 막아 사출기 및 금형을 보호하고, 성형품에 발생하는 잔류응력의 경감에도 상당한 기여를 한다는 데 설정의의를 찾을 수 있다.

12. 2단 제어만으로 완전한 성형품이 성형되어 나오면 그리 까다롭지 않은 제품이란 사실을 알 수 있으며, 까다로운 축에 속하려면 적어도 3단 이상은 넘어가줘야 한다.

13. 사출절환과 보압절환

    사출조건 패널의 '사출과 보압'에서 유래된 용어. 사출절환은 '충전'을, 보압절환은 '보압'을 모토로 한다(사출절환의 경우 충전을 담당한다고 하여 충전절환으로도 불린다).

14. 사출절환은 거리(mm) control이 주종을 이루나 시간(時間)으로도 제어할 수 있으며, 성형기 메이커에 따라서는 시간과 거리(mm) 둘 다 제어할 수 있도록 해놓은 것도 있다.

▶ 요약 ◀

보압	사출 3차	사출 2차	사출 1차	속도	5mm screw position
14%	45%	64%	72%	압	
50%	30%	44%	60%		
	10mm	20mm	35mm		65mm　　　　70mm
	s3	s2	s1		s0　　　suck back

← 사출 진행 방향

situation 1　s0 상향(또는 하향) control
계량 량이 부족하거나 남아돌 때 제어.
- 계량 량이 부족할 때는 상향제어, 남아돌 때는 하향 제어(s0를 하향 제어할 경우 나머지 절환도 동일한 폭으로 하향 제어). 쿠션이 여유롭게 남아 있는데도 미성형이면 s3를 하향 제어하고, 부족 시 s0 상향제어로 보충한다(suck back(㎜)도 필요시 수정).

situation 2　s1 하향(또는 상향) control
s1은 사출 1차 조건과 사출 2차 조건의 경계가 되는 포지션(position)이다. 수치를 하향(또는 상향)함에 따라 조건이 미치는 범위가 확연히 달라진다. 하향하면 높은 조건(또는 낮은 조건)의 구간이 넓어져 압을 높이는(또는 낮추는) 효과가 있고, 상향하면 압을 낮추는(또는 높이는) 효과가 있다. 높은 조건의 구간이 넓어지면 burr가 터져 나올 가능성이 높고, 낮은 조건의 구간이 넓어지면 미성형이 우려된다. s1을 하향(또는 상향)하면 그 여파가 마지막 조건인 보압조건까지 미쳐 수축에 영향을 주기도 한다. 이것은 비단 s1뿐 아니라 s2, s3를 수정해도 마찬가지다.
- s1을 수정하면 인접 절환인 s2와 s0, s3이후의 조건인 보압조건까지 영향을 미치나 s2와 s3 사이에 위치한 사출 3차 조건에는 영향을 미치지 않는다(사출 3차 조건은 s1의 영향권 밖에 있기 때문. 그러나 종국적으로는 인접절환의 변동으로 사이클이 빨라지거나 느려지게 되어 금형온도의 상승 또는 하락으로 이어짐으로써 사출 3차 조건도 영향을 받게 된다).

▶ 요약 ◀

situation 3 s2 하향(또는 상향) control

s2는 사출 2차 조건과 사출 3차 조건의 경계가 되는 position으로서, 하향(또는 상향) 시킴에 따라 인접 절환인 s1과 s3에 영향을 미친다. s2의 영향권 밖에 있는 조건은 사출 1차 조건이 유일하다(이 역시 인접절환의 변동으로 사이클이 빨라지거나 느려지게 되어 금형온도의 상승 또는 하락을 유도함으로써 종국적으로는 영향을 받게 되어 있다).

situation 4 s3 하향(또는 상향) control

s3는 사출 3차 조건과 보압조건의 경계가 되는 position으로서, 보다시피 보압은 높고 사출 3차는 낮으므로 situation 2, 3과는 양상이 사뭇 다르다. s3를 하향 제어하면 자칫 보압이 걸리지 않는 수가 있어 수축이 우려되고, 상향 제어하면 미성형 아니면 burr(2차 burr)가 우려된다. '외벽 굳히기' 조건은 s2 또는 s3의 하향 제어로 성립한다 (사례는 s3보다 s2 하향제어가 바람직하다. 이유는, 외벽 굳히기 조건을 쓰는 자체가 수축을 잡기 위해 높은 보압을 걸기위한 것이므로 s2가 아닌 s3를 하향 제어하면 마지막 압인 보압을 높일 수밖에 없어-지금도 보압은 높은 편이다-성형기에 무리가 따르기 때문).

- 외벽 굳히기 조건은 성형품의 외벽을 굳혀 burr를 억제하고 수축을 잡기 위함이지만, 속도가 느리다 보니까 가스배출이 잘 돼 탄화로 인한 미성형이 제압되고 weld line을 희미하게 하는데 일조하기도 한다.

〈스크루 포지션 편〉

1. 스크루 포지션(screw position)

가열실린더 내 스크루가 어디쯤 위치해 있는가를 보여주는 디스플레이(display) 기능의 일종. 주로 사출될 때와 계량될 때 디스플레이되며, 사출될 때는 높은 수치에서 낮은 수치로, 계량될 때는 낮은 수치에서 높은 수치로 이동한다.

2. 스크루 포지션을 보는 요령

1차(충전), 2차(보압)이라고 하는 성형의 원리에 기초해서 봐야 한다.

▶ 요약 ◀

3. 사출이 개시되면 스크루 포지션 상에서의 디지털 수치가 비교적 빠르게 움직이는데 이때를 1차(충전)이라 하고, 어느 시점 움직임이 둔화되기 시작하면 그때의 수치를 전, 후하여 2차(보압)이라 정의.

4. 스크루 포지션은 성형품을 취출하지 않은 상태에서 동작상황을 지켜보는 것만으로도 사출조건과 계량조건, 나아가 전체 성형조건의 양(良)·부(不)를 가늠해 볼 수 있는 가늠자 역할 수행.

〈사출시간과 보압시간 편〉

1. 사출시간과 보압시간
   사출조건을 총괄하는 시간. 성형기 메이커에 따라서는 사출시간만 있는 것도 있고, 사출 시간 따로 보압시간 따로 된 것도 있다. 어떤 식으로 되어있건 성형의 원리인 충전과 보압으로 풀어야 목적에 부합되는 제어가 가능하다.

2. 사출시간 설정 시 고려사항
   게이트 실을 고려한 게이트의 두께와 형상 및 성형품의 두께와 크기 함께 고려.

3. 초도 성형에서의 사출시간
   성형품의 샘플(sample)을 참조하거나 cavity를 들여다보고 판단. 이들은 모두 크기와 두께를 가늠해보기 위한 것. 이후로는 성형상태를 봐가면서 적정시간으로 유도.

4. 크기가 작아도 두께가 두꺼우면 시간을 길게 설정해줘야 한다. 이유는, 수축 때문이다.

5. 보압시간
   성형의 원리인 충전과 보압 중, 보압을 가하는 시간. 게이트 실과 직접 연관되는 시간이자 사출조건을 총체적으로 마무리짓는 시간.

▶ 요약 ◀

6. 보압시간은 성형기의 사출조건 제어구조가 어떻게 생겨먹었느냐에 따라 설정 방식을 달리 한다. 예를 들면, 타이머가 한 개밖에 없을 경우는 한 개의 타이머 안에 보압시간까지 다 들어가 있는 것으로 간주해서 설정해야 하며, 분리일 경우는 적용목적에 맞게 설정해야 한다.

4) 냉각시간(冷却時間, cooling time)

금형 내에 머물고 있는 성형품의 고화(固化)를 담당하는 시간이다. 냉각시간 설정은 성형품에 따라 다르며, 짧게는 몇 초에서 길게는 몇 십 초에 이르기까지 다양하다. 성형기에는 냉각시간을 설정할 수 있도록 타이머(cooling timer)가 구성되어 있다.

⇨ 냉각은 품질과 원가에 지대한 영향을 미친다.

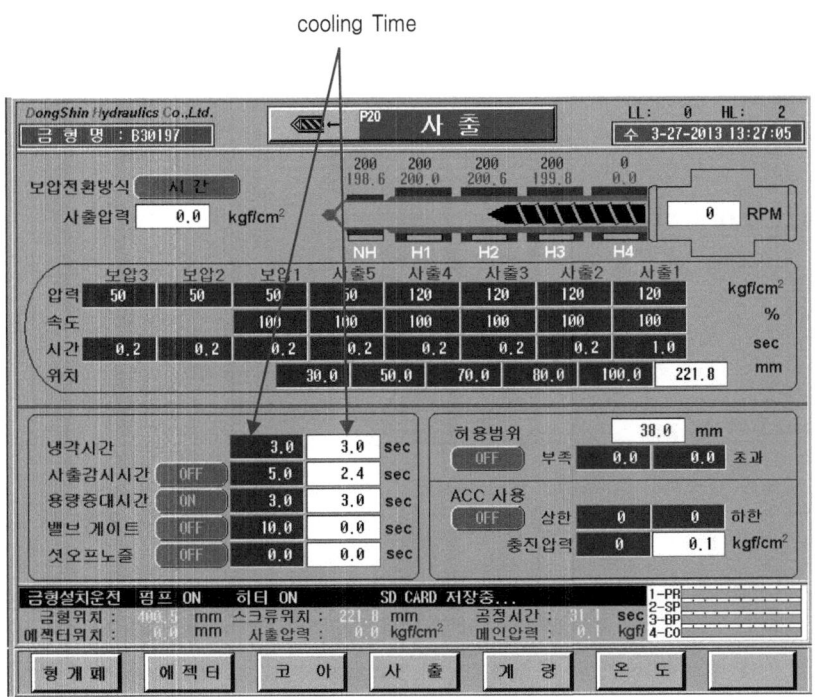

그림 6.61 cooling time

(1) 두께와 냉각시간

두꺼우면 길게, 얇으면 짧게 설정한다(통상적인 컨트롤방식). 예외로, 두께가 두꺼울 경우 냉각시간을 너무 길게 주면 수축이 심해지는 등 역효과가 나는 수도 있으므로 주의한다.

(2) 크기와 냉각시간

크기는 냉각시간과 관계가 없다. 단지, 크기가 크면 계량 량이 많아지다 보니까 계량시간 또한 길어질 수밖에 없어 냉각시간도 덩달아 길어진다는 점은 고려해야 할 사안이다.

⇨ 계량시간은 냉각시간 내에 종료되도록 하는 것이 좋다.

(3) 성형 사이클과 냉각시간

성형공정의 70%이상이 냉각시간인 점을 감안하면 냉각시간이 성형 사이클에서 차지하는 비중은 매우 높다. 그렇다고 무리하게 단축시켜서는 안 된다. 잘못하면 대량으로 불량을 맞는 수가 있기 때문이다.

5) 금형온도 control

금형은 작업 전엔 통상 식어 있다. 금형을 교환해서 첫 제품을 뽑기 전도 마찬가지로 식어 있다. 정상적으로 작업을 진행하다가 잠시라도 머뭇거리면 기다렸다는 듯 식어간다. 금형이 식은 상태에서 수지를 흘려보내면 미성형으로 화답한다. 금형온도 하락으로 유동저항에 직면했기 때문이다.

성형품에 따라서는 금형을 차게 해줘야 될 것이 있고, 뜨겁게 해줘야 될 것이 있다. 금형을 차게 또는 뜨겁게 해줘야 되겠다는 판단은 전적으로 조건을 control하는 본인의 판단에 달려 있다. 이것은 막연히, 차게 또는 뜨겁게 해줘야 되겠다는 식이 아니라 성형되어 나오는 성형품의 성형상태를 보고 판단할 문제이다.

⇨ 금형은 '냉각'을 우선시해야 한다. 그런 다음 성형품에 나타나는 트러블이 유동불량에 기인한 것이란 확신이 설 때 온수기(또는 온유기)를 가동하는 등의 절차를 밟는다.

금형이 뜨거우면 성형온도를 낮춰줄 수 있다. 금형이 뜨거움으로써 수지가 잘 흘러 들어가는데 굳이 그대로 놔둬야 될 하등의 이유가 없기 때문이다. 성형온도를 낮추면 사이클 단축도 가능하여 쇼트(shot) 수가 증대된다.

이 점에 있어서는 금형온도도 같은 맥락이다. 그렇다면 성형온도와 금형온도는 낮으면 무조건 다 좋은가. 그렇지 않다. 온도(성형온도와 금형온도 둘 다)가 낮으면 품질(주로 외관)이 떨어지는 경향이 있기 때문이다.

⇨ 성형온도와 금형온도는 대부분 상반되게 제어할 경우가 많으나 두께가 얇은 제품은 미성형이 우려되므로 둘 다 높여줘야 한다. PC 등 고점도 수지는 성형품의 표면이 매끄럽지 못한 경향을 나타내므로 온수기를 가동시켜 성형할 경우가 많다.

chiller는 통상 5℃~10℃ 사이에 놓고 출발하며, 성형상태를 봐가면서 (+)(-)를 거듭하다 보면 몇 도가 적정한지 최적온도에 대한 감(感)이 잡혀 나온다.

온수기는 60℃~80℃ 사이에 놓고 출발하며, 컨트롤 요령은 chiller 때와 동일하다.

⇨ 이 역시 (+)(-)해가며 수정을 거듭하다보면 적정온도에 대한 감(感)이 잡혀 나온다.

줄 곧 온수기(또는 온유기)를 사용해서 성형을 해온 금형이라 하더라도 생각을 어떻게 하느냐에 따라 의외의 결과가 나올 수도 있으므로, 이 금형은 반드시 온수기(또는 온유기)를 사용해서 성형을 해야 한다는 관념(일종의 고정관념)은 버리는 것이 좋다.

⇨ 사출은 변수가 많은 관계로 반드시란 용어는 성립되지 않는다.

고정관념 극복 사례

지금 소개하고자 하는 사례는 PA-6을 소재로, 두께가 얇은 2cavity 2단 금형을 성형한 사례이다. 두께가 얇은 관계로 미성형이 자주 발생되어 열을 한껏 높이고도 모자라 온수기까지 가동하였다. 약 1시간 가까이 안정적으로 성형되어 나오는 것을 확인한 후 온수기 가동을 즉각 중단하고 12초에 있던 냉각시간을 6초로 당겨놓았다.

이쯤 되니까 생산량은 두 배로 늘어나고, 온수기 가동 중단에 따른 금형온도의 하락 여지를 당겨놓은 냉각시간이 보충시켜줌으로써 전과 다름없이 연속성형이 가능하였다(종전에는 냉각시간을 12초에 고정시켜놓고 작업을 종료할 때까지 온수기 가동).

⇨ 본 사례는 "발상의 전환"에 의해 얻어진 결과물이다.

▶ 요약 ◀

〈냉각시간 편〉

1. 냉각시간
   금형 내에 머물고 있는 성형품의 고화(固化)를 담당하는 시간.

2. 냉각시간 설정은 성형품에 따라 다르며, 짧게는 몇 초에서부터 길게는 몇 십 초에 이르기까지 다양하다.

3. 두께와 냉각시간
   두께가 두꺼우면 길게, 얇으면 짧게 설정.

4. 크기와 냉각시간
   크기는 냉각시간과 별 상관이 없으나 크기가 크면 계량시간이 길어질 수밖에 없어 냉각시간도 덩달아 길어진다는 논리.

5. 냉각시간을 0.1초만 당겨도 조건 전반에 미치는 파급효과는 일파만파다.

〈금형온도 컨트롤 편〉

1. 성형품에 따라서는 금형을 차게 해줘야 될 것이 있고 뜨겁게 해줘야 될 것이 있다.
   금형을 차게 또는 뜨겁게 해줘야 되겠다는 판단은 전적으로 조건을 control하는 본인의 판단에 달려 있다.

2. 금형은 무엇보다 냉각을 우선시해야 한다. 그런 다음, 금형을 뜨겁게 해줘야 되겠다는 판단이 들면 온수기 가동 등의 절차를 밟는다.

▶ 요약 ◀

3. 금형이 뜨거우면 성형온도를 낮춰줄 수 있다. 이유는, 금형이 뜨거워 수지가 잘 흘러 들어가는데 굳이 그대로 놔둬야 될 이유가 없기 때문이다.
   성형온도를 낮추면 쇼트 수도 증대된다.

4. chiller control
   최초 5℃~10℃ 정도로 놓고 출발하며, 적정온도에 대한 판단은 성형품의 성형상태를 보고 결정.

5. 온수기 control
   60℃~80℃ 정도로 놓고 출발하며, 컨트롤 요령은 chiller 때와 동일.

6. 줄 곳 온수기를 사용해서 성형을 해온 금형이라 하더라도 생각을 어떻게 하느냐에 따라 전혀 예상치 못한 결과가 나올 수도 있으므로, "이 금형은 반드시 온수기를 사용해서 성형해야 된다"는 관념(=고정관념)은 버려야 한다.

2.1.2 보조조건

보조조건은 주(主) 조건을 보조 내지 보좌하는 조건을 말한다. 보조조건의 종류로는, 쿠션(cushion)·형 개폐 속도 컨트롤·금형보호(mold protection)·이젝터(ejector)·건조(drying) 등이 있다.

1) 쿠션(cushion)

사출이 종료되고 계량으로 넘어가기 직전, 스크루 선단에 남아있는 여분의 용융수지의 양(잔량)을 쿠션(cushion)이라고 한다. 쿠션(cushion)은 스크루 헤드의 충격방지를 위한 완충지대로서의 역할을 한다.

⇨ 스크루가 매 쇼트마다 잔량(=쿠션(cushion))을 하나도 남기지 않고 0mm까지 전진하면 실린더 내벽과 스크루 헤드가 지속적으로 부딪쳐 그로 인한 마모가 우려된다. 이를 회피하기 위해 남겨두는 여분의 수지가 쿠션(cushion)이다. cushion은 5mm가 적당하며, 성형조건과는 상관이 없으므로 굳이 많이 남길 필요는 없다.

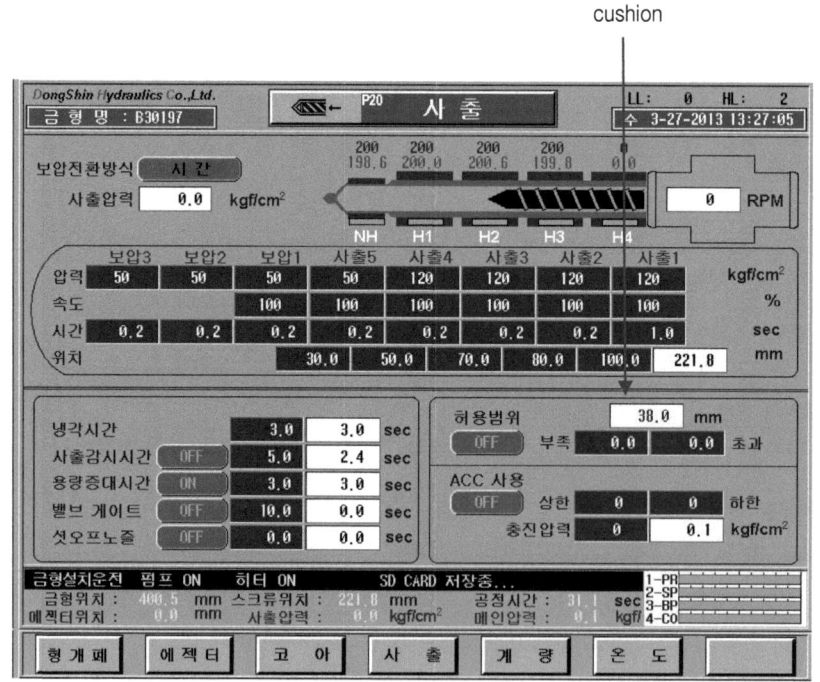

그림 6.62 cushion

쿠션(cushion)을 남기기 위해서는 계량완료(㎜)를 잘 컨트롤해야 한다. 현재 설정되어 있는 계량완료(㎜) 수치가 100㎜라고 했을 때, 이 상태에서 사출하여 성형품을 받아보니 별다른 하자가 없다고 가정해보자. 그런데 스크루 포지션을 지켜보니까 스크루가 0㎜까지 전진하는 것이 아닌가? 이는 쿠션이 하나도 없다는 시그널(signal)이다. 본 경우 쿠션을 5㎜ 정도 남기고자 한다면 계량완료(㎜)를 105㎜로 수정해주면 된다.

(1) 쿠션(cushion) 감시

사출성형기에는 쿠션(량)을 감시할 수 있도록 쿠션 감시('잔량 감시'라고도 한다) 기능이 설치되어 있다. 쿠션 감시는 상한(high)과 하한(low)이라고 하는 두 개의 범위('허용범위'라고 한다)를 정해 실행되는데, 매 쇼트마다 스크루는 기설정한 범위(허용범위) 내에 존재해야 함을 필요충족조건으로 한다(그림 6.63에서는 '부족'이 low, '초과'가 high에 해당).

⇨ 쿠션(cushion) 감시는 사출 종료 후 스크루의 최종 전진 위치(㎜)를 감시하는 기능이다. 이 기능을 사용하려면 상한(high)과 하한(low)이라고 하는 두 개의 서로 다른 수치(㎜)를 성형기의 허용범위(혹은 쿠션 감시) 컨트롤패널에 설정해줘야 되는데, 어떤 이유로든 이 범위를 벗어나게 되면 그 즉시 경보를 발령함으로써 그에 상응하는 조치를 취할 수 있도록 해준다.

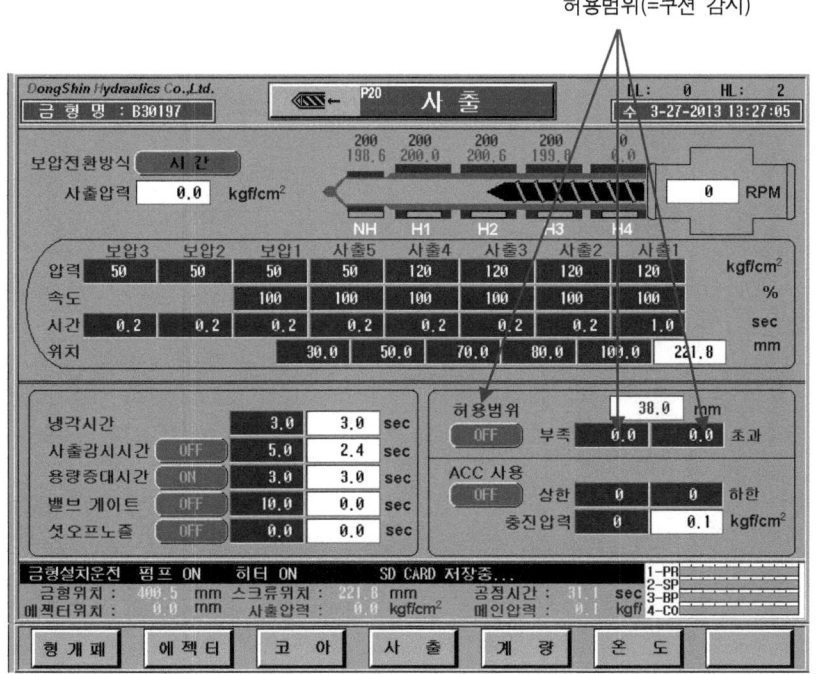

그림 6.63 쿠션 감시

(2) 허용범위 control 예

사출이 종료되고 스크루가 완전히 멈춰 서 있는 그 때의 수치(㎜)를 5㎜라고 가정해보자. 이때 cushion은 5㎜가 되며, 바로 이 5㎜란 수치를 기준으로 상한(high)과 하한(low)이라고 하는 두 개의 서로 다른 수치(㎜)를 '허용범위(혹은 쿠션 감시) 컨트롤 패널'에 설정해주는 것이 control 요령이다. 본 경우 상한(high)을 6㎜로, 하한(low)을 4㎜로 설정해주면 스크루가 매 쇼트마다 한 치의 오차도 없이 5㎜에서 정확히 멈춰준다고 가정했을 때 항상 범위 내에 존재하게 되므로 경보는 발령되지 않는다. 결론적으로 4㎜~6㎜까지가 허용범위란 얘기이며, 수치(㎜)가 높은 쪽을 상한(high), 낮은 쪽을 하한(low)이라 부른다.

성형기 메이커에 따라서는 0.1㎜까지 컨트롤할 수 있도록 해놓은 것도 있으므로 보다 정교한 제어가 가능하다. 범위를 너무 좁혀버리면 경보를 남발하는 수가 있고, 너무 넓혀버리면 기능설정은 하나마나한 상태가 되므로 주의를 요한다.

⇨ 구동중인 스크루는 크든 작든 오차(誤差)가 있게 마련이다. 고로, 매 쇼트마다 정확한 위치에서 멈춤을 되풀이하지는 않는다. 허용범위(=쿠션 감시) 수치(㎜)를 셋업(set up)할 때는 이러한 점을 감안 해서 약간은 넓게 잡아주는 것이 좋다.

> **Note**
>
> 허용범위를 설정하는 목적은 스크루가 매 쇼트마다 같은 위치에서 멈춤을 되풀이하는가를 확인하기 위함이다.

■ 전자동 금형과 쿠션 감시

쿠션 감시(잔량 감시)는 스크루 헤드의 이상마모를 방지하기 위해 도입된 기능이지만 한편으로는, 전자동 금형(무인운전(無人運轉)이 가능한 금형)에 있어서 없어서는 안 될 필수적 기능이다.

⇨ 작업을 하다보면 노즐이 식어 사출이 되지 않는다든가, 노즐구멍의 막힘 또는 수지 누설 등으로 애를 먹을 경우가 다반사로 발생한다. 이때 허용범위만 제대로 설정되어 있다면 신경 쓸 일이 하나도 없다. 허용범위가 설정된 상태에서 이 같은 현상이 발생하면 스크루가 범위(허용범위, 즉 상한과 하한)를 벗어날 것이 자명하므로 그 즉시 경보를 발령하여 신속한 조치를 취할 수 있도록 해줄 테니까 말이다.

2) 금형 개폐 속도 컨트롤(mold open/close speed control)

금형을 여닫는 속도를 조절하는 것을 금형 개폐 속도 컨트롤(mold open/close speed control)이라고 한다.

⇨ 형(型) 개폐 속도는 성형 쇼트(shot) 수와 무관치 않으므로 되도록 빠르게 하는 것이 좋으나, 무턱 대고 빠르게 하면 금형이 상하는 수가 있으므로 주의해야 한다.

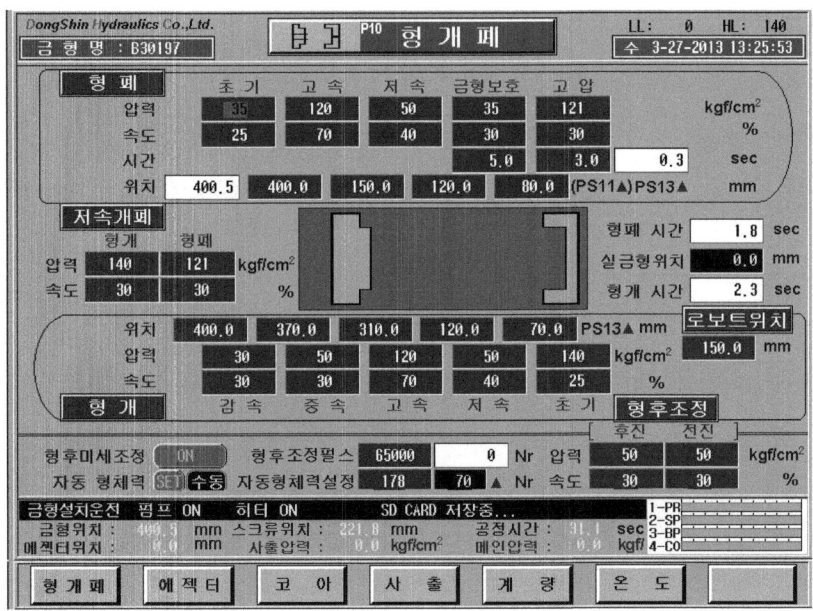

그림 6.64 형 개폐 속도 control panel

형 폐 속도 control의 기본

(초기)　(중기)　(말기)
　|　　　|　　　|
저속　→　고속　→　저속

초기는 느리게, 중기는 빠르게, 말기는 느리게 하는 방식이다.

⇨ 초속을 빠르게 하면 "쾅~" 하는 굉음과 함께 스타트되어 성형기에 무리가 따른다. 그래서 속도를 느리게 하는 대신 구간을 짧게 해서 사이클 희생을 막는 전략을 구사한다. 중기는 금형에 무리가 없는 한 빠르게 하는 것이 좋다(shot 수 향상은 바로 이 중속에 달려있다). 말기는 저속으로 해서 금형을 보호한다.

(1) 금형보호(mold protection)

금형보호는 글자 그대로 금형을 보호하기 위한 기능이다.

⇨ 금형보호 기능은 통상 속도와 거리(㎜)만 제어할 수 있도록 되어 있고, 압은 성형기 메이커에서 지정해 놓는 경우가 많다. 이유는 저압(低壓)을 정교하게 제어하기가 쉽지 않기 때문이다.

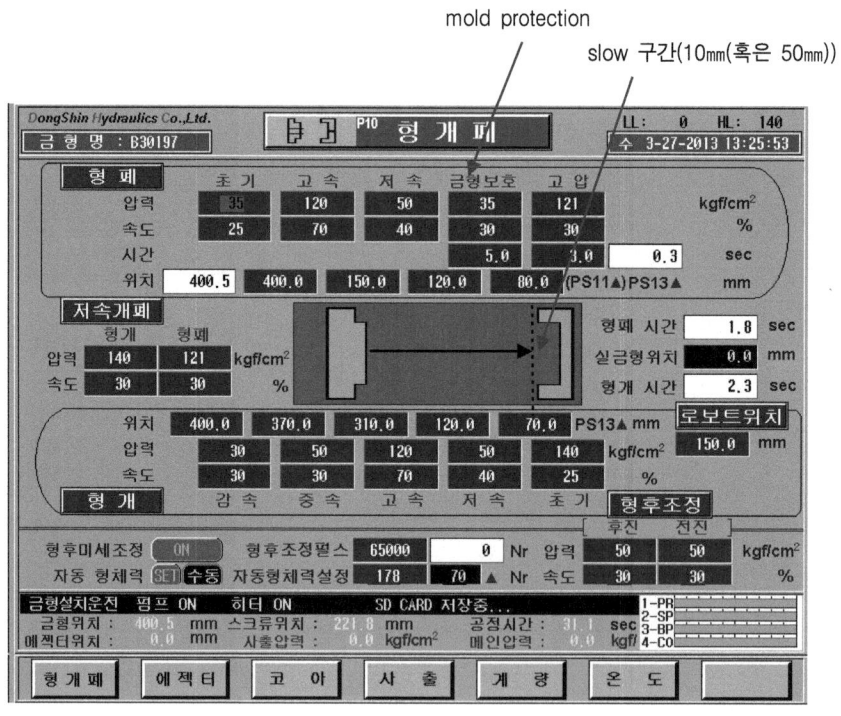

그림 6.65 mold protection

금형보호 기능은 금형이 닫히기 전 거리로 역산(逆算)해서 길게는 50㎜, 짧게는 10㎜(이 거리는 금형에 따라 다르다) 후방에서 저속으로 닫히도록 하는 것이 control point다.

⇨ 금형보호 구간을 50㎜(또는 10㎜)로 한 것은 '안전거리 확보차원'에서 그러는 것이다. 적어도 이 정도는 확보해줘야 금형이 안전하지 않겠느냐는 것이다. 이 구간 내에 미처 낙하하지 못한 성형품이 있거나 이물질이 존재하면 힘이 부족해서 더 이상 밀어붙이질 못하고 그 상태로 가만히 서 있다가 시간(금형보호 시간을 말한다)이 경과하면 자동적으로 형 개 되면서 경보(alarm sound)를 발령한다. 이것이 금형보호의 작동 메커니즘이다 (금형보호 시간은 통상 6초 정도 설정).

📄 *Note*

> 금형보호는 미처 낙하하지 못한 성형품이나 이물질만 겨냥한 것이 아니라, 가이드 핀(guide pin)과 앵귤러 핀(angular pin) 등 금형을 구성하고 있는 각종 구조물들을 보호하자는 데도 일단의 목적이 있다.
> 전자동 금형은 기계 혼자서 작업을 하는 관계로 능률은 좋으나 금형을 눌러먹어 애를 먹는다. 이를 막으려면 금형보호 설정은 필수다.

금형이 이상 없이 닫히면 그 즉시 고압(high clamping)이 걸리면서 형 폐 완료로 이행된다.

형 개 속도 control의 기본

```
(말기)   (중기)   (초기)
  |       |       |
 저속  ←  고속  ←  저속
```

형 개는 형 폐와 동작방향만 다를 뿐 적용 이치는 같다.

⇨ 초기는 저속(부드러운 형 개), 중기는 빠르게(shot 수 향상), 말기는 저속(충격방지)으로 control한다. 저속구간은 되도록 짧게 해서 사이클 희생을 막는 것이 point다.

📄 *Note*

> 로봇(robot)을 사용할 경우 말기속도를 빠르게 하면 충격으로 형 개 완료 위치가 흔들려 불필요한 경보를 남발하는 수가 있으므로 주의한다.

형 개폐 속도는 금형의 종류와 구조에 따라 빠르기를 달리해야 한다. 2단 금형은 구조가 간단하여 개폐 속도를 빠르게 할 수 있다.

⇨ 비록 2단 금형이라고는 하나 슬라이드(slide)가 장착된 금형도 있으므로 무턱대고 빠르게 하는 것은 금물이다. 슬라이드 금형의 경우 앵귤러 핀(angular pin, 경사 핀)과 슬라이드와의 결합각도가 어긋나면 핀이 휘거나 부러지는 수가 있으므로, slide와 angular pin이 결합하기 시작하는 단계에서는 저속으로 컨트롤하는 것이 바람직하다.

3단 금형은 형 폐는 느리게, 형 개는 다소 빠르게 한다.

⇨ 3단 금형은 2단 금형에 비해 구조가 복잡하여 빠르게 닫으면 금형을 손상할 우려가 있으므로 느리게 닫는 것이 좋다. 그러나 형 개시는 다소 빠르게 해줘야 중간 판 분리가 용이해져 스프루 취출이 쉽다.

3) ejector

ejector는 금형 내의 냉각·고화된 성형품을 취출하기 위한 기능이다. 압과 속도 및 거리(㎜)를 금형의 구조와 성형품에 맞게 컨트롤한다.

⇨ ejector는 공기(air ejection) 또는 체인(chain ejection) 및 회전코어 등 몇 가지 방식을 제외하고는 단 1회의 동작으로 전진과 후진을 달성한다. 돌출횟수는 성형품에 따라 다르며 단 1회의 전·후진만으로 취출이 가능한 성형품이 있는 반면, 2회 이상 전·후진시켜야 취출되는 성형품도 있다. 전자동 금형의 돌출횟수는 2회 이상이 바람직하다.

성형기의 이젝터 부(ejector unit)를 보면 압과 속도 및 거리(㎜)가 나오는 걸 볼 수 있는데, 그 하는 역할은 다음과 같다.

(1) 거리(㎜)

거리(㎜)는 이젝터 바(ejector bar)의 전·후진 거리(㎜)를 말하는 것으로서, 그 끝은 나사로 처리되어 성형기의 이젝터 장치에 체결된다. 작동은 성형기에 체결된 이젝터 바(ejector bar)가 금형의 이젝터 플레이트(ejector plate)를 밀어냄으로써 성형품이 돌

⇨ ejector를 전진시킨다는 것은 ejector bar가 ejector plate를 밀어냄으로써 ejector plate에 꽂혀있는 밀핀(ejector pin)이 성형품을 돌출시킨다는 의미다. ejector bar의 전진거리(㎜)는 성형품을 밀어내는데 지장만 없으면 되고, 후진거리(㎜)는 성형품을 밀어낸 ejector bar가 다음 쇼트 ejecting을 위해 복귀한 거리(㎜)로 이해하면 된다.

출되는 구조로 되어 있다.

이젝터 플레이트(ejector plate)에는 성형품을 밀어내기 위해 밀핀(ejector pin)이 꽂혀져 있으며, 밀 핀의 수와 종류 및 생김새는 성형품에 따라 다르다.

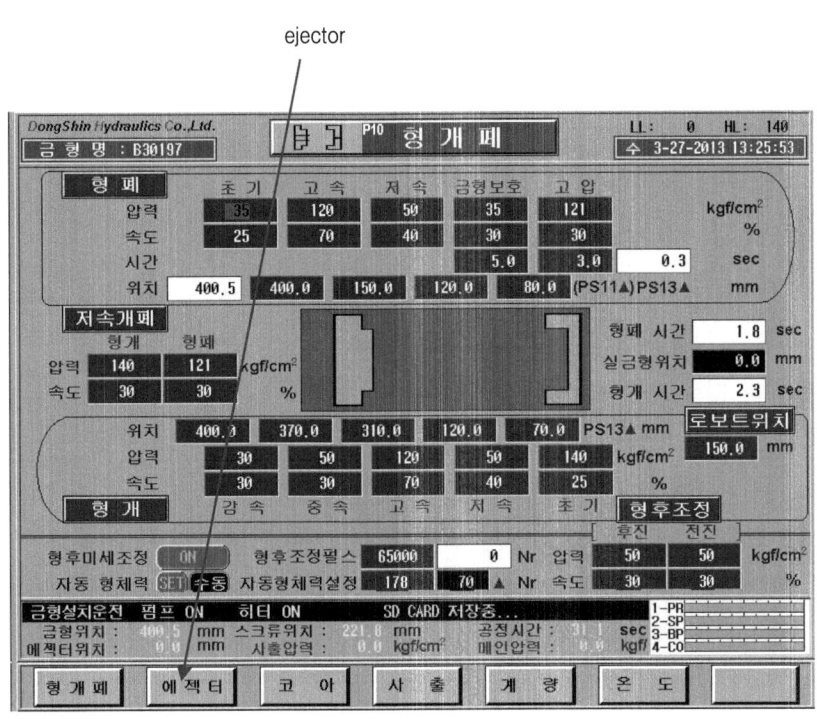

그림 6.66 ejector

금형 교환을 막 완료하고 난 후 ejector bar의 거리(mm) control 요령

이때는 이동 측 금형의 spacer block 내부를 들여다보고 감(感) 반(半), 동작 반(半)으로 잡아내야 한다. 즉, ejector bar가 움직이는 공간인 spacer block 내부를 들여다보고 수동조작으로 ejector 컨트롤을 해보면서 거리(mm)를 얼마로 해줘야 성형품이 돌출되는데 지장이 없을런지 가늠해봐야 한다는 것이다.

⇨ 이 방법은 임시방편에 불과하고, 보다 정확한 방법은 성형품을 밀어내는 과정에서 조율함이 옳다.

(2) 압과 속도

성형품이 돌출되는데 지장이 없는 힘(압)과 빠르기(속도)이면 된다.

⇨ 성형품에 백화(白化, white mark)가 발생하면 ejector 압과 속도를 낮추고 거리(mm)를 1차 100mm, 2차 102mm, 3차 104mm 등으로(조금씩 빼낸다는 기분으로) ejecting하면 좋다(ejector 기구의 다단 컨트롤 요령).

4) 건조(drying)

건조는 플라스틱에 묻어있는 습기를 제거하기 위해 말려주는 것이다. 플라스틱에 습기가 묻어 있는지 어떤지는 퍼지(purge)를 해보면 알 수 있으며, 퍼지를 했을 때 습기를 머금은 수지는 "따닥따닥" 하는 소리를 내며 다량의 연기와 함께 배출된다. 배출된 수지를 살펴보면 구멍이 빠끔빠끔 나 있는 걸 볼 수 있는데, 이 상태로 성형하면 취약한 제품이 되는 것은 말할 것도 없고 외관이 손상돼 불량이다.

⇨ 건조가 잘 된 수지는 윤기가 자르르 흐르고 때깔도 좋다. 퍼지(purge)를 시켜 나온 수지를 두 손으로 한 번 주~욱 째보시라. 쫀득쫀득한 것이 실처럼 가느다랗게 늘어질 것이다. 이런 수지로는 금방 사출시켜도 문제될 게 없다.

(1) 수지별 건조온도와 건조시간

플라스틱은 건조가 필요한 수지가 있고, 필요 없는 수지가 있다. 건조가 필요한 수지는 표 6.4와 같고, 필요 없는 수지는 PP · PE · PVC · POM · EVA 등이 있다.

⇨ 건조가 필요 없는 수지라 하더라도 건조시켜서 잘못될 일은 없다(재료 관리 미흡으로 습기가 차면 당연 건조).

표 6.4 수지별 건조온도와 건조시간

수지	건조온도	건조시간	수지	건조온도	건조시간
PC	120℃	4시간	noryl	110℃	〃
PS	80℃	1시간	PBT	110℃	〃
AS(SAN)	80℃	〃	PA	80℃	〃
ABS	80℃	〃	PMMA	80℃	〃

▶ 요약 ◀

〈쿠션 편〉

1. 쿠션(cushion)

   사출이 종료되고 스크루 선단에 남겨두는 여분의 용융수지의 양. 쿠션(cushion)은 스크루 헤드를 보호하기 위한 일종의 완충지대.

2. 쿠션(cushion) 감시

   상한(high)과 하한(low)이라고 하는 범위('허용범위'라고 한다)를 정해 실행. 매 쇼트마다 스크루는 기설정한 범위(=허용범위) 내에 존재해야 함을 필요 충족조건으로 한다.

3. 허용범위 control

   사출이 종료되고 스크루가 완전히 멈춰 서 있는 그때의 수치(mm)를 5mm라고 가정해보자. 이때 쿠션은 5mm가 되며, 이 5mm를 기준으로 상한(high)과 하한(low)이라고 하는 두 개의 서로 다른 수치(mm)를 '허용범위 제어 패널'에 설정해주는 것이 허용범위 control 요령.

4. 전자동 금형과 쿠션(cushion) 감시

   쿠션 감시(=허용범위 설정)는 전자동 금형에 있어서 없어서는 안 될 필수적 기능.

〈금형 개폐 속도 컨트롤 편〉

1. 형 개폐 속도 컨트롤(mold open/close speed control)

   금형이 열리고 닫히는 속도를 조절해 주는 것.

2. 형 폐 속도 control의 기본

   (초기)저속 → (중기)고속 → (말기)저속

▶ 요약 ◀

3. 형 개 속도 control의 기본
   저속(말기) ← 고속(중기) ← 저속(초기)

4. 금형보호(mold protection)
   금형을 보호하기 위한 기능. 금형보호는 미처 낙하하지 못한 성형품이나 이물질만 겨냥한 것이 아니라 금형에 들어있는 가이드 핀(guide pin)과 앵귤러 핀(angular pin, 경사 핀) 등 금형을 구성하고 있는 각종 구조물들을 보호하자는 데도 목적이 있다.

5. 금형보호 control
   금형이 닫히기 전 거리로 역산(逆算)해서 길게는 50mm, 짧게는 10mm 후방에서 저속·저압으로 전진시켜 형 폐되도록 컨트롤.

〈ejector 편〉

1. ejector
   금형 내의 냉각·고화된 성형품을 빼내기(돌출) 위한 기능. 압과 속도 및 거리(mm)를 금형의 구조와 성형품에 맞게 컨트롤.

2. 전자동 금형의 돌출횟수
   2회 이상이 바람직.

〈건조 편〉

1. 건조(drying)
   플라스틱에 묻어있는 습기를 제거하는 것.

2. 건조온도와 건조시간
   플라스틱에 따라 다르며, 건조기에 적정온도를 설정해줌으로써 가능.

3. 초기조건 컨트롤

처음으로 조건을 설정하려고 하면 막막하기가 이를 데 없다. 한 마디로 뜬 구름 잡기식이다. 그러나 이도 잠시, 몇 번 만지다보면 언제 그랬냐는 듯 제법 탄력이 붙기 시작한다. 노련한 자와 미숙한 자의 차이는 얼마만큼 빨리 완제품을 만들어내느냐에 달려 있다.

⇨ 금형 교환을 완료하고 나면 냉각 호스 연결과 ejector 컨트롤, 형 개폐 속도 컨트롤은 기본적으로 끝내야 한다.

(1) 성형온도 컨트롤
열(熱)을 설정할 때는 두께 관찰이 기본이다. 두께가 두꺼우면 낮게, 얇으면 높게 설정한다.

⇨ 두께가 두꺼우면 열을 낮춰줘야 하나 점도(혹은 밀도)가 높으면 유동성이 떨어지므로 열을 높여줘야 한다.

(2) 금형온도 컨트롤
초도 성형에서의 금형은 식어 있을 수밖에 없으므로 몇 쇼트를 성형해보고 나서 냉각을 시켜도 늦지 않다. 그러나 정상적으로 성형이 되어 나오는데도 냉각을 시키지 않으면 금형이 열을 받아 조건이 들쭉날쭉 하므로 주의한다.

⇨ chiller는 5℃~10℃, 온수기는 60℃~80℃ 정도로 놓고 출발한다. 온수기 가동 시는 설정온도에 도달될 때까지 금형을 닫아두는 것이 냉기(冷氣)를 차단할 수 있어 좋다.

(3) 형 개폐 속도와 ejector 컨트롤
금형을 여닫으면서 적정 개폐 속도와 거리(㎜) 및 금형보호를 설정하고, ejector를 전·후진시키면서 적정 ejector 압과 속도 및 거리(㎜)를 설정한다.

(4) 계량조건 컨트롤
sprue · runner · gate · cavity의 크기와 두께 및 수축 량 그리고 쿠션을 감안한 계량 stroke를 설정하고, 수지 특성을 감안한 계량 속도와 배압 및 흐름방지를 설정한다.

(5) 사출조건 컨트롤

사출조건은 1단 제어로 출발할 수도 있고, 2단 제어로 출발할 수도 있다. 처음부터 2단으로 출발하고자 하면 오버패킹(over packing)을 막기 위해 1차 절환 수치(㎜)를 상향 제어해서 계량완료(㎜)와의 간격을 좁혀주는 모양새(①)를 취한다.

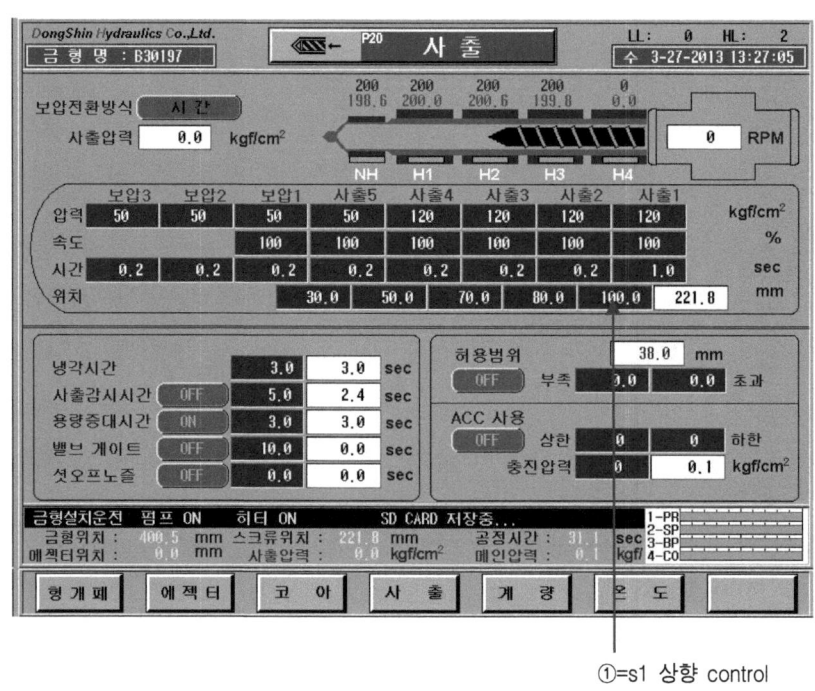

①=s1 상향 control

그림 6.67 S1 컨트롤 예

때로 1차 절환(㎜)이 아닌 계량완료(㎜)를 좁혀주는 구도(②)로 출발할 수도 있다. 이때 1차 절환(㎜)은 쿠션(량)과 보압 중 주입되는 양(수축 량, 이 양은 어디까지나 개략적인 양이다)까지 감안한 수치(이 수치는 10㎜가 될 수도 있고 15㎜(경우에 따라서는 그 이상)가 될 수도 있다)를 설정하고 의도한 대로 계량완료(㎜)를 좁혀주는 구도로 출발한다.

⇨ 1차 절환(㎜)을 10㎜(이 수치는 어디까지나 가정치이다)로 설정하면 쿠션 5㎜에 보압 중 주입 양 5㎜를 더한 값이고, 15㎜(이 수치도 마찬가지로 가정치이다)로 설정하면 쿠션(cushion) 5㎜에 보압 중 주입 양 10㎜를 더한 값이다. 보압 중 주입 양에 차이가 나는 것은 두께가 두꺼울 경우 좀 더 많은 양의 수지가 들어가 줘야 수축이 잡히지 않겠느냐는 전제가 깔려 있다.

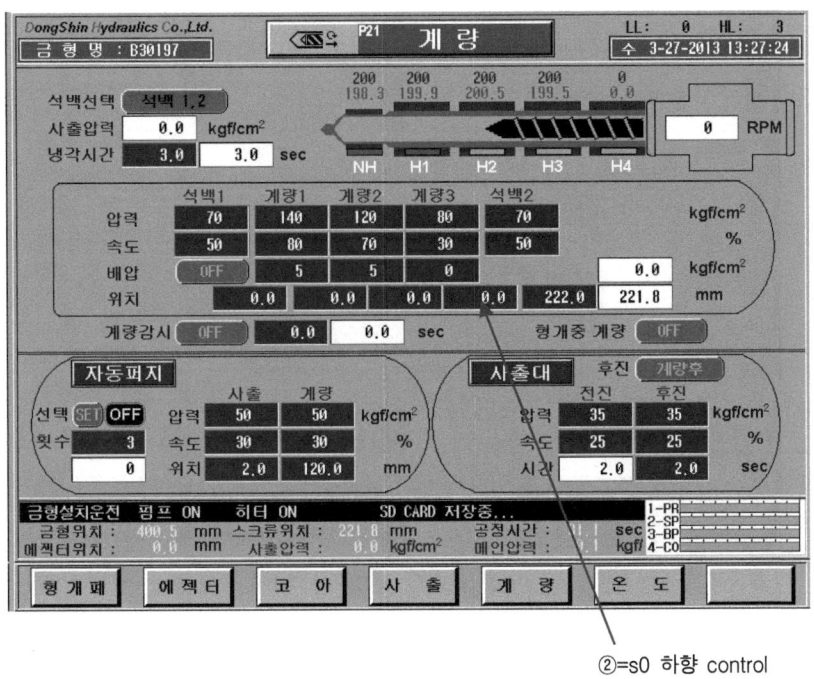

그림 6.68 S0 컨트롤 예

마지막으로, 사출 1차를 충전, 명문화된 보압을 2차로 컨트롤하는 방법(③)! 이 방법은 가장 알기 쉬운 방법으로서, 권장 1순위 방법이다.

⇨ 비록 본 방법으로 컨트롤한다 하더라도 실행에 있어서는 위 ①, ②를 가미시켜야 제대로 된 제어가 된다.

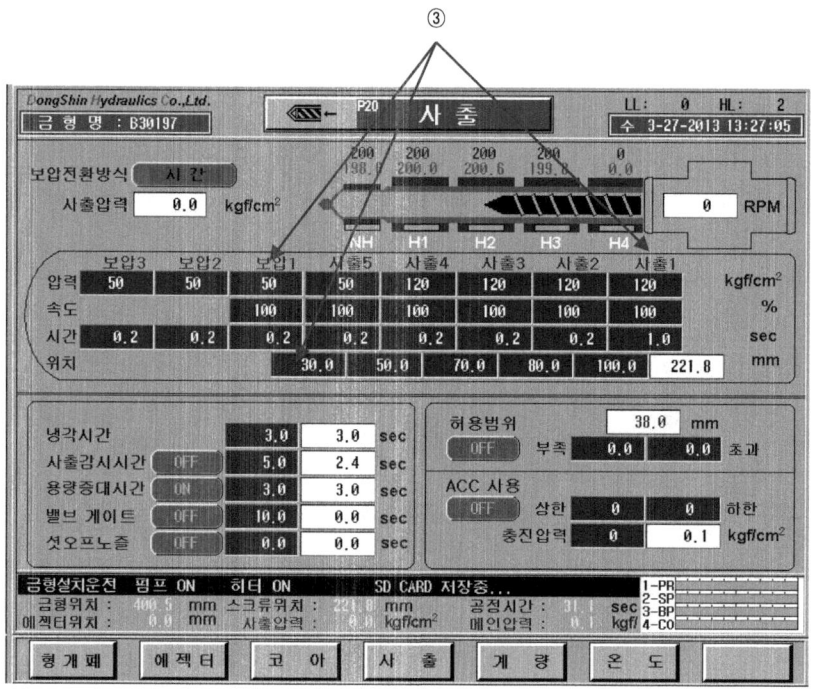

그림 6.69 사출 1차를 충전, 명문화된 보압을 2차로 컨트롤하는 방법

Point

> 사출조건은 조건 탐색을 1차로 할건지 2차로 할건지부터 결정해서 첫 shot는 미성형을 뽑는다는 전제하에 출발하는 것이 좋다(plate ejection 방식의 금형은 제외).

(6) 냉각시간 컨트롤

냉각시간은 통상 성형품의 두께를 보고 판단하나, 최종적으로는 성형되어 나오는 성형품의 성형상태 및 냉각상태를 보고 결정한다.

수동조작으로 사출과 계량을 반복 실시(purge)하여 배출되어 나오는 수지 상태를 면밀히 관찰한 뒤 이상이 없다고 판단되면 작업에 돌입한다.

⇨ 최초 작업 시는 이형제를 뿌리고 시작하는 것이 좋다(성형품이 금형에 박혀 빠져나오지 못할 경우에 대비하기 위함).

4. 방향의 원리

　방향의 원리란 이미 다 나온 조건, 다시 말해 완벽한 성형품이 성형되어 나왔을 때, 그때의 조건을 최종적으로 마무리한다는 차원에서 실시하는 소위 '조건 조이기'의 일환이다. 방향의 원리를 적용하는 목적은 다음과 같다.

① 완벽한 1cycle 구축의 필요성
　이는 생산성을 의식한 조치로서, 1 shot를 생산하는데 단 한 치의 소홀함도 없어야 한다는 뜻이다.

② 정밀성형 구현의 필요성
　위 ①을 구현하기 위한 조치로서, 각각의 조건들이 한 치의 어긋남도 없이 완벽하게 설정되어 있어야 한다는 뜻이다.

위 ①, ②를 방향의 원리로 마무리하면 비교적 완벽에 가까운 마무리가 된다.

1) 방향의 원리 적용 사례

[사출압력 "예"]

⇧⇩는 사출압력을 올리고 내리고 할 때의 '조이기 표시'

62% <현재 설정치 → 성형품 이상 없음>

⇧⇩

60%로 내림 → <성형품 이상 없음> ⇒ 권장 조건

⇧⇩

59%로 내림 → <성형품 이상 없음>

⇧⇩

58%로 내림 → <미성형 발생조짐 : weld line 선명해지기 시작>

위와 같이 컨트롤하는 것을 방향의 원리 중에서도 '상하(上下)의 원리'라 한다. 사출압력을 위 또는 아래(상, 하)로 올렸다 내렸다 하면서 조이기를 한다고 하여 그렇게 명명한 것이다. 사례는 60%가 권장조건이다(60%는 약간의 산포(散布)를 감안한 수치). 다른 조건도 이런 식으로 마무리하면 완벽에 가까운 1cycle이 구축된다.

이번에는 좌, 우로 조이기해보자. 좌, 우로 조이기하면 '좌, 우의 원리'가 되는데, 대표적인 예로 위치절환(㎜)이 있다.

2) 위치절환(㎜) 조이기(2단 제어의 예)

```
                10㎜(1차 절환(㎜))
                     |
                     |
 ·8㎜··9㎜··9.8㎜, 9.9㎜ ←    → 10.1㎜, 10.2㎜ ··· 11㎜, 12㎜··
              ←좌로 넓히기, 우로 좁히기→
                     ||             ||
                좌(左)의 원리 + 우(右)의 원리='좌우'의 원리
              ←burr 방향,    미성형 방향→
```

본 경우가 '좌우(左右)의 원리'이다. 10㎜는 현재 설정되어 있는 1차 절환(㎜) 수치를 가리키며, 1차 절환(㎜) 10㎜를 높였다 낮췄다 하면 미성형과 성형을 구분 짓는 경계선과 필연적으로 맞닥뜨리게 되는데, 그때의 그 아슬아슬한 수치가 구하고자 하는 1차 절환(㎜) 수치이다. 다른 조건도 이런 식으로 조이기하면 더 이상 손댈 곳이 없을 정도로 완벽한 마무리가 된다.

⇨ 위치절환(㎜) 조이기도 사출압력 조이기와 마찬가지로 산포(散布)를 감안, 약간은 여유를 두는 것이 좋다.

방향의 원리는 비단 조건 조이기뿐 아니라 조건의 난맥상을 풀어주는 남다른 해법도 제시한다. 이를테면, 강제후퇴 거리(㎜)(좌우(左右)의 원리에 해당)를 좌, 우로 넓혔다 좁혔다 혹은 설정 자체를 아예 없애버린다던지 하면(불량원인이 강제후퇴 거리(㎜)에 있었는지 조차도 모르고 만졌을 경우도 이치는 마찬가지) 아이러니하게도 성형품에 만족할 만한 변화가 나타날 수도 있다는 것이다.

이때 좋게 나타나는 그 때의 수치(㎜)로 고정시켜 주면 그로써 원만한 해결책이 될 수 있다는 것이 방향의 원리가 추구하고자 하는 노림수다. 다른 조건도 이런 식으로 하면 뜻밖의 수확을 거둘 경우가 많다.

⇨ 사출을 하다보면 압과 속도를 몇 % 올리거나 내리는 것을 게을리 하여 다 나온 조건을 놓쳐버리는 우(遇)를 범하는 수가 종종 있다. 이럴 때 방향의 원리로 풀었더라면 그런 실수는 하지 않았을 터인데 하는 아쉬움이 남는다.

연습문제

[성형온도 편]

01. 다음 중 성형온도 범위가 틀리게 표기된 것은?
① ABS : 250℃~170℃
② POM : 190℃~170℃
③ PP : 290℃~170℃
④ PVC : 250℃~150℃

02. 성형조건 중 가장 우선적으로 설정해줘야 될 것은 어느 것인가?
① 사출시간
② 사출압력과 사출속도
③ 성형온도
④ 금형온도

03. 성형온도를 설정할 때 기준으로 삼는 것은 다음 중 어느 것인가?
① 금형의 크기
② 사출성형기의 용량
③ 성형품의 두께
④ 게이트의 수

04. MI값이란?
① melt indexer의 줄임말로서, 밀도(密度)와 유동성과의 관계를 값으로 나타낸 것이다.
② MI값이 크면 분자량이 크고 MI값이 작으면 분자량도 작다.
③ MI값이 클수록 강도가 우수한 성형품을 얻을 수 있다.
④ MI 값이 작을수록 분자량도 작고 유동은 불량하나 강도는 우수하다.

05. 초기조건에 있어서 성형온도 설정은 어떻게 하나?
① 성형재료를 보고 설정한다.
② 성형품의 샘플을 참조하거나 금형을 들여다보고 감(感)에 의해 설정한다.
③ 성형품의 크기를 참조해서 설정한다.
④ 성형품의 두께를 보고 설정하되 두께가 두꺼우면 높게 얇으면 낮게 설정한다.

정답 1.④ 2.③ 3.③ 4.① 5.②

[계량조건 편]

01. 가소화의 3요소는?
① 배압, 흐름방지, 계량 속도
② 배압, 계량 속도, 성형온도
③ 흐름방지, 계량 속도, 성형온도
④ 배압, 계량 속도, 노즐온도

02. 다음 중 배압이 하는 작용과 거리가 먼 것은?
① 건조효과
② 가스빼기
③ 중량증가
④ 온도하강효과

03. 계량(計量)의 의미는?
① '양(量)을 단다'는 의미.
② 계량 속도의 줄임말이다.
③ 계량은 '양(量)을 단다'는 의미가 내포되어 있으며, 계량 스트로크와 사출되는 양은 정확히 일치해야 한다.
④ 별다른 의미가 없다.

04. 강제후퇴에 대한 설명 중 옳은 것은?
① 강제후퇴를 설정하면 공기가 유입된다.
② 강제후퇴를 설정하면 공기가 유입될 때도 있고 유입되지 않을 때도 있다.
③ 강제후퇴를 설정해도 공기는 유입되지 않는다.
④ 후퇴 거리(㎜)를 어떻게 설정하느냐에 따라 공기가 유입될 때도 있고 유입되지 않을 때도 있다.

05. 계량 스트로크에 대해 옳게 기술한 것은?
① 흐름방지 거리(㎜)도 포함시켜 설정한다.
② 계량 스트로크를 설정할 때는 금형을 들여다보고 감(感)에 의해 설정하거나 직전 금형과 비교해서 설정하면 좋다.
③ 쿠션은 포함하지 않아도 된다.
④ 계량 스트로크를 실제보다 길게 설정하면 burr가 터져 나온다.

정답 1.② 2.④ 3.① 4.① 5.②

[사출조건 편]

01. 성형의 원리란?
① 녹은 수지를 사출시켜 충전시키는 원리다.
② 녹은 수지를 사출시켜 미성형을 잡는 원리다.
③ 충전과 보압이 어우러져서 플라스틱 제품이 성형되어 나온다는 이치.
④ 수축을 잡는 원리다.

02. 다음 중 옳은 것은?
① 수축을 잡으려면 충전만 잘 시키면 된다.
② 모든 성형품은 사출조건이 생겨먹은 대로 다 설정해줘야 한다.
③ 1차 충전, 2차 보압은 1단 제어에만 적용되는 원리이다.
④ 사출과 보압 중 사출은 충전을, 보압은 수축을 잡기 위한 압력이다.

03. 1단 제어를 구성하고 있는 요소는?
① 계량완료와 1차 절환 및 1차압과 1차 속도
② 1차 절환과 1차압, 1차 속도
③ 1차압과 속도
④ 사출시간과 1차압, 1차 속도

04. 유지압(維持壓)이란?
① 충전이 끝나고 충전상태를 유지시켜주는 압력이다.
② 사출성형기의 유압을 정상적으로 유지시켜주는 압력이다.
③ 보압이 끝나고 게이트를 굳히는 압력이다.
④ 유지압은 게이트로부터의 역류를 막아야 하므로 높게 가하는 것이 좋다.

05. 보압에 대해 옳게 기술한 것은?
① 충전이 덜 됐을 때 미성형을 잡으면서 가하는 압력이다.
② 수축을 해소하기 위한 압력이다.
③ 수지는 유입되지 않고 성형품을 꽉 껴안고 있는 압력이다.
④ 성형품을 보호하기 위한 압력이다.

정답 1.③ 2.④ 3.④ 4.③ 5.②

[협의의 해석과 광의의 해석 편]

01. 협의의 해석이란?
① 좁은 의미에서 본 사출의 개념을 말한다.
② 좁은 의미에서 본 성형해석 기법을 말한다.
③ 해석을 할 때는 협의를 거쳐서 하라는 뜻이다.
④ 사출조건을 설정할 때는 가급적 좁게 설정하라는 의미다.

02. 광의의 해석이란?
① 넓은 의미에서 본 성형해석 기법을 말한다.
② 성형해석을 할 때는 넓게 하라는 뜻이다.
③ 넓은 의미에서 본 사출의 개념을 말한다.
④ 성형온도를 제어할 때 적용하는 컨트롤개념이다.

03. 1단 제어만으로 사출조건을 종결시켜서는 안 되는 이유 중 틀린 것은?
① 압축응력의 증가　　　　　　　　② 성형기와 금형에 무리
③ 잔류응력의 증가　　　　　　　　④ 성형온도 상승

04. 잔류응력이란?
① 연속성형으로 인한 금형의 피로도.
② 용융수지가 cavity를 채우는 과정에서 발생한 응력(應力)이 소멸되지 않고 성형품에 남아 있는 것.
③ 사출압력을 가하고 난 뒤 스크루에 남아있는 응력
④ 성형품에 잔류해있는 응력을 말하며, 높은 압과 빠른 속도로 충전하면 제거된다.

05. 압축응력이란?
① 충전될 때 발생하는 응력　　　　② 배압을 가할 때 발생하는 응력
③ 트랜스퍼 성형을 할 때 발생하는 응력　④ 보압을 가할 때 발생하는 응력

정답　1.①　2.③　3.④　4.②　5.④

[압과 속도 편]

01. 사출압력에 대해 옳게 기술한 것은?
　① 사출압력은 높을수록 좋다.
　② 사출압력을 높이려면 열을 올려야 한다.
　③ 녹은 수지를 금형 속으로 밀어 넣는 힘이다.
　④ 사출압력이 낮으면 burr가 발생된다.

02. 초도 성형에 있어서 사출압력은 어떻게 설정하는 것이 좋은가?
　① 50% 이하로 설정해서 출발하는 것이 좋다.
　② 70%가 적당하다.
　③ 일단 미성형부터 잡아야 하므로 되도록 높게 설정한다.
　④ 열을 높이고 압을 낮춰 출발하는 것이 유리하다.

03. 두께가 두꺼울 경우 사출압력은?
　① 열을 높이고 압은 낮춘다.
　② 수축을 잡아야 하므로 처음부터 높여주지 않으면 안 된다.
　③ 열을 낮추고 압은 높이되 처음부터 높여주지 않으면 수축이 잡히지 않는다.
　④ 충전압력은 낮추고 보압은 다소 높여 수축을 제압한다.

04. 성형온도와 사출압력과의 관계를 옳게 기술한 것은?
　① 온도를 높이면 압은 낮춰주는 것이 순리다.
　② 압을 높이면 온도도 덩달아 높아진다.
　③ 압을 낮추려면 반드시 온도부터 낮춰줘야 한다.
　④ 성형온도와 사출압력은 연관성이 없다.

05. 금형온도와 사출압력과의 관계를 옳게 기술한 것은?
　① 금형온도를 높이면 사출압력도 당연히 높여야 한다.
　② 금형온도를 낮추면 사출압력도 낮춰야 한다.
　③ 금형이 뜨거워지면 사출압력을 낮춰줄 수 있다.
　④ 금형온도와 사출압력은 특별한 관계가 없다.

06. 사출속도에 대해 맞게 기술한 것은?
  ① 사출속도는 이유여하를 불문하고 빨라야 한다.
  ② jetting은 사출속도가 느려서 생긴 현상이므로 빠르게 해서 제압한다.
  ③ 사출속도가 빨라서 생긴 불량이 아닌 한 되도록 빠르게 하는 것이 좋다.
  ④ 사출속도는 될 수 있으면 느리게 해야 불량이 생기지 않는다.

07. weld line에 가스가 차나오면 어떻게 해야 하나?
  ① 속도를 빠르게 한다.
  ② 열을 올리고 압과 속도를 높여 충전시킨다.
  ③ 속도를 느리게 한다.
  ④ 속도와는 상관이 없으므로 압을 낮춘다.

08. 사출속도의 주된 용도는?
  ① 가스빼기   ② 미성형 해소
  ③ 성형품의 외관불량 해소   ④ 수축제압

09. 압과 속도와의 관계를 옳게 기술한 것은?
  ① 압을 높이면 속도도 반드시 높여줘야 한다.
  ② 압을 높이면 속도를 낮춰줘야 한다.
  ③ 압과 속도는 실과 바늘의 관계이다.
  ④ 압과 속도는 구조상 다르게 제어할 수 없다.

10. 초도 성형에 있어서의 사출속도는?
  ① 10%로 출발하는 것이 좋다.
  ② 80%로 출발하는 것이 좋다.
  ③ 50% 이하로 출발하는 것이 좋다.
  ④ 아무렇게나 출발해도 상관없다.

정답 1.③ 2.① 3.④ 4.① 5.③ 6.③ 7.③ 8.③ 9.③ 10.③

[보압과 보압속도 편]

01. 수축을 제압하기 위해 옳게 제어한 것은?
① 충전압력을 높이고 보압을 낮췄다.
② 보압을 낮추는 대신 보압속도를 높였다.
③ 보압을 높이고 보압속도를 낮춰주었다.
④ 냉각시간을 길게 줬다.

02. 충전과 보압을 옳게 제어한 것은?
① 충전은 압 위주로, 보압은 압과 속도를 적절히 제어하였다.
② 사출 1차는 충전, 2차는 보압, 3차는 다시 충전으로 제어하였다.
③ 특별한 구분 없이 1차로만 제어하였다.
④ 충전은 속도(速度) 위주, 보압은 압 위주로 제어하였다.

03. 4단 제어 성형기에 있어서 가장 옳은 제어방법은?
① 전부 다 제어하되 1차에서 3차까지는 충전, 4차는 보압으로 제어하였다.
② 3차까지만 제어하되 1차에서 2차까지는 충전, 3차는 유지압으로 제어하였다.
③ 1단 제어만 가동한다.
④ 2단 제어까지 채택하되 사출 1차는 낮은 조건 사출 2차는 높은 조건을 구사한다.

04. 하나의 압력이 수 개의 속도를 거느리고 있을 때 수축 제어요령을 가장 옳게 기술한 것은?
① 압은 미성형을, 속도는 수축을 제압하는 구도로 조합한다.
② 사출시간을 길게 해서 제압한다.
③ 수축은 압 위주로 제어하는 것이 좋으므로 보압(명문화된 보압)에서 제압한다.
④ 보압시간을 길게 해서 제압한다.

05. 유지압이란?
① 수축을 잡는데 없어서는 안 될 압력이다.
② 유지를 시켜주는 압력이란 뜻이다.
③ 압력을 유지하면서 서서히 수축을 잡는다고 하여 붙여놓은 명칭이다.
④ 압력만 유지하고 속도는 따로 제어하는 것이 특징이다.

06. 명문화된 보압과 명문화되지 않은 보압이란?

① 명문화된 보압은 수축을 잡을 때 쓰는 것이고, 명문화되지 않은 보압은 개념상의 보압으로서 수축제압보단 충전성향이 강한 보압이다.
② 명문화된 보압은 진짜 보압을 말하는 것이고, 명문화되지 않은 보압은 추상적인 개념을 가진 가짜 보압을 말하는 것이다.
③ 개념상(명문화되지 않은) 보압과 보압이라고 표기된(명문화된) 보압을 가리키는 말이다.
④ 별다른 의미가 없는 말이다.

07. 다음은 D사 성형기의 사출조건 제어패널을 나타낸 것이다. 만약 사출(충전+보압)단계가 아닌 보압단계(명문화된 보압단계)에서 수축을 잡으려고 한다면 A, B, C 중 어느 것을 제어하는 것이 옳을까?

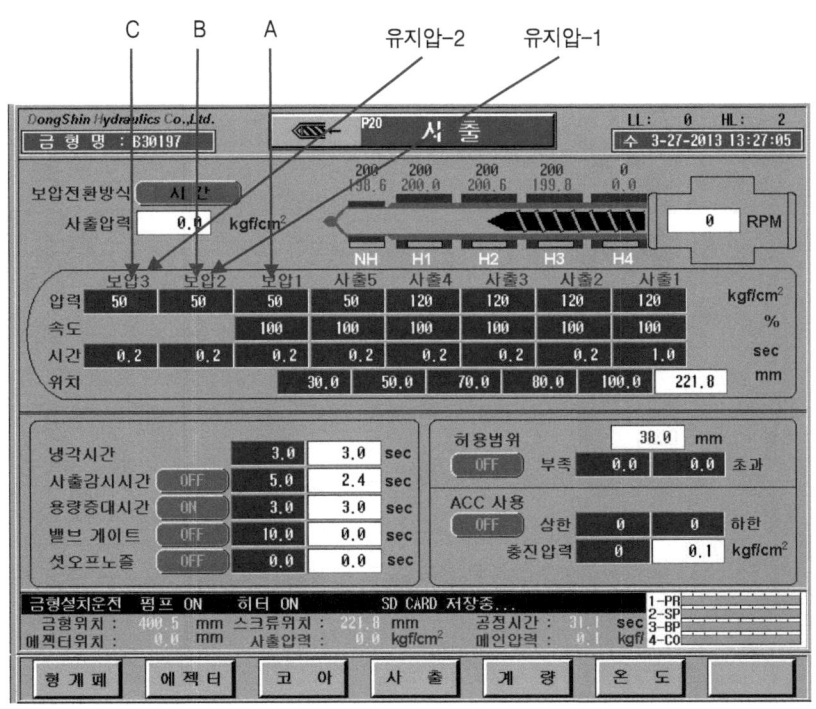

① A　　　　　　　　　　　　② B
③ C　　　　　　　　　　　　④ 셋 중 아무거나 제어해도 된다.

08. 07번 문항의 그림에서 유지압-1이 하는 역할은?
① 수축해소에 결정적 역할
② gate seal용
③ 사출기 무리방지용
④ 경우에 따라서 gate seal용도 될 수 있고 사출기 무리방지용으로 활용할 수도 있다.

09. 07번 문항의 그림에서 유지압-2가 하는 역할은?
① gate seal용
② 사출기 무리방지용
③ 경우에 따라서 gate seal용도 될 수 있고 사출기 무리방지용으로 활용할 수도 있다.
④ 특별한 역할이 없다.

10. 다음 중 옳은 것은?
① 수축을 잡으려면 금형온도를 낮춰야 한다.
② 수축을 잡으려면 성형온도를 높여야 한다.
③ 수축을 잡으려면 다른 건 필요 없고 보압만 높이면 된다.
④ 수축을 싱크마크라 함은 표면이 가라앉기 때문이다.

정답 1.③ 2.④ 3.① 4.③ 5.② 6.③ 7.① 8.④ 9.② 10.④

[위치절환 편]

01. 위치절환이란?
① 사출에서 계량으로 전환될 때의 위치를 말한다.
② 사출이 끝나고 쿠션으로 전환될 때의 위치를 말한다.
③ 사출이 끝나고 냉각으로 전환될 때의 위치를 말한다.
④ 각각의 단계별로 조건이 차질 없이 이행될 수 있도록 절환하는 역할을 하는 기능이다.

02. 다단제어 성형기의 존립목적과 가장 밀접한 기능은?
① 사출압력　　　　　　　　② 배압
③ 위치절환　　　　　　　　④ 스크루 포지션

03. 위치절환을 성형기에 넣어둔 이유는 무엇인가?
① 거리(㎜)를 설정하지 않으면 작업이 안 되니까
② 압과 속도를 높이고 싶어서
③ 압과 속도를 낮추고 싶어서
④ 서로 다른 압과 속도로 변환시켜가며 자유자재로 제어하겠다는 취지

04. 2단 제어로 했을 때 1차 절환의 설정목적을 가장 잘 설명한 것은?
① 충전과 보압의 경계일 뿐 다른 의미는 없다.
② 사출 1차에서 2차로 넘기는 역할 외에 다른 의미는 없다.
③ 충전과 보압의 경계를 명확히 함으로써 무리한 사출압력의 상승을 막아 성형기와 금형을 보호하고 잔류응력의 경감에 기여하기 위함.
④ 2차압을 높여 수축을 잡기 위함이다.

05. 다음 중 1차 절환 제어요령에 대해 옳게 기술한 것은?
① 계량완료와의 거리를 최대한 단축시키기 위해 하향 제어한다.
② 계량완료와의 거리를 늘리기 위해 상향 제어한다.
③ 1차압이 높고 2차압이 낮을 때 1차 절환을 상향제어하면 미성형이 잡힌다.
④ 스크루 포지션 상에서 목격한 충전과 보압의 경계선이 될 만한 그 때의 수치를 입력시켜준다.

정답　1.④　2.③　3.④　4.③　5.④

[스크루 포지션 편]

01. 스크루 포지션이란?
① 스크루가 어디에 위치해 있는가를 나타내는 것으로서 금형이 열릴 때 보여주는 기능이다.
② 스크루가 어디에 위치해 있는가를 나타내는 것으로서 금형이 닫힐 때 보여주는 기능이다.
③ 가열실린더 내 스크루가 어디쯤 위치해 있는가를 보여주는 것으로서, 디스플레이(display) 기능의 일종이다.
④ 사출될 때 낮은 수치에서 높은 수치로 이동하며 수지가 주입되는 모양새를 있는 그대로 보여주는 일종의 디스플레이(display) 기능이다.

02. 스크루 포지션은 언제 작동되는가?
① 냉각될 때 작동된다.
② 사출될 때만 작동된다.
③ 계량될 때만 작동된다.
④ 사출 시와 계량 시에 작동된다.

03. 스크루 포지션을 보는 요령에 대해 옳게 기술한 것은?
① 성형의 원리에 기초해서 봐야 하며 흐름이 빠를 때가 충전, 느릴 때가 보압이다.
② 움직임이 빠르므로 빨리 봐야 하며 처음부터 끝까지 빠르게 움직이는 것이 좋다.
③ 움직임이 없으면 미성형이 발생한 것이다.
④ 움직임이 빠르면 burr가 발생할 우려가 있고 움직임이 느리면 수축된다.

04. 사출성형기에 스크루 포지션이 없으면 어떤 일이 벌어지는가?
① 없어도 상관없으나 사출압력이 많이 먹히는 것이 단점이다.
② 성형품의 품질이 떨어진다.
③ 금형이 열리지 않는 수가 있다.
④ 조건이 제대로 먹혀들고 있는지 어떤지 종잡을 수 없게 된다.

05. 사출조건을 제어할 때 사출 1차를 의도적으로 느리게 했는데도 충전으로 봐야 하나?

① 충전으로 봐야 한다.

② 느리게 움직이므로 보압으로 봐야 한다.

③ 보는 관점에 따라 충전도 될 수 있고 보압도 될 수 있다.

④ 느리게 했을 때는 보압, 이후는 충전이다.

정답 1.③ 2.④ 3.① 4.④ 5.①

[사출시간과 보압시간 편]

01. 성형기 메이커에 따라서는 사출시간만 있는 것도 있고, 사출시간 따로 보압시간 따로 된 것도 있다. 이럴 때는 어떻게 제어해야 하는가?
① 수축을 잡으려면 반드시 보압시간을 제어해야 한다.
② 어떤 식으로 되어있건 성형의 원리인 충전과 보압으로 풀어야 목적에 부합되는 제어가 가능하다.
③ 사출시간만 있는 것은 충전만 제어하고 보압시간이 있는 것은 보압만 제어한다.
④ 사출시간만 있는 것은 수축을 잡을 수가 없다.

02. 사출시간은 무엇을 참조하여 설정하나?
① sprue와 runner 및 gate를 참조하여 설정한다.
② 성형품의 두께를 보고 설정한다.
③ 게이트 실을 고려한 게이트의 두께와 형상 그리고 성형품의 두께 및 크기를 고려해서 설정한다.
④ 스크루 포지션을 보고 설정하되, 쇼트 수와 관계가 깊으므로 10초를 넘겨서는 안 된다.

03. 초도 성형에 있어서의 사출시간은 통상 성형품의 샘플(sample)을 참조하거나 cavity를 들여다보고 판단하는데 그 이유는 무엇인가?
① gate의 위치를 파악하고자 함이다.
② runner의 위치를 파악하고자 함이다.
③ cavity에 이물질이 없는가를 파악하기 위함이다.
④ 성형품의 크기와 두께를 가늠해보기 위한 것이다.

04. 보압시간이란?
① 보압시간은 수축을 잡는 시간으로서, 길게 줄수록 완벽하게 잡혀 나온다.
② 성형의 원리인 충전과 보압 중, 보압을 가하는 시간이다. 보압시간은 게이트 실과 직접 연관된 시간이자 사출조건을 총체적으로 마무리짓는 시간이다.
③ 사출시간 따로, 보압시간 따로 되어 있으면 수축은 반드시 보압시간을 제어해야 잡혀 나온다.
④ 성형품의 크기가 크면 보압시간도 덩달아 길어진다.

05. 사출 타이머가 하나밖에 없을 경우 보압시간은 어떻게 설정하는가?

① 타이머가 하나밖에 없으면 충전만 되므로 수축이 잡히지 않는다.

② 타이머를 빌려와서 보압시간을 설정한다.

③ 충전만 1차 타이머로 시키고 수축은 열을 낮추고 냉각시간을 길게 해서 제압한다.

④ 타이머가 하나밖에 없을 경우라도 보압시간까지 다 들어가 있는 것으로 간주해서 설정한다.

정답 1.② 2.③ 3.④ 4.② 5.④

[냉각시간 편]

01. 두께가 두꺼우면 냉각시간을 어떻게 설정해야 하나?
① 짧게 설정한다.
② 20초 정도로 설정한다.
③ 처음 몇 쇼트는 길게 설정하고 금형이 열을 받으면 짧게 설정한다.
④ 길게 설정한다.

02. 크기는 냉각시간과 관계가 있는가?
① 있다. ② 없다.
③ 있을 때도 있고 없을 때도 있다. ④ 잘 모르겠다.

03. 냉각시간을 옳게 설명한 것은?
① 사출기를 냉각시키는 시간이다.
② 사출시간이 길면 냉각시간도 따라서 길어진다.
③ 금형 내에 머물고 있는 성형품의 고화(固化)를 담당하는 시간이다.
④ 크기가 크면 길게, 작으면 짧게 설정한다.

04. 냉각시간을 0.1초만 당겨도 조건 전반에 미치는 파급효과는?
① 금형온도 하락효과 ② 성형온도 하락효과
③ 사출압력의 자연 상승효과 초래 ④ 미성형이 발생한다.

05. 냉각시간이 성형 사이클에 기여하는 비중은 어느 정도인가?
① 성형공정의 50%를 냉각시간이 차지한다.
② 성형공정의 70%이상을 냉각시간이 차지한다.
③ 크게 영향을 미치지 못한다.
④ 냉각시간을 당기면 품질이 좋아진다.

정답 1.④ 2.② 3.③ 4.③ 5.②

[금형온도 컨트롤 편]

01. PC 성형에 있어서 틀리게 기술한 것은?
① 고점도 수지이므로 유동성을 개선할 수 있는 조건 컨트롤이 유용하다.
② 높은 성형온도를 가지며 플로마크가 잘 생긴다.
③ 반드시 온유기를 써야 한다.
④ PC는 내마모성 스크루 실린더를 사용하는 것이 경제적으로 유리하다.

02. chiller를 사용할 때 출발온도는?
① 20℃에서 출발한다.   ② 0℃에서 출발한다.
③ 5℃~10℃ 정도로 놓고 출발한다.   ④ 최대한 낮게 설정한다.

03. 온수기를 사용할 때 출발온도는?
① 30℃에서 출발한다.   ② 90℃에서 출발한다.
③ 60℃~80℃에서 출발한다.   ④ 최대한 높게 설정한다.

04. 온수기와 온유기의 차이점은?
① 별다른 차이가 없다.
② 온수기는 90℃가 한계온도이다.
③ 온유기는 온수기에 비해 가격이 싸고 100℃ 이상 설정도 가능하여 유지면에서 유리하다.
④ 온수기는 물을 사용하고 온유기는 기름을 사용하는 것이 차이다.

05. 일반냉각과 chiller의 차이점은?
① chiller보다 일반냉각이 냉각효과가 훨씬 뛰어나다.
② 일반냉각은 금형온도를 안정적으로 유지하기가 어려우나, chiller는 안정적인 관리가 가능하다.
③ 하절기에는 일반냉각을, 동절기에는 chiller를 사용하는 것이 좋다.
④ 별 차이가 없다.

정답 1.③ 2.③ 3.③ 4.④ 5.②

[쿠션 편]

01. 잔량과 쿠션의 차이점은?
　① 서로 다른 말이다.　　　　　② 연관이 없다.
　③ 같은 의미를 가진 말이다.　　④ 잘 모르겠다.

02. 쿠션은 얼마를 남기는 것이 좋은가?
　① 많이 남길수록 좋다.　　　　② 5mm정도
　③ 15mm정도　　　　　　　　 ④ 0mm

03. 쿠션에 대해 바르게 기술한 것은?
　① 쿠션은 성형조건과 매우 밀접한 관계를 가진다.
　② 쿠션을 남기지 않으면 경보가 울려 작업이 안 된다.
　③ 쿠션은 곧 잔량을 말하며 잔량은 많이 남길수록 좋다.
　④ 사출이 종료되고 스크루 선단에 남아있는 여분의 잔여 수지의 양을 말하며, 이 양이 완충 역할(쿠션작용)을 한다고 하여 쿠션이라고 한다.

04. 허용범위란?
　① 사출될 때 수지가 새지 못하도록 하는 기능
　② 쿠션을 감시하기 위해 상한(high)과 하한(low)이라고 하는 두 개의 범위를 정하는 것을 허용범위라고 한다.
　③ 쿠션을 설정하기 위해 임의로 정해놓은 두 개의 범위.
　④ 사출될 때 스크루가 범위를 벗어나야 부저가 울리지 않는다.

05. 쿠션이 5mm라고 가정했을 때 다음 중 상한(high)과 하한(low)을 가장 적절히 설정한 것은?
　① low 2mm, high 10mm　　② low 4mm, high 6mm
　③ low 0mm, high 6mm　　 ④ low 4mm, high 10mm

정답　1.③　2.②　3.④　4.②　5.②

[금형 개폐 속도 컨트롤 편]

01. 다음 중 금형보호 기능에 대해 가장 잘 설명한 것은?
① 금형이 성형기에서 떨어지는 것을 막기 위한 기능이다.
② 금형이 합쳐지기 전 최대한 먼 거리에서 서서히 전진시켜야 효과를 본다.
③ 금형보호 기능을 사용하면 형 폐 속도가 너무 느려 성형기에 무리가 따른다.
④ 미처 낙하하지 못한 성형품이나 이물질로부터 금형을 보호하기 위한 기능

02. 형 폐 시 속도 제어 패턴을 바르게 나타낸 것은?
① 고속 → 저속 → 중속
② 저속 → 고속 → 저속
③ 고속 → 중속 → 저속
④ 저속 → 고속 → 중속

03. 형 개 시 속도 제어 패턴을 바르게 나타낸 것은?
① 고속 ← 중속 ← 저속
② 저속 ← 중속 ← 고속
③ 저속 ← 고속 ← 저속
④ 중속 ← 저속 ← 고속

04. 다음 중 슬라이드 금형에 있어서 앵귤러 핀(angular pin, 경사 핀)이 부러지는 이유에 대해 기술한 내용 중 틀린 것은?
① 슬라이드가 매우 빡빡하게 작동한다.
② 앵귤러 핀(angular pin, 경사 핀)과 슬라이드의 결합각도가 약간 어긋나 있는 것 같다.
③ 앵귤러 핀(angular pin, 경사 핀)과 슬라이드가 결합하기 전 형 폐 속도가 지나치게 빠르다.
④ 앵귤러 핀(angular pin, 경사 핀)에 그리스가 도포되어 있다.

05. 금형보호 설정요령에 대해 옳게 기술한 것은?

① 금형이 닫히기 전 거리로 역산(逆算)해서 길게는 50㎜, 짧게는 10㎜ 후방에서 저속으로 형 폐시킨다.

② 초기는 저속, 중기는 고속, 말기는 중속으로 유지하면서 금형이 닫히기 전 5㎜ 후방에서 저속 형 폐

③ 상측의 가이드 핀과 합체하는 단계에서부터 저속으로 유지하는 것이 좋다.

④ 금형이 닫히기 전 거리로 역산(逆算)해서 10㎜ 후방에서 중속으로 형 폐시켜 형 폐 완료까지 도달

정답 1.④ 2.② 3.③ 4.④ 5.①

[ejector 편]

01. ejector는 무엇을 하기 위한 도구인가?
① 사출하는 도구
② 가열실린더 내 스크루에 들어가는 부품 이름
③ 금형 내에 머물고 있는 냉각·고화된 성형품을 돌출시키기 위한 도구
④ 성형품이 금형으로부터 돌출될 때 바닥에 떨어지지 않도록 받쳐주는 도구

02. 다음 중 ejector 도구가 아닌 것은?
① ejector plate
② ejector pin
③ guide pin
④ sprue lock pin

03. 전자동 금형에 있어서 돌출횟수는 최소 몇 회가 바람직한가?
① 1회
② 2회
③ 3회
④ 4회

04. 반 자동 금형에 있어서 돌출횟수는 최소 몇 회가 바람직한가?
① 1회
② 2회
③ 3회
④ 4회

05. ejector 압과 속도를 낮추면 백화(白化)를 방지할 수 있나?
① 그렇다.
② 그렇지 않다.
③ 전혀 영향이 없다고는 볼 수 없으나 100% 방지는 불가능하다.
④ 잘 모르겠다.

정답 1.③ 2.③ 3.② 4.① 5.③

[건조 편]

01. ABS 수지의 건조온도는?
① 50℃   ② 60℃
③ 120℃   ④ 80℃

02. PMMA 수지의 건조온도는?
① 80℃   ② 60℃
③ 125℃   ④ 50℃

03. 다음 중 건조가 필요 없는 수지는?
① PC   ② ABS
③ POM   ④ PA

04. 건조 상태를 확인할 수 있는 가장 좋은 방법은?
① 수지를 배출시켰을 때, 건조가 잘 된 수지는 윤기가 자르르 흐르고 때깔이 좋다.
② 펠릿(pellet)을 보면 안다.
③ 수지를 손으로 만져보면 따뜻하다는 느낌이 온다.
④ 어떤 경우든 성형을 해보지 않고는 알 방도가 없다.

05. 다음 중 부적절한 것은?
① 건조를 시키면 예열효과도 볼 수 있어 나쁘지 않다.
② 건조가 필요 없는 수지라고 하더라도 건조시켜서 잘못될 것은 없다.
③ 재료관리 미흡으로 습기가 차면 당연히 건조시켜야 한다.
④ PP는 건조가 필요 없는 수지이므로 이유여하를 불문하고 건조시켜서는 안 된다.

정답 1.④ 2.① 3.③ 4.① 5.④

07 트러블과 대책

1. 서론

2. 트러블과 대책

트러블과 대책

1. 서론

    트러블을 대할 때는 모든 가능성을 열어놓고 따져 봐야 한다. 조건을 잘못 설정해서 그런 것은 아닌지, 성형기에 문제가 있어서 그런 것은 아닌지, 금형이 잘못된 것은 아닌지, 재료에 결함은 없는지 등 총체적으로 따져봐야 한다는 것이다.

 **Note**

사출은 풍부한 상상력과 날카로운 직관력 및 분석력을 요하는 기술이다. 그러므로 트러블을 대할 때는 상당한 논리성을 가지고 접근해야 한다.

    대개의 경우 이것저것 닥치는 대로 만지다가 망쳐 놓는 경우가 허다하다. 당황하다보니까 일을 어렵게 만든 케이스라 할 수 있다. 어디 서두른다고 될 일인가. 서두르면 서두를수록 문제를 해결하긴 고사하고 무엇이 잘못된 건지 알 수 없는 형국도 생긴다.

    사출은 하면 할수록 어려운 점도 많지만 일면 재미있는 점도 많다. 이렇게 해서 안 되면 저렇게도 해보고, 저렇게 해서 안 되면 요렇게도 해보고. 한 마디로, 시도해볼 수 있는 것들이 산적해 있다. 중요한 건, 포기해서는 안 된다는 것이다. 해볼 수 있는 것들이 많은데 왜 포기한단 말인가.

    때로 조건과는 상관이 없는 경우를 가지고 팬시리 조건이 잡혀 나오지 않는다고 끙끙 앓다시피 하는 경우도 본다. 이 경우는 금형을 수정시킨다거나 플라스틱 재료를 교환해 보는 것도 괜찮은 방법이 될 수 있겠으나, 무엇보다 사출조건 제어구조를 잘못 해석해서 그런 경우도 비일비재하다.

2. 트러블과 대책

2.1 미성형(short shot)

성형이 덜 된 상태를 말한다. 주로, 보스(boss)나 리브(rib)의 말단 부위를 비롯, 성형의 막바지 단계인 weld line 쪽에 많이 나타난다.

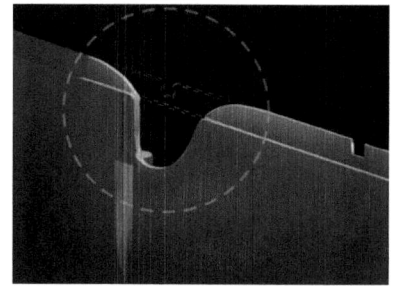

그림 7.1 short shot

1) Part별 원인 및 대책

(1) 성형조건

① 사출압력이 낮다.

사출압력이 낮다는 말은, 스크루가 용융수지를 밀어내는 힘이 부족하다는 뜻이다. 압(壓)을 올리되 무리하게 올리는 것은 피해야 한다. 미성형의 크기가 작으면 속도를 빠르게 해도 제압된다. 미성형의 크기가 크면 압과 속도의 상승폭도 덩달아 커질 수밖에 없으며, 어떤 때는 압과 속도를 웬만큼 올려도 잡히지 않을 때가 있다. 이때는 열(熱)이 낮거나 금형온도가 낮음이 원인이다.

⇨ 미성형의 크기가 크면 압과 속도로만 해결하려 들지 말고 열(熱)을 높이거나 금형온도를 높이는 등의 조치를 취해야 한다. 압이 제자리에 가 있지 않으면 속도가 제구실을 못하듯이, 열(熱)이 제자리에 가 있지 않으면 조건 전반이 제구실을 못한다. 이렇게 해도 안 되면 유동성이 좋은 재료로 교체하거나 금형 수정을 심각히 고민해봐야 한다.

> **Note**
>
> 조건을 제어하는 데는 순서가 있게 마련이며, 이를 무시하고 마구잡이식으로 만져서는 곤란하다. 원하는 부위를 정확하게 찾아가는 능력이 생길 때 어느 날 갑자기 사출이 보인다.

② 양(量)이 부족하다.

이 경우는 양(量, 계량 량)이 근본적으로 부족할 경우이다. 양이 부족한데 압과 속도를 아무리 높인다한들 무슨 소용이 있겠는가.

⇨ 계량 량의 적정성 여부는 스크루 포지션(screw position)을 보고 판단한다. 사출이 개시되면 스크루 포지션상의 디지털 수치는 높은 수치에서 낮은 수치로 빠르게 이동한다. 이때, 0㎜까지 도달했는데도 미성형이면 계량 량 부족이 원인이다.

③ 절환 거리(㎜)가 맞지 않다.

절환 거리(㎜)는 충전 시의 사출 스트로크(stroke)를 의미한다. 미성형은 성형이 덜 된 상태를 말하는 것이므로, 충전 시의 스트로크(stroke)가 짧으면 비록 계량 량이 충분하다고 하더라도 미성형이 될 수밖에 없다.

⇨ 2단 제어에 있어서의 미성형은 1차 절환(㎜) 수치를 하향 제어하면 이변이 없는 한 잡혀 나온다.

④ 가소화가 불충분하다.

가소화가 불충분해도 미성형이다. 가소화가 잘됐는지 여부는 사출을 시켜보면 알 수 있으며, 사출을 시켰을 때 매끄럽고 윤기가 흐르는 수지가 배출되어 나오면 일단은 합격이다.

⇨ 원료 믹싱의 3요소(=가소화의 3요소) 중 용융수지의 유동성에 가장 큰 영향을 미치는 인자는 성형 온도이며, 계량 속도와 배압은 혼련(混鍊, mixing)이 잘 될 수 있도록 지원하는 역할을 한다. 효과적인 가소화 control은 적정온도 및 적정 배압을 찾아 수지 특성을 감안한 계량 속도로 스크루 회전을 독려하는데 달려있다.

Note

조건을 제어하다보면 들쭉날쭉 하는 경향을 보일 때가 있다. 이때는 열을 의심해봐야 한다. 열이 제자리에 가있지 않으면 조건전반이 갈팡질팡하는 모양새를 띨 경우가 많기 때문이다.

배압(背壓, back pressure)을 높이면 weld line이 타버리는 현상(burn 현상)이 잡혀 나오기도 하고, 미세한 미성형이 잡혀 나오기도 하며, 수축이 잡혀 나오기도 하는 등 긍정적인 현상이 자주 목격된다.

⇨ 배압(背壓)은 성형기술상 유용하게 쓰이는 기능이다.

사출용량이 약간 부족한 성형기에 금형을 걸어 성형을 시켜내려면 배압을 높여줘도 효과를 본다. 배압을 높이면 charge stroke(계량 스트로크)는 변동이 없어도 밀도(密度)가 높아지는 효과가 있어 성형을 이끌어낸다. weld line 부위의 미성형이 잡혀 나오는 것이나 수축이 잡혀 나오는 이치는 밀도(密度)가 높아져서 얻어진 결과물이다.

성형기의 가동을 멈췄다가 다시 가동하면 미성형(금형온도 하락으로 인한 미성형)이 다량 발생한다. 가동을 멈춘 시간에 비례해서 미성형 발생 폭도 단연 커진다. 이때는 계량완료(경우에 따라서는 사출압력)를 예상되는 미성형의 크기만큼 길게(사출압력의 경우 높게) 해서 출발하면 loss를 상당부분 억제할 수 있다.

⇨ 금형온도가 정상작업 때의 온도를 회복하는 동안 계량완료(혹은 사출압력)도 서서히 원래 수치로 환원시켜줘야 그렇지 않으면 burr가 터져 나온다.

〈사출조건 제어〉

• 사례-Ⅰ

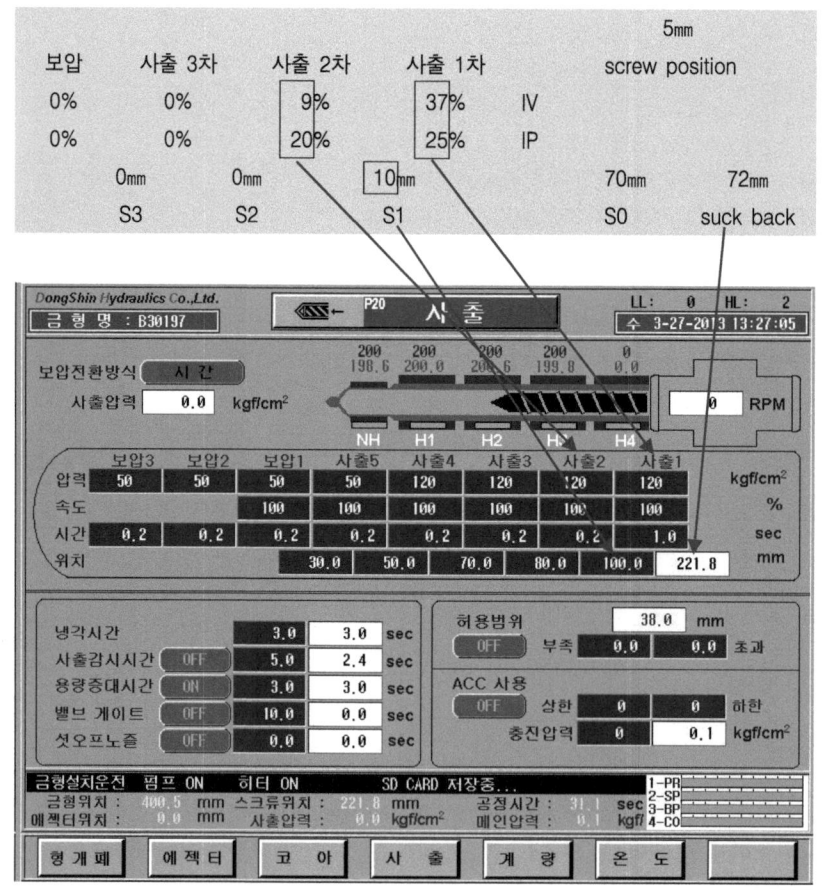

사례는 4단 중 2단까지만 제어하였다. 사용하지 않는 조건은 압, 속도 공히 0%로, 거리(㎜)도 1차 절환을 제외한 나머지는 0㎜로 하였다.

⇨ 사용하지 않는 조건은 거리(㎜)만 설정해주지 않으면 먹혀들지 않으므로 굳이 0%로 하지 않아도 된다. 사출 1차 조건에 의해 주입되는 양은 60㎜(70㎜(계량완료)-10㎜(1차 절환))이고, 사출 2차 조건에 의해 주입되는 양은 5㎜(10㎜(1차 절환)-5㎜(screw position, cushion))이다. 강제후퇴(suck back)는 용융수지의 양과 무관하므로 제외시켰다.

본 조건은 사출 1차를 충전으로, 사출 2차를 보압으로 조합한 조건조합이다. 취지에 걸맞게 사출 1차는 미성형과 외관을, 사출 2차는 수축제압이 주된 목적이다.

⇨ 조건을 조합할 때는 적용목적이 분명해야 한다. 그래야 문제 부위만 집중적으로 공략할 수 있기 때문이다.

사례의 조건에서 미성형이 발생하였다면 1차압과 속도를 높여주는 것으로도 제압할 수 있고, 1차 절환을 9㎜, 8㎜, 7㎜ … 등으로 하향 컨트롤해서 제압할 수도 있다.

⇨ 미성형은 충전단계의 몫이므로 충전조건인 사출 1차압과 속도 및 1차 절환(㎜)이 해당 조건이다. 압과 속도로 미성형을 제압할 경우 양(=충전 양)은 충분한데 힘과 빠르기가 부족하다는 것이 전제되어야 하며, 양(=충전 양) 부족이 원인일 경우 압과 속도는 건드리지 말고 1차 절환(㎜)을 하향제어하거나 계량완료(㎜)를 상향제어해서 제압한다. 무엇이 원인인가는 스크루 포지션을 보면 알 수 있다.

● 사례-Ⅱ

사례는 4단 중 3단까지만 제어한 것이다. 주된 트러블은 가스로 인한 미성형이며, 사출 1차와 2차를 충전으로, 3차를 보압으로 조합하였다. 계량완료(㎜) 80㎜에서 1차 절환(㎜) 30㎜까지는 cavity의 2/3 정도쯤 성형되는 구간으로, 이 구간은 가스가 차지 않아 빠르게 주입하였다. 1차 절환(㎜) 30㎜에서 2차 절환(㎜) 10㎜까지는 충전이 완료되는 지점이자 문제의 구간(가스로 인한 미성형 발생 구간)으로, 가스를 몰아내고 그 자리를 수지로 채우기 위해 저속·저압으로 제어하였다.

⇨ 가스로 인한 미성형은 압과 속도를 낮춰 천천히 주입시켜야 잡힌다. 반대로 하면 코너에 몰린 가스가 압력을 형성하여 문제 부위를 태워버림으로써 미성형을 크게 발생시킨다.

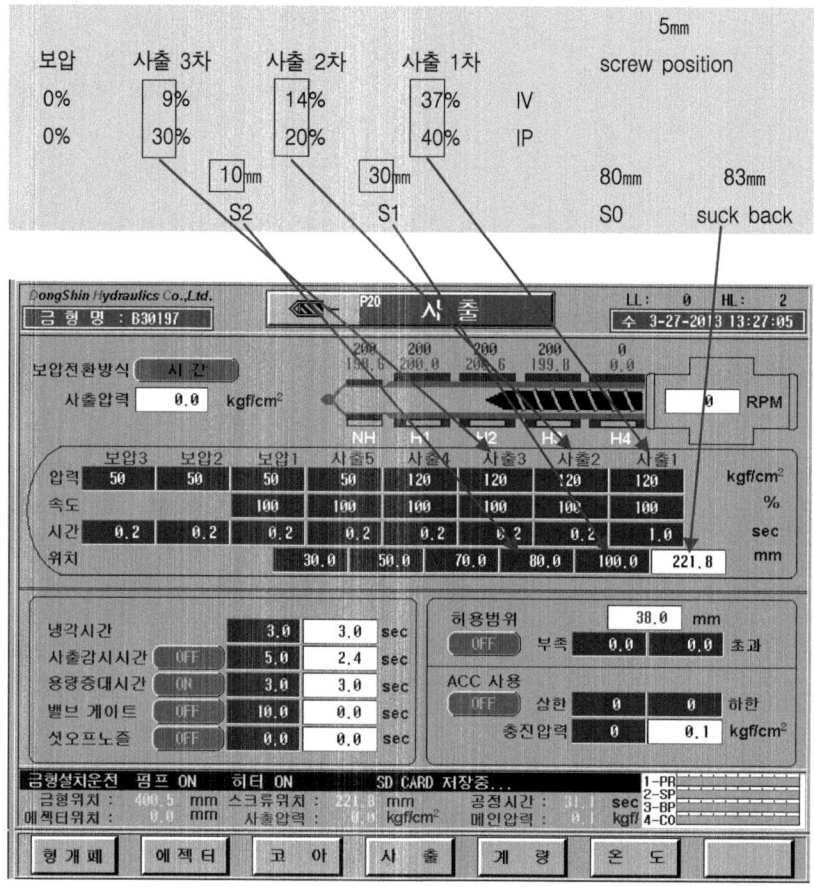

사출 3차는 보압이다. 수축을 잡기 위해 압을 높이고 천천히 그리고 꾸준히 밀어주는 스탠스를 취하였다.

⇨ 스크루 포지션을 보면 스크루가 5mm 에 멈춰 서 있는걸 볼 수 있는데, 이는 5mm까지 전진하는 동안 5mm (10mm(2차 절환)-5mm(screw position))가 주입되어 수축이 잡혔다는 것을 의미하며, 잔량 5mm는 cushion (량)이다.

(2) 성형기
① 노즐 구멍이 너무 크거나 너무 작다.

⇨ 노즐을 통과하는 용융수지의 유속(流速)은 노즐구멍의 ∅(파이, 지름)가 크면 느려지고 작으면 빨라진다. 이런 현상은 노즐을 풀어낸 상태에서 사출하면 맥없이 사출되고 노즐을 장착한 상태에서 사출하면 힘 있게 쭉쭉 뻗어나가는 이치와도 같다(세차를 한다든가 화단에 물을 뿌릴 때 호스 주둥이를 꽉 움켜쥐고 뿌리면 멀리 가고, 놓으면 멀리 가지 못하는 이치와도 같은 맥락). 이런 이치는 성형을 하는데도 적용 가능하며, 성형품이 두꺼우면 상관이 없으나 얇으면 ∅가 작은 것이 유리하다(두께가 얇으면 빨리 굳어, 굳기 전에 성형시키려면 유속(流速)이 빠른 것이 유리하기 때문).

② 사출용량 부족

⇨ 사출용량이 부족하다는 말은 성형기를 잘못 선정했다는 얘기다. 기종을 업그레이드하면 해결된다.

③ 수지 역류(back flow)

⇨ 사출시 수지가 역류하면 역류한 양만큼 미성형이다. 역류 방지 링을 교체하거나 여의치 않을 시 스크루 실린더 전체적으로 교체할 수 있도록 한다.

④ 유로(流路)의 압력 손실
성형기의 유로(流路)는 곧 노즐(nozzle)을 말하는 것으로서, 노즐 길이가 길면 압력손실이 크다. 그런 의미에서 짧은 노즐이 좋다고 볼 수 있으나, 금형의 sprue bush와의 터치상태도 고려해야 하므로 현실에 맞는 노즐을 선택, 사용한다.

⇨ 노즐 길이가 짧아 sprue bush와의 터치가 불량하면 수지가 누설되므로 주의한다.

(3) 금형

① sprue가 너무 길다.

⇨ 스프루가 너무 길면 압력손실로 인한 미성형이 우려된다. 적정 길이로 수정하는 것이 해결책이다.

② gate가 작다.

⇨ gate가 작으면 수지 유입이 원활하질 않아 미성형이 된다. gate를 키워 수지가 잘 유입될 수 있도록 한다.

③ air vent가 막혔을 경우

⇨ 에어벤트(air vent)가 막히면 미처 배출되지 못한 공기(또는 가스)가 압력을 형성하여 수지를 밀어냄으로써 미성형을 발생시킨다. air vent를 점검하고 누적된 가스층을 벗겨내는 것이 해결책이다.

④ sprue로부터 먼 쪽에 위치한 cavity의 미성형

⇨ 주로 멀티 cavity(multi cavity(=다수 개 cavity))를 채용한 금형에서 많이 나타나는 현상으로, sprue로부터 먼 쪽에 위치한 cavity가 미성형이 된다. 이를 해결하기 위해서는 게이트 밸런스(gate balance)와 러너 밸런스(runner balance)를 잘 맞춰줄 필요가 있다.

⑤ 유로(流路)의 이물질

⇨ 노즐구멍과 게이트 등 유로(流路)에 이물질(쇳조각 등)이 박혀 있으면 수지 흐름을 방해하여 미성형을 발생시킨다. 이물질은 재생재료를 사용할 때 주로 발생하며, 재료관리를 잘하는 것이 해결책이다. 때로 이종수지가 혼입되어도 미성형을 발생시킨다(PVC 작업 시 나일론 알갱이가 몇 알 유입되면 미성형이 되는 것이 좋은 예-나일론은 PVC 성형온도에서는 녹지 않는다는 사실에 유의한다).

> **Note**
>
> 유로(流路)의 저항은 노즐로부터 시작된다. 노즐구멍이 이물질(아주 작은 쇳조각 등)로 막히면 마찰에 의한 타버림이 발생하는 등 이상 징후가 나타나기 시작한다.

⑥ 공기가 빠지기 어려운 위치(구석진 곳 등)

⇨ 공기가 빠지지 않으면 갇혀버린 공기가 압력을 형성하여 수지를 밀어냄으로써 미성형을 발생시킨다. 사출속도를 천천히 해주면 해결되나, 여의치 않을 시 가스빼기 핀을 설치하는 방안도 고려한다(금형이 닫힐 때는 대기를 안고 닫힌다는 사실에 주목).

(4) 수지
① 유동이 불량하다.

Note

두께가 얇은 성형품은 미성형을 잡아내기가 쉽지 않다. 이때는 압과 속도를 높이고 금형온도와 성형온도도 높여 성형하는 것이 제대로 된 제어이다.

⇨ 유동이 불량한 수지는 열을 높여주고(필요시 금형온도도 높인다) 압과 속도를 높고 빠르게 가하는 조건 control이 유용하다. 이렇게 해도 안 될 시 유동이 좋은 재료로 교체하는 방안을 강구한다. 반대로, 유동이 너무 좋은 수지일 경우 압과 속도를 필요 이상 높이면 역류(逆流)로 인한 미성형이 우려된다.

Q & A

다음은 사출전문 웹 사이트 플라스틱인재닷컴(www.plasticinje.com)에서 발췌한 내용들입니다. 의견을 개진해주신 분들께 감사드립니다.

Q two cavity로 구성된 제품을 성형하려고 하는데, 1번 cavity는 양품으로 나오는데 이상하게도 2번 cavity는 압을 아무리 높이고 속도를 빠르게 해도 계속해서 미성형이라면 여러분은 어떻게 하시겠습니까? 제 개인적인 소견으로는, 게이트 밸런스(gate balance)가 맞지 않는, 소위 언밸런스(unbalance)가 아닐까 생각됩니다. 게이트 밸런스를 맞추는 방법으로는, 3차원 측정을 통한 축간거리나 홀 파이 동심도니 하는 첨단기법이 있는 걸로 알고 있습니다만 여러분들의 생각은 어떠하신지 궁금합니다.

A 게이트 밸런스가 문제되는지 알려면 short shot 사출(미성형 사출, 일부러 미성형을 만드는 사출)을 해 보는 것도 괜찮을 듯싶습니다. short shot 사출을 했을 때, 미성형이 발생되면 다른 쪽도 같은 크기의 미성형이 발생되어야 할 것입니다. 적어도 이렇게는 돼줘야 게이트 밸런스(gate balance)가 맞다고 할 수 있을 것이기에 그렇습니다. 이것은 사출 시뮬레이션을 하는 것과 같은 원리입니다. 성형재료가 뭔지는 모르겠으나 ABS나 PC라면 오버플로(over flow)를 설치하는 것도 괜찮은 방법일 듯싶습니다.

A.1 저희는 3단 금형을 주로 사용하고 있습니다. 게이트 밸런스가 맞지 않을 때 금형에서 답을 찾으면 좋겠지만, 금형은 손을 안 대고 조건으로 잡으려면 sprue, runner, gate까지 저속으로 밀어 넣는 방법이 있습니다. 이렇게 하려면 최초 절환인 1차 절환을 조금씩 늘려가면서 서서히 게이트까지 만들어나가면 됩니다. 게이트 끝단까지만 저속으로 주입하면 어느 정도는 맞는 것 같더라고요.

질문자 답변

좋은 방법임에 틀림없는 것 같습니다. 그러나 저희 회사에서 취급하는 수지는 PET GF/45%로서, 히터온도는 270℃에서 300℃가 넘어갑니다. 그래서 느린 속도로는 성형이 안 됩니다. 사정이 이렇다보니 1차 사출을 저속으로 할 수가 없습니다. 바로 굳어 버리기 때문이죠. 저희는 금형부가 빵빵해서 게이트 밸런스로 힘들어 하지는 않습니다. 답변 감사합니다.

Q 안녕하세요, 조언 좀 부탁드릴까 합니다. 기계는 LG 200톤, 제품은 DVD 패널, 게이트는 핀포인트 4 position, 재료는 ABS 내열성입니다. 현 상태에서 사출을 하니 휨(warp)이 발생하더라고요. 그래서 잔류응력에 의한 변형이 아닌가 싶어 게이트를 두 군데 막고 테스트를 해보았습니다. 그러나 결과는 마찬가지였습니다. 더구나 제품 뒷면에 리브(rib)가 많아서 미성형까지 발생되더군요. 휨과 미성형, 이 두 마리 토끼를 다 잡을 수 있는 방법이 뭐 없을까요?

A 저희는 DVD에 들어가는 CD-room tray와 main frame을 시험 사출하고 있습니다. main의 재료명은 HIPS와 PC/GF 10%이고, tray는 PC/ABS를 사용하고 있습니다. 저도 tray에 발생하는 휨을 잡느라 엄청 고생했습니다. 저희는 hot runner 금형에다 valve gate를 채용하고 있습니다. tray의 경우 valve gate에 타이머를 부착시켜놓으니까 gate 동작순서를 마음대로 조절할 수 있어 휨을 잡는데 많은 도움이 되었습니다. 타이머를 장착하지 않았을 때는 휨을

금형온도와 보압으로 잡았는데 이때, 보압에 속도를 주는 것이 중요하고 휨을 일자로 잡으려면 역(逆)으로 휘게 해서 서서히 돌아오게 하는 방법도 권장하고 싶은 방법입니다.

A.1 미성형은 성형기 결함으로 생길 수도 있습니다. 특히, 스크루가 시계방향으로 회전하면서 사출되면 스크루 헤드에 부착되어 있는 체크 링과 와셔가 마모된 것입니다. 체크 링과 와셔가 마모되면 수지가 역류하여 미성형을 발생시킵니다.

Q 수고 많으십니다. 다름이 아니오라, 미성형이 자꾸 발생되는데 제품표면에 광택이 없는 이유가 뭔지 궁금합니다. 저는 사출기술자가 아니라서 원인을 모르기 때문에 품질개선 대책서를 쓰지 못하고 있습니다. 조언 부탁드립니다.

A 대책서라…! 참 골치 아프죠. 저희는 불량이 발생했을 때 불량이 발생한 설비에서 똑같은 조건으로 재현 테스트를 하여 대책서를 작성합니다. 질문하신 내용으로 보아 lot에 한, 두 개 정도 혼입된 것으로 보이는군요. 참고가 될런가 모르겠으나 미성형 발생요인 몇 가지만 생각나는 대로 나열해보겠습니다.

<미성형 발생 요인>
1. 사출압력이 낮다.
2. 사출속도가 느리다.
3. 사출시간이 짧다.
4. 성형온도와 금형온도가 낮다.
5. 계량이 부적절하다.
6. 배압이 낮다.
7. 노즐터치 불량으로 수지 누설 등

Q 저희는 cap(뚜껑)을 성형합니다. cavity가 4개여서 쇼트당 4개씩 나오는데 그 중 한 개가 미성형입니다. 기계를 바꾸지 않은 상태에서 완제품을 잡을 수 있는 방법 좀 가르쳐 주십시오. 재료는 PP입니다. 선배님들의 조언 부탁드립니다.

A 4개 중 한 개가 미성형이면 미성형이 되는 cavity의 금형온도를 올려주는 것도 괜찮은 방법일 듯싶습니다. cavity가 뜨거워지면 수지 흐름이 개선될 여지가 있기 때문입니다. 다른 방법으로는, 게이트를 키우는 것도 고려해볼 수 있을 것입니다. 게이트를 키우면 수지 유입이 용이

해져 미성형을 해소하는데 일조할 것이기 때문입니다.

A.1 핫 러너를 사용한다면 게이트 온도를 좀 더 올려주고, 직접 연결되는 게이트일 경우 조금 크게 하면 좋아질 것 같습니다.

현장기고

저는 자동차 내·외장을 사출하는 회사에 다니는데, 좀 특이한 경우가 있어 참고가 될까 하여 글 올립니다. 장비는 LG 1,800ton이고, 자동차 문 안쪽에 들어가는 제품을 성형하는데, 계속해서 미성형이 나오는 겁니다(반만 성형). 전엔 이런 일이 없었는데 말입니다. 고민 끝에 스크루 상태를 확인하기로 하고 분해를 해보았지만 체크 링이 약간 마모된 것 외에는 특이점을 발견하지 못했습니다. 일단은 스크루 헤드를 새 걸로 교환하고 다시 가동해보았습니다만 결과는 마찬가지였습니다. 다른 제품은 헤드를 교환하면 더 잘 나오는데 유독 그 제품은 계속 그러더라고요. 같은 양이 들어가도 어떤 때는 성형이 되는가 싶더니 돌아서면 미성형이고. 혹시 역류를 하는 건 아닌가 의심해보았지만 스크루도 이상 없고. 역류를 한다면 계량도 안 될 텐데 그것도 아니고. 그래서 재료(PP 사용)에 문제가 있는가 싶어 재료회사에도 문의를 해보았으나 전과 동일하다고 하더군요. 마지막으로 조건 불량일 수도 있으니, 다시 한 번 해보자고 해서 조건 재조정에 들어가게 되었습니다.

조건을 만지려고 보니 계량될 때 수지가 너무 많이 밀려나오는 것 같아 suck back을 10㎜ 이상으로 재조정해줬습니다. 그랬더니 언제 그랬냐는 듯 온전하게 나오는 것이 아니겠습니까? 헐~~~ 이럴 수가? 좀 더 관찰해보니까 suck back이 7㎜ 이하로 되면 어김없이 미성형이 되더군요. 아무리 수지가 밀려나와 성형을 방해한다고 해도 제품이 반만 성형되어 나오다니, 이건 아닙니다. 결코 아니죠. 사람을 이렇게 골탕을 먹여놓고 말입니다. 후~~~ 사출은 하면 할수록 어렵다고 하더니만 바로 이런 경우를 두고 하는 말인가 싶더군요. 참으로 헷갈리는 하루였습니다.

Tip

강제후퇴(suck back)는 노즐로부터 수지가 줄줄 흘러내리는 현상을 막기 위해 구성해놓은 기능이지만, 가열실린더 내압(內壓)을 떨어뜨려 조건안정에 기여하기도 합니다.

2.2 플래시(flash)

통상, 버(burr)로 명명되는 불량현상이다. 사출압력에 져서 금형이 벌어져 parting line 틈새로 수지가 새어나온 모양새다. 발생위치는 parting line과 slide 부위 및 insert 부위, ejector pin의 틈새 등이 있다.

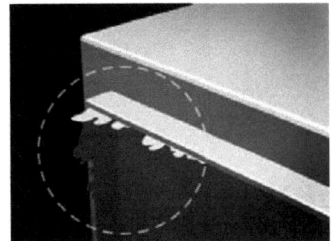

그림 7.2 flash

　⇨ 플래시는 흔히 금형의 parting line과 venting 홈, ejector pin 부근, slide core 등에서 수지가 밀려 나온 형태로 나타난다.

1) Part별 원인 및 대책
(1) 성형조건
① 사출압력이 높다.
　사출압력이 높으면 금형이 벌어져, 벌어진 틈새로 수지가 새어나와 burr를 만든다.

> **Note**
> 금형이 눌려서 생긴 burr는 근본적으로 금형을 손보지 않는 한 해결방도가 없다.

　burr는 압이 높아도 생기지만 속도가 빨라도 생긴다. 역설적으로 압을 낮춰도 burr가 잡히지만, 속도를 느리게 해도 burr가 잡힌다.

② 수지온도가 높다.

⇨ burr에는 1차 burr와 2차 burr가 있다고 한 바 있다. 1차 burr는 충전단계에서 생긴 burr를, 2차 burr는 보압단계에서 생긴 burr를 말한다. burr는 압을 낮춰도 효과를 보지만 위치절환을 컨트롤해서 burr 크기만큼의 양을 cutting시켜도 효과를 본다.

⇨ 모든 트러블은 모든 조건과 연관되어 있으므로 어떤 트러블은 반드시 어떠어떠한 걸 만져줘야 한다는 것도 일종의 고정관념(固定觀念)일 수 있다.

⇨ 열(熱)이 높으면 유동성이 너무 좋아 압을 웬만큼 낮춰도 burr가 사라질 기미를 보이지 않는다. 이때는 원인제공자인 열(熱)을 떨어뜨려 제압함이 옳다.

③ 금형온도가 높다.

⇨ 금형온도가 높아도 이치는 마찬가지이다. 이 역시 유동성을 필요이상 좋게 하므로 burr는 피할 수 없다. 금형온도를 낮추는 것이 해결책이다.

④ 오버패킹(over packing, 과 충전)에 의한 burr

⇨ over packing에 의한 burr는 양이 과다 주입된 상태를 말하므로 주입량을 조절하여 해결한다. 압과 속도 및 거리(mm), 시간 등을 적절히 컨트롤하여 성형에 필요한 양만 주입될 수 있도록 유도한다.

〈사출조건 제어〉

● 사례-I

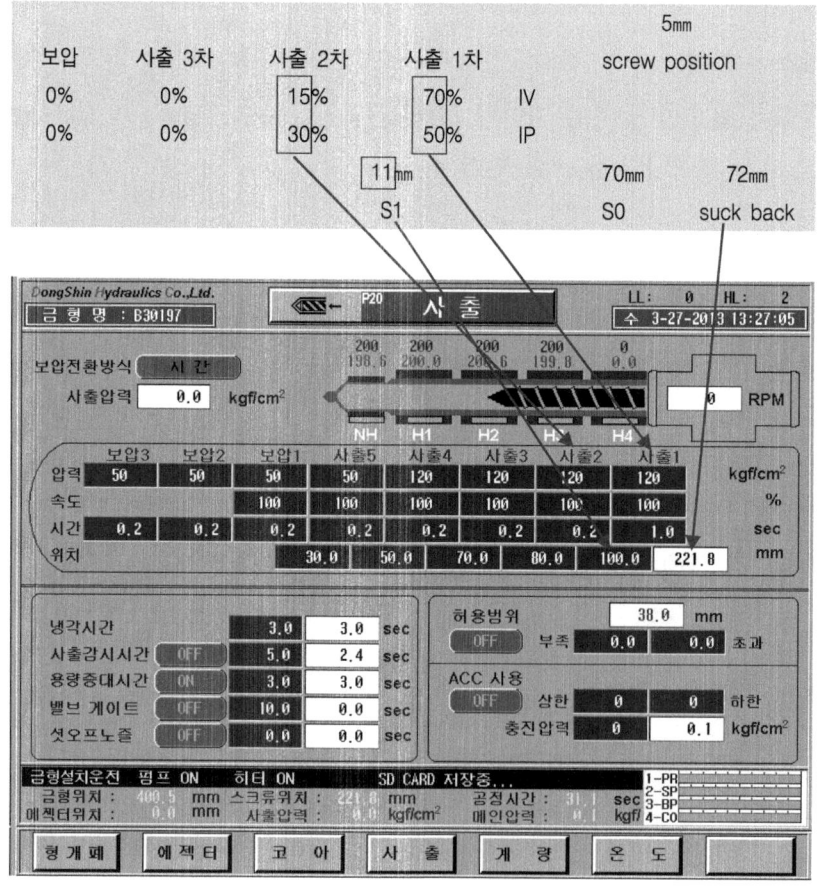

276 • 사출기술 이론과 실제

사례는 4단 중 2단까지만 제어하였다.

⇨ 사출 1차 조건에 의해 주입되는 양은 59mm(70mm(계량완료)-11mm(1차 절환))이고, 사출 2차 조건에 의해 주입되는 양은 6mm(11mm(1차 절환)-5mm(screw position))이다.

사례의 조건에서 burr가 발생했다고 가정했을 때, 압과 속도를 떨어뜨려 잡을 수도 있고, 압과 속도를 떨어뜨리면 흐름이 나빠져 플로마크(파상형 플로마크)가 우려될 것 같으면 압과 속도는 그대로 두고 주입량 조절로 잡을 수도 있다. 즉 11mm로 되어 있는 1차 절환(mm)을 12mm, 13mm … 등으로 상향제어해서 잡겠다는 전략이다.

⇨ 1차 절환 제어는 '충전 량을 조절'한다는 의미가 강하다. burr 발생이 over packing에 의한 것이라면 1차 절환을 12mm, 13mm, 14mm … 등으로 상향 제어하는 와중에 잡혀 나온다. burr 크기가 크면 올려주는 수치도 단연 큰 폭으로 올려줘야 되며, 아주 작은 burr는 0.1mm 또는 0.01mm까지 컨트롤이 가능하다.

1차 절환(mm) 수치를 계속 상향 컨트롤하면 어느 시점 미성형에 직면한다. 이는 압과 속도의 높고 낮음과 관계없이 충전 절대량 부족이 원인이다.

⇨ 양이 부족하다는 징후로, weld line이 선명해지는가 싶더니 플로마크를 거쳐 미성형으로 이행된다. 절환수치를 내리면 weld line이 희미해지면서 미성형이 사라지고 표면이 매끄러워지는가 싶더니 어느새 burr가 차나오기 시작한다.

> **Note**
>
> 1차 절환의 상향제어는 1차 burr를 잡기 위한 것이지 2차 burr를 잡기 위한 것이 아니다. 2차 burr는 2차 절환을 추가로 설정해서 잡는 것이 좋으며, 2차 절환이 적용되는 단계인 사출 3차는 burr(2차 burr)를 잡기 위해 추가로 설정한 조건이므로 압과 속도를 0%로 하고 절환수치를 6mm, 7mm 등으로 상향제어해서 burr 크기만큼의 양을 cutting시켜 제압한다(2차 burr도 수축만 문제되지 않는다면 압을 낮춰 제압할 수도 있다). 양을 줄여보시라! burr가 감쪽같이 사라짐을 경험할 것이다. 때로, burr는 압을 낮춰서 잡고 flow mark는 속도를 빠르게 해서 잡을 수도 있다. 그러나 압을 낮춘 상태에서 속도를 빠르게 하면 힘이 부족해서 flow mark를 100% 해소시키기는 역부족일 수 있다. 어떤 때는 압과 속도를 모두 높여 flow mark를 잡아야 할 경우도 있으므로 burr는 피할 수 없으며, 이때의 burr는 양을 cutting시켜 제압함이 옳다.

이번에는 압과 속도를 낮춰서 burr를 잡고, 그로 인한 flow mark는 위치절환의 하향제어로 빠져나가는 방법!

⇨ burr를 잡기 위해 압과 속도를 낮추면 burr는 약화되나 자칫 flow mark와 미성형이 우려된다. 이때 쓸 수 있는 카드가 1차 절환(mm)의 하향 control! 1차 절환(mm)을 하향 control하면 양이 더 들어가 flow mark와 미성형이 잡혀 나온다(도가 지나치면 다시 burr가 생겨날 수 있으므로 적정 양 컨트롤은 필수).

• 사례 - II

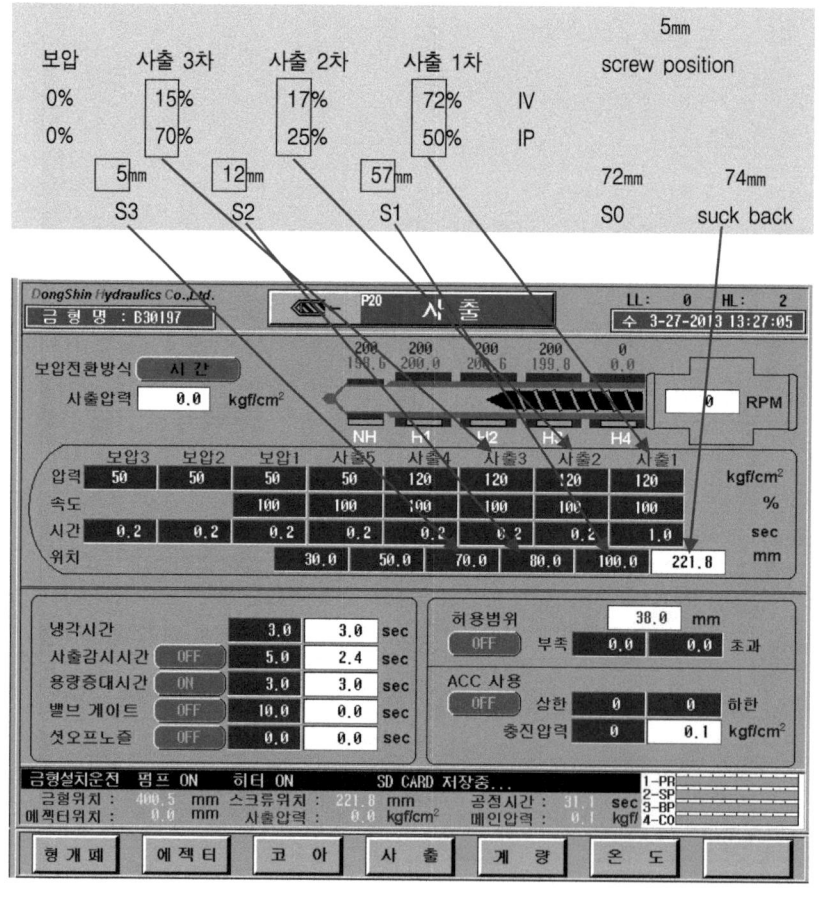

사례는 hole(구멍)에 burr가 차는 것을 막고 수축을 제압한 사례이다.

⇨ 계량완료 72mm에서 2차 절환 12mm까지가 충전이고, 2차 절환 12mm에서 3차 절환 5mm까지가 보압이다. 5mm 이후는 성형기 무리 방지용 조건!

계량완료 72mm에서 1차 절환 57mm까지는 성형상 문제가 없는 구간이므로, 빠르게 주입시켜 충전시간 단축에 기여한다. 문제의 hole은 1차 절환 57mm에서 2차 절환 12mm 사이에 위치하며, hole이 위치하는 구간은 압과 속도를 낮춰 burr 발생을 막고 충전을 달성하는 것이 주된 목적이다. 목적에 부합하기 위해 1차압과 속도를 50%, 72%로 하여 57mm까지 빠르게 주입, 반면 57mm에서 12mm까지는 압 25%, 속도 17%로 하여 느리게 주입하였다.

그 결과 hole에 burr가 차는 일은 없었으나, 수축이 심화되어 수축은 사출 3차에서 잡도록 하였다. 사출 3차는 압 70%, 속도 15%로 하여 압(壓) 위주 조건을 구사하였다.

⇨ 수축은 속도를 낮추고 압을 높이면 잘 잡혀 나온다. 수축을 잡기 위해 주입시킨 양은 7mm(12mm-5mm)이다.

수축을 잡기 위해 압을 높게 가하다보니까 성형기에 무리가 따라 5mm 이후는 압·속도 공히 0%로 하여 성형기 무리 방지용 조건으로 하였다.

⇨ 보압이 너무 높으면 매 쇼트마다 '쿵쿵'거리며 이상소음(압 떨어지는 소리)이 발생한다. 이를 막으려면 조건을 추가로 설정해서 압과 속도를 낮추면 해결된다.

(2) 성형기
① 형조임이 약하다.
성형기의 형조임이 약하면 멀쩡한 금형도 burr가 생긴다. 기종을 잘못 선정해서 burr가 발생한 것이라면 능력이 큰 성형기로 바꿔 달면 해결된다.

⇨ 성형기는 금형을 사이에 두고 한 쪽(사출부)은 밀어붙이고, 다른 한 쪽(형체부)은 밀리지 않으려고 안간힘을 쓰는 사이 매 쇼트마다 성형품을 쏟아낸다. 밀리면 끝장이다. 밀리면 burr가 차나오기 때문이다.

📝 *Note*

다이 플레이트(die plate)의 좌우 또는 상하 밸런스가 맞지 않아도 burr가 터져 나온다. 이때 응급조치로 종이를 대고 성형하는 것을 종종 보게 되는데 근본적인 대책이 절실하다.

(3) 금형

① 재질이 약하다.

재질이 약하면 burr가 쉽게 발생된다. 비용이 들더라도 강한 재질을 사용하는 것이 좋다.

② 형합(型合) 불량

금형의 상측과 하측이 합쳐질 때 형합(型合)이 맞지 않으면 parting line에 틈이 생겨 burr가 터져 나온다. 형합(型合)을 정확히 하는 것이 해결책이다.

③ 금형 면 이물질

금형 면에 이물질이 붙어있으면 눌리면서 닫히게 되어 burr를 발생시킨다. 이물질을 제거하면 해결되나, 이미 눌려버렸다면 조건으론 해결이 불가능하며 금형을 수정시켜야 해결된다.

④ 센터의 burr

금형의 센터(center, 한 가운데)에 생기는 burr는 쇠 두께를 두껍게 보강해주면 해결된다.

⑤ 슬라이드(slide)의 burr

slide의 burr는 강한 사출압력을 받은 slide가 버텨내지를 못하고 밀려난 것이 원인이다.

⇨ slide가 밀려서 생긴 burr는 성형기의 형조임력을 세게 한다고 잡힐 수 있는 성질의 것이 아니다. 이유는, 성형기의 형조임 방향과 slide의 작동방향이 일치하질 않아 형(型)을 조인 만큼의 혜택을 보지 못하기 때문이다.

> *Note*
>
> slide의 burr는 burr의 크기 및 두께에 따라 어느 단계에서 밀렸는지 유추해 볼 수 있다. 즉, burr가 두꺼우면 충전단계에서 밀려나온 burr(1차 burr)라 유추해 볼 수 있고, 얇으면 보압단계에서 밀려나온 burr(2차 burr)라 유추해 볼 수 있다는 것이다. 1차 burr는 근본적으로 금형을 손보지 않는 한 없애기가 어려우며, 2차 burr는 burr 크기만큼의 양을 cutting시키거나 보압을 낮추는 등의 조치로 해결 가능하다.

■ hole(구멍) burr와 flow mark

본 경우는 gate 가까운 쪽에 hole이 위치하고 hole을 통과하자마자 flow mark와 맞닥뜨릴 경우를 상정한 것이다. 본 경우 hole(구멍) burr를 잡기 위해서는 slow 컨트롤이 바람직하나 hole을 통과하자마자 flow mark가 기다리고 있을 경우 곧장 fast로 전환하면 잡혔던 burr(hole burr)가 다시 차나올 가능성이 높다(slow에서 fast로 즉시 전환한 것이 결정적 원인). 그러다보니까 압과 속도를 마음대로 못 주고 주저하는 경향이 많다.

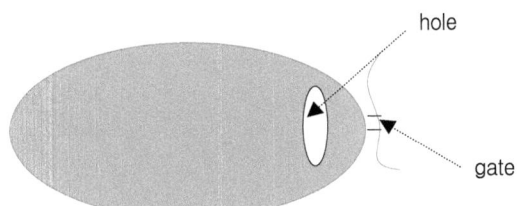

그림 7.3 gate 가까운 쪽에 위치한 hole

이와 달리 flow mark가 먼저이고 hole burr가 나중이면 이야기는 달라진다. 이때는 fast→slow가 되어 한껏 빠르게, 한껏 느리게 할 수 있어 양 쪽을 두루 만족시킬 수 있다. 이렇게 되려면 gate 위치는 hole 쪽이 아닌 반대쪽에 붙여야 마땅할 것이다.

그림 7.4 gate 먼 쪽에 위치한 hole

■ 탄화(burn)와 flow mark

본 경우는 gate 가까운 쪽에 burn이 생기고 이후는 flow mark가 기다리고 있을 경우를 가정한 것이다. 이 경우도 slow→fast 컨트롤이다 보니까 burn도 완벽하게 못

잡고 flow mark도 압과 속도를 마음대로 못 주다보니까 못 잡을 가능성이 높다. 본 경우 gate 위치를 반대쪽에 붙일 수만 있다면 한껏 빠르게 한껏 느리게 할 수 있어 좋은 결과가 기대된다.

(4) 수지

① 유동성이 너무 좋다.

유동성이 너무 좋으면 필요 없는 부위까지 흘러들어가 burr를 만든다. 수지온도와 금형온도를 떨어뜨려 유동성에 브레이크를 걸어줄 필요가 있다.

⇨ 분쇄재료 사용 시 신재와 분쇄재의 배합비율이 일정하지 못하여도 조건이 불안정한 증세를 보이는 수가 있다. 즉, 금방 미성형인가 싶더니 burr가 차나오는 등 조건이 들쭉날쭉 하는 증상을 보일 수가 있다는 것이다.

📝 Note

분쇄재료를 과다 투입하면 계량이 되지 않는 수가 있으므로 이 역시 유의해야 할 사항이다. 성형온도를 설정할 때도 분쇄재료는 신재보다 적게는 5℃, 많게는 10℃ 정도 낮춰주는 것이 burr를 줄이는데 일조한다.

2.3 수축(收縮, sink mark)

성형품의 표면이 가라앉는(함몰되는, 빨리는) 현상이다. 두께가 두꺼운 부위에 잘 나타나고 플라스틱재료의 수축률이 클수록 심하다.

⇨ 수축을 싱크마크(sink mark)라 하는 것은 표면이 '가라앉기' 때문이다. 플라스틱은 반드시 수축되며 수축정도는 플라스틱마다 다르다.

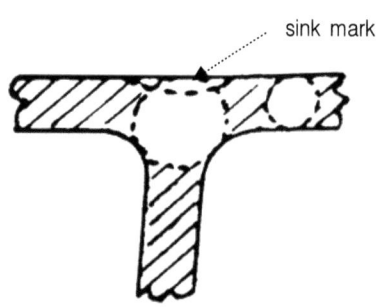

그림 7.5 sink mark

플라스틱은 각기 다른 수축률('고유수축률'이라고 한다)을 가지고 있다. 표 7.1은 각종 플라스틱의 수축률을 나타낸다.

표 7.1 플라스틱의 수축률

성형재료		선팽창 계수 ($10^{-5}/℃$)	성형 수축률 (%)
수지명	충전재(강화재)		
열경화성수지			
페놀	목분	3.0~4.5	0.4~0.9
페놀	유리섬유	0.8~1.6	0.01~0.4
요소	셀룰로오스	2.2~3.6	0.6~1.4
멜라민	셀룰로오스	4.0	0.5~1.5
디아릴프탈레이트	유리섬유	1.0~3.6	0.1~0.5
에폭시	유리섬유	1.1~3.5	0.1~0.5
폴리에스테르	유리섬유(프리믹스)	2.0~3.3	0.1~1.2
열가소성수지 - 결정성			
폴리에틸렌(저밀도)	-	10.0~20.0	1.5~5.0
폴리에틸렌(중밀도)	-	14.0~16.0	1.5~5.0
폴리에틸렌(고밀도)	-	11.0~13.0	2.0~5.0
폴리프로필렌	-	5.8~10.0	1.0~2.5
폴리프로필렌	유리섬유	2.9~5.2	0.4~0.8
나일론 6		8.3	0.6~1.4
나일론 6-10		9.0	1.0
나일론	20~40% 유리섬유	1.2~3.2	0.3~1.4
폴리아세탈		8.1	2.0~2.5
폴리아세탈	20% 유리섬유	3.6~8.1	1.3~2.8
열가소성수지 - 비결정성			
폴리스티렌(일반용)	-	6.0~8.0	0.2~0.6
폴리스티렌(내충격용)	-	3.4~21.0	0.2~0.6
폴리스티렌	20~30% 유리섬유	1.8~4.5	0.1~0.2
AS	-	3.6~3.8	0.2~0.7
AS	20~33% 유리섬유	2.7~3.8	0.1~0.2
ABS	-	9.5~13.0	0.3~0.8
ABS	20~40% 유리섬유	2.9~3.6	0.1~0.2
메타크릴	-	5.0~9.0	0.2~0.8
폴리카보네이트	-	6.6	0.5~0.7
폴리카보네이트	10~40% 유리섬유	1.7~40	0.1~0.3
경질 PVC	-	5.0~18.5	0.1~0.5
셀룰로오스 아세테이트	-	8.0~18.0	0.3~0.8

표 7.1에 나타난 수축률은, $\dfrac{\text{상온에서 금형치수} - \text{상온에서 성형품 치수}}{\text{상온에서 금형치수}}$ 에 의해 얻어진 값이다.

> **Note**
>
> cavity에서 성형된 플라스틱 성형품은 수지가 갖고 있는 고유수축률에 의해 항상 cavity 치수보다 작아진다. 성형품이 cavity로부터 벗어나는(이형되는, 돌출되는) 이치는 바로 이 고유수축률에 기인한 것이며, 성형품 치수를 도면치수와 같게 하려면 cavity 치수는 고유수축률을 감안해서 약간 크게 만들어야 한다.

1) 고유수축과 체적수축

수축은 크게 고유수축과 체적수축으로 나뉘는데, 고유수축은 전술한 바와 같고 체적수축은 성형품의 두께에 따른 수축이다.

⇨ 고유수축도 엄밀히 말하면 체적수축 범주에 속한다. 성형품 전체적으로 일정한 비율에 의해 체적이 줄어들기 때문이다. 그러나 해설의 편의상 두께에 따른 수축과 구별하기 위해 따로 떼어놓은 것이란 사실에 주목한다.

수축을 잡는다는 것은 성형품의 두께에 따른 수축, 즉 체적수축을 잡는 것을 의미한다.

⇨ 앞서 말한 바와 같이 고유수축은 반드시 나타나야 한다. 그래야 치수도 맞고 이형도 가능하기 때문이다. 이에 대해 체적수축은 반드시 잡아야 할 불량현상으로, 이것을 잡지 못하면 외관이 손상되고 치수도 맞지 않는다. 수축은 보압으로 잡아야 하며, 보압의 크기에 따라 치수가 커졌다 작아졌다 하므로 보압제어는 치수제어와 밀접한 관련이 있다.

> **Note**
>
> 수축을 잡기 위해 보압을 과도하게 가하면 응력이 증가하여 변형이 커지고, 기계적 물성을 손해 볼 수 있으므로 주의한다.

체적수축은 두께에 좌우되는 경향이 크며, 두께가 두꺼울수록 수축이 심하다(두께가 두꺼울수록 보압을 높게 가해 장시간 밀어줘야 수축이 잡힌다). 특히, 냉각이 잘되지 않는 부분이나 리브(rib)가 위치

⇨ 보압공정은 수축을 보상하기 위한 후 충전공정(속살 채우는 공정)이라 할 수 있으므로 충전의 연장선으로 봐도 좋다.

한 면 등은 수축이 커서 변형될 확률이 높다.

수축을 잡기 위해서는 사출조건을 잘 제어해야 하며, 사출조건 제어의 키워드는 두께에 따른 차등제어이다.

⇨ 수축에 영향을 미치는 인자는 성형온도와 금형온도, 사출조건, 계량조건, 냉각조건 등이 있으며 이들은 모두 두께에 따른 차등제어를 구현하기 위한 툴(tool, 도구)에 해당된다.

(1) 성형온도와 금형온도

두께가 두꺼우면 낮게, 얇으면 높게 설정한다. 두께가 두꺼우면 수축이 심화되므로 온도(성형온도와 금형온도 둘 다)를 낮춰 수축될 여지를 줄여주는 것이 좋고, 얇으면 보압이 가해지기도 전에 굳어버려 온도(성형온도와 금형온도 둘 다)를 높이고 압과 속도를 높고 빠르게 가해야 잡힌다. 두께가 얇을수록 온수기를 가동하거나 핫 러너(hot runner)를 채용하는 것도 이런 이유 때문이다.

⇨ 두께가 얇을수록 빠른 충전을 지향하지 않으면 수축은 고사하고 미성형도 잡을 수 없다.

📝 *수축과 기포*

성형품은 냉각될 때 금형온도가 높으면 서냉되어 표면이 중앙부를 향해 함몰함으로써 수축이 발생하고, 금형온도가 낮으면 급냉되어 미처 굳지 않은 내부 수지를 끌어당겨 진공의 구멍인 기포를 발생시킨다. 이렇듯 수축과 기포는 서로 상반되는 과정을 거쳐 형성된다.

(2) 사출조건과 계량조건

수축을 잡기 위해서는 사출조건을 잘 제어하는 것도 중요하지만 가소화를 잘 시키는 것도 그에 못잖게 중요하다. 이유는, '보배의 이치'가 관여하기 때문이다.

◈ 보배(保背)의 이치(理致) ◈

보배의 이치란, 수축을 제압함에 있어서 보압과 배압의 중요성을 일깨워주고자 던진 화두다. 알다시피 계량은 사출을 하기 위한 준비공정이다. 계량공정에서 중요한 요소는 배압이며, 배압은 수지 밀도(密度)와 관계가 깊다.

수축을 잡기 위해서는 충전단계에서부터 성형품에 맞는 이상적인 밀도를 갖춘 수지가 주입되어야 보압에서 바통을 넘겨받아 무리 없이 수축을 잡아낼 수 있다(이 말은, 수축을 잡기 위해서는 배압의 도움이 절실하다는 의미가 함축되어 있다). 그러므로 가소화를 소홀히 했다가는 사출조건 전반(충전과 보압)이 영향을 받을 수밖에 없어 수축이 특히 문제되는 성형품은 수축을 잡을 길이 요원하다.

⇨ 밀도(密度)가 불충분해도 외관상 양품을 생산해 낼 수는 있다. 그러나 성형품을 쪼개보면 구멍이 뻐끔뻐끔 나있는 것이 한 눈에도 취약한 제품임을 알 수 있으며, 이를 방지하려면 적정배압을 가한 수지를 사출시켜 알찬 밀도를 가진 성형품을 얻을 수 있도록 해야 한다.

(3) 사출조건과 냉각조건

수축 트러블은 사출조건에 기인할 수도 있고, 냉각조건에 기인할 수도 있다. 사출조건에 기인할 경우는 사출조건을 잘못 설정해서 그런 것이고, 냉각조건에 기인할 경우는 냉각이 제대로 되지 않았거나 냉각시간을 잘못 설정해서 그런 것이다. 전자는 사출조건을 재검토해서 재설정해주면 되고, 후자는 냉각회로 내 막힘은 없는지 확인하고 금형온도를 떨어뜨리는 조치가 따라야 한다. 사출조건을 아무리 잘 조합해 놓았다고 하더라도 냉각을 소홀히 하면 수축된다. 냉각을 잘 시키기 위해서는 냉각시간만 길게 준다고 해서 될 일이 아닌, 보다 실질적인 냉각이 따라야 한다.

2) over packing과 수축

오버패킹(over packing)은 과충전된 상태를 말한다. 과충전은 cavity에 수지가 과다 주입된 상태를 말하는 것으로서, 수축이 거의 없다시피 하며 중량도 많이 나간다. 수축이 없다시피 하다보니까 cavity에 성형품이 꽉 끼인 상태가 되어 이형도 잘되질 않는다. 어렵사리 이형이 된다고 하더라도 꽉 끼인 상태로 이형이 되다 보니까 뒤틀리면서 빠져나올 확률 또한 매우 높다. 이른바, over packing에 의한 스트레인(strain, 변형) 현상을 말하는 것이다.

3) Part별 원인 및 대책

(1) 성형조건

① 보압이 낮다. ⇨ 보압을 높인다.

② 보압시간이 짧다. ⇨ 보압시간이 짧다는 말은 보압절환 시점으로부터 gate seal이 걸리기까지의 시간이 충분치 않다는 뜻이다. 이렇게 되면 덜 준 시간만큼 수지가 덜 주입되어 덜 들어간 양만큼 수축된다.

③ 보압 양(量)이 부족하다. ⇨ 시간(보압시간)과 압(壓)은 충분한데 주입할 양(量)이 부족한 경우이다. 잔량을 확인하고 필요한 조치를 취한다.

④ 게이트에서 먼 곳의 수축 트러블 ⇨ gate로부터 멀리 떨어진 곳은 압력전달(보압 전달)이 용이하질 않아 수축이 심화된다. 온수기를 사용하는 등의 조치를 통해 수축 발생 부위의 온도를 높여 냉각을 지연시키면 해소된다. 금형이 뜨거워지면 압력전달(보압 전달)이 용이해져 수축해소가 가능하기 때문이다.

> **수축과 burr**
>
> 수축을 잡으려면 burr(1차 burr)부터 잡고 보압을 가하는 것이 순리다. 그래야 burr로 갈 양이 성형품으로 들어가 수축이 잡힌다. 보압을 가하는 와중에도 burr(2차 burr)는 터져 나올 수 있으나, 보압 중 발생한 burr는 수축을 제압하고 난 이후에 생긴 burr(2차 burr)인 관계로 압축부족을 야기한 burr(1차 burr)와는 근본적으로 다르다.

〈사출조건 제어〉

• 사례 - I

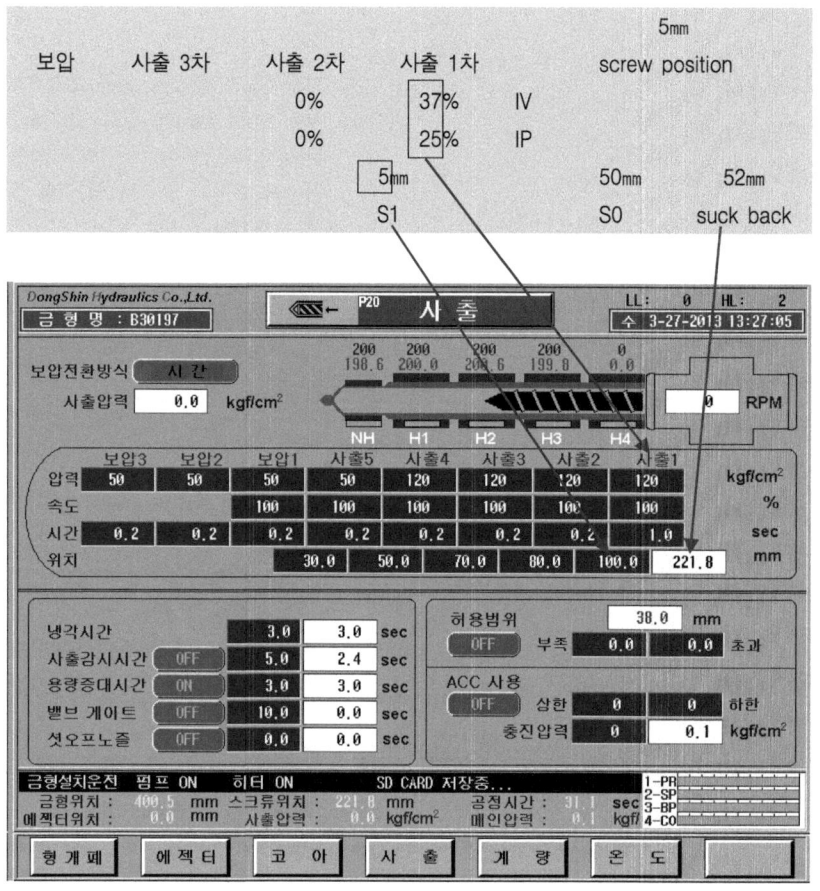

　사례는 사출 1차 조건만으로 수축을 잡은 케이스다. 스크루 포지션이 가리키는 현재의 스크루 위치는 5mm로서, 1차 절환 5mm와 정확히 일치해 있다(본 경우 해설의 편의상 1차 절환 5mm와 정확히 일치해 있다고 한 것이지 실제로는 스크루가 용수철이 튕기듯 수 mm 뒤로 튕겨져 나간다는 사실에 주목한다). 사출 1차는 충전과 보압이 공존(共存)하면서 완전한 성형품이 성형된 상태이고, 사출 2차는 burr cutting용이다.

⇨ 사례는 수축이 크게 문제되지 않는 두께를 가진 성형품으로서, 사출 1차 조건만으로도 무리 없이 잡혀 나온 케이스라 할 수 있다.

• 사례 - II

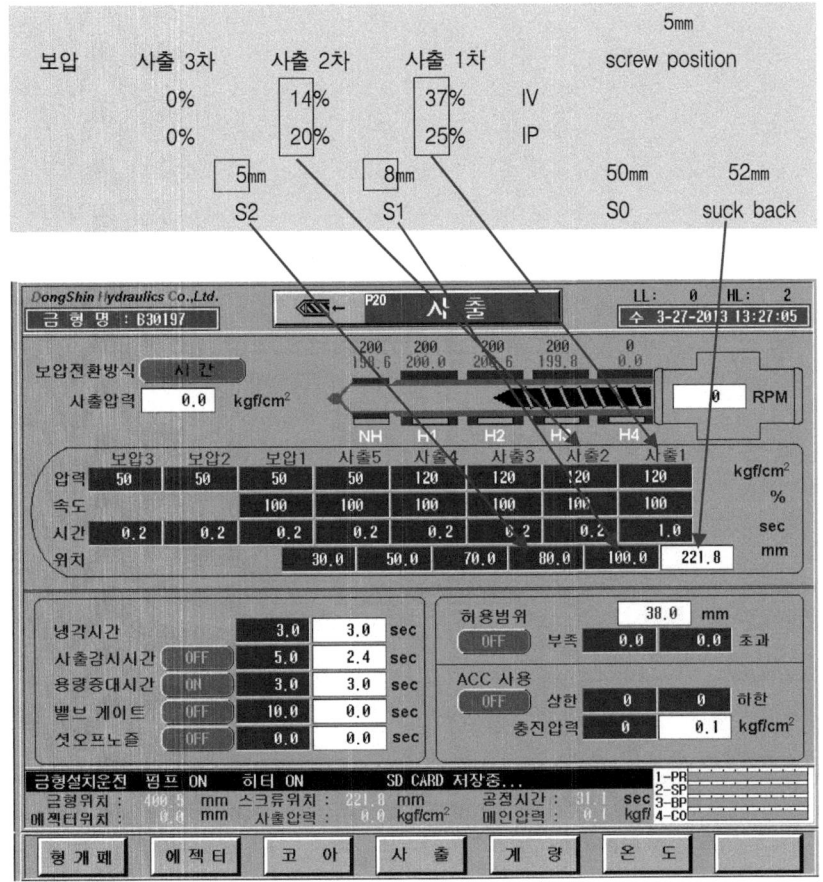

　사례는 사례 I을 충전과 보압으로 갈라놓은 것이다. 계량완료 50mm에서 1차 절환 8mm까지가 충전이고, 1차 절환 8mm에서 2차 절환 5mm까지가 보압이다. 5mm 이후는 burr(2차 burr) cutting용이다.

⇨ 충전조건인 사출 1차에 의해 주입되는 양은 42mm(50mm(계량완료)-8mm(1차 절환))이고, 보압조건인 사출 2차에 의해 주입되는 양은 3mm(8mm(1차 절환)-5mm(2차 절환))이다.

• 사례-Ⅲ

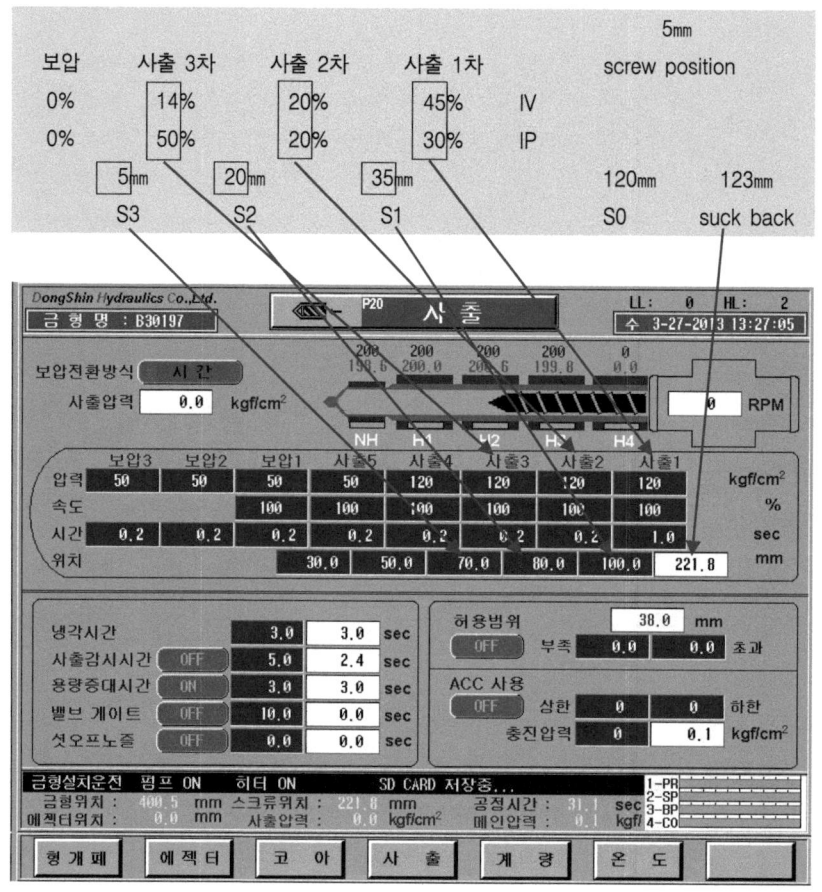

사례 Ⅲ은 두께가 두꺼운 성형품을 외벽 굳히기 조건을 가동하여 burr를 발생시키지 않고 수축을 잡아낸 조합이다. 계량완료 120mm에서 1차 절환 35mm까지를 충전으로, 1차 절환 35mm에서 2차 절환 20mm까지를 충전과 보압을 병행하는 구도로, 2차 절환 20mm에서 3차 절환 5mm까지를 보압으로, 3차 절환 이후는 성형기 무리 방지용 조건으로 조합하였다.

⇨ 이 조건은 두께가 두꺼운 만치 금형으로 유입된 수지가 쉽게 굳질 않아 낮은 압과 느린 속도로 성형이 가능하여 필요 이상 높게 하지 않은 것이 특징이다. 압을 높이면 충전조건인 사출 1차에서도 burr(1차 burr)가 터져 나온다.

1차 절환 35mm에서 2차 절환 20mm까지는 사출 2차 조건이 관장하며 1차 조건에 비해 상대적으로 낮은 조건을 취하였다. 본 조건이 소위 외벽 굳히기 조건이다.

⇨ 스크루가 1차 절환 35mm에서 2차 절환 20mm까지 전진하는 동안 15mm(35mm-20mm)정도의 양이 주입 되는데, 이 양은 사출 1차에서 못다 주입시킨 양(충전 량)과 성형품의 외벽이 굳을 수 있는 시간적 여유를 주기 위한 양(보압 량)이 혼재된 양이다. 이 양은 충전용이라면 충전용이고, 보압용이라면 보압용이다. 부르기 나름이고, 생각하기 나름이다.

📝 *Note*

> 외벽 굳히기 조건을 통해 주입되는 수지는 미세한 크기의 미성형(가스로 인한 미성형이 이에 해당)을 제압하는데 쓰이기도 하고 weld line을 희미하게 하는데 쓰이기도 한다. 그러나 이는 어디까지나 본격적인 보압을 가하기 전(前) 단계의 양이므로 수축을 완전히 해소하기에는 턱없이 부족하다.

이후, 사출 3차압을 높게 가해도 burr는 터지지 않고 수축은 이상 없이 잡혀 나온다.

⇨ 사출 2차를 거치는 동안 외벽이 굳을 만큼 굳은 관계로 압을 높게 가해도 burr는 터지지 않고 수축은 향상된다.

사례의 경우 다른 조건에 비해 사출시간이 길어짐은 피할 수 없다. 외벽 굳히기 조건은 이 부분에서 지체하는 시간(짧게는 3초에서 길게는 5초 이상 지연)이 생각보다 만만찮기 때문이다.

⇨ 외벽 굳히기 조건을 사용하지 않고 압을 높이면 burr만 터지고 수축은 심화된다.

(2) 성형기
① 노즐구멍이 너무 작다.
노즐구멍이 너무 작으면 압력전달이 잘 되질 않아 수축이 심화된다. 노즐구멍을 키워 압력전달을 용이하게 하는 것이 해결책이다.

⇨ 노즐구멍을 키우면 압을 낮출 수 있는 잇점도 있다.

(3) 금형
① 살두께 불균일

⇨ 살두께가 불균일하면 두꺼운 쪽이 얇은 쪽보다 느리게 냉각되어 수축이 심화된다. 냉각방식을 재검토하고 살빼기도 검토한다(살두께는 되도록이면 균일하게 하는 것이 좋다).

② 보스(boss)의 외경 확대 시 수축 트러블
boss의 외경을 확대하면 두께가 두꺼워져 수축이 심화된다. 싱크마크 제거용 핀을 설치해서 수축을 억제한다.

⇨ '싱크마크 제거용 핀'은 '살빼기용 핀'을 뜻하는 말이다.

(4) 수지
① 결정성 플라스틱과 비결정성 플라스틱
결정성 플라스틱은 비결정성 플라스틱에 비해 수축률(=고유수축률)이 커서 수축도 크게 나타난다. 결정성 플라스틱의 수축을 억제하려면 결정화도를 조절하는 방법과 유리섬유나 석면 등 무기물 충전재를 혼입하는 방법 등을 고려해볼 수 있다.

⇨ 결정성 플라스틱은 특성상 금형온도를 높여 서서히 냉각되도록 하여 결정화도를 높여주는 것이 좋으나, 금형온도가 높으면 수축이 우려되므로 간단치가 않다. 본 경우 결정화도도 조금 양보하고 수축도 조금 양보하는 선에서 타협점을 모색함이 옳다.

② 유동성이 떨어지는 수지의 수축 트러블

⇨ 유동성이 떨어지는 수지는 수지온도 ↑, 금형온도 ↑, 저점도 수지로 교체방안 강구 등의 조치를 취해 유동성을 확보해주면 해결된다.

Q & A

Q PC 제품 '수축'이

얼마 전 PC/PET 수지로 식판을 성형하게 되었는데(아시죠? 구내식당에서 밥 먹을 때 사용하는 식판), 게이트 부분이 자꾸 빨려 들어가요. 밤보다 낮이 더 심하고요. 다른 곳은 정상인데 유독 게이트 따는데서 수축이 생기니. 금형은 핫 러너입니다.

A 게이트 부위가 빨린다고 하셨는데, 이를 해결하려면 다음 두 가지 경우를 상정해 볼 수 있습니다. 첫째는, 배압을 올리는 것이고 둘째는, 핫 러너 온도를 내리는 방법입니다. 핫 러너를 채용한 금형이 아니라면 보통은 배압을 올려주면 해소됩니다. 때로, 강제후퇴와 연관이 있을 수도 있습니다. 이때는 강제후퇴를 없애면 효과를 봅니다.

Q PP를 성형하는데 수축 잡는 방법 좀

복합 PP를 사용하고 있는데 제품을 쌓다보니 수축이 심해 이가 안 맞아 삐딱하게 쌓입니다. 이거 정리하다보면 시간도 많이 걸리고 어찌나 힘든지. PP 수축 잡는 방법 아시는 분 답변 좀 해주세요. 사출기는 1,300톤입니다. 제품 무게는 2,600± 300mg(무게 오차는, 30g~40g 정도) 사출은 첨이라서 상세설명은 못 드리겠고요. 암튼, 복합 PP 쓰는데 수축이 심해서 제품 쌓는 게 너무 힘들어요. 좀 도와주십시오.

A 수축만 문제인가요? 수축만 문제라면 수축이 발생하는 요인을 찾아보면 됩니다.

<수축 발생요인>
1. 살두께 불균일 - 살두께 균일하게, 또는 살빼기 할 것.
2. 보압을 좀 더 줄 것.
3. 수축 발생 부위 게이트 설치

위 3가지 중에서 답을 찾으십시오. 무게 오차가 30g~40g이라고 하셨는데. 혹시 수지가 덜 들어가서 수축이 발생한 건 아닌지요? 계량 스트로크가 맞는지도 확인해보시기 바랍니다.
PP는 유동성이 좋은 수지이기 때문에 속도로 충전을 마무리하시고 보압에서 여분의 압을 더 주는 것도 괜찮은 방법일 듯싶습니다. 단, 속도를 너무 빠르게 하면 가스가 배출되지 않을 수도 있으므로 gas vent를 점검하는 것도 필요하고, 약간 과도한 압이 들어가서 수축이 해소되었으면 오버패킹으로 취출이 문제될 수 있으므로 문제 부위를 래핑을 하거나 빼기구배를 더 줄 수 있는지도 확인하셔야 할 겁니다.

Q MI값이 수축에 영향을 미치나요?

A MI값이 크면 유동이 좋아 수축에 영향을 미치는 건 당연합니다. 그러나 흐름이 좋다보니까 오버패킹으로 인한 burr와 burn 등 불량이 나타날 수 있으므로 주의하셔야 합니다.

A.1 수지별로 수축률 차이를 비교하려면 MI값보다는 pvT 선도를 구해서 비교해 보시는 것이 좋을 듯합니다. 특히, 결정성 수지일 경우 pvT 수치가 매우 중요합니다.

Q 저희는 텔레포씨라고 하는, 국내에 몇 안 되는 화상전화기를 만드는 업체입니다. 업체들 중 기술력은 제일 뛰어나다고 자부하고 있습니다. 저희는 난연성 수지를 주로 사용하고 있습니다. 얼마 전 사출업체에서 연락을 받았는데 난연 수지여서 수축이 심해 압을 높여 작업을 하다 보니 일반 압력 70, 저희 회사 제품 사출시 120, 그러다 보니까 금형에 무리가 가고 밀핀도 자주 부러져서 작업 하는데 어려움이 많다고 합니다. 이걸 어떻게 극복해야 될지 아시는 분 있으면 도움 좀 주셨으면 합니다. 인증시 0~3까지 해당되는 난연 수지가 스펙에 들어가는 걸로 아는데 저희는 현재 0을 쓰고 있습니다. 카메라나 인터페이스 보드에서 열이 약 80℃정도 납니다. 이런 사항을 감안해서 알려주시면 고맙겠습니다.

A 수축을 잡는 방법에는 여러 가지가 있습니다. 이 말은 사출압력이 전부가 아니란 얘기이며, 수축에 관여하는 제반 요소들이 제자리에 가있는 상태에서 압(=보압)을 가해줘야 한다는 뜻입니다. 일단은 사출압력이 너무 높게 설정된 것 같으니까, 이것부터 낮춰줘야 할 것 같습니다. 열을 올리고 사출압력을 낮출 수 있도록 하십시오. 대신, 보압을 높이고 보압시간을 연장하는 조치가 필요할 것 같습니다.

Q 온도를 높이면 수축이 심해지지 않습니까? 온도를 내리고 사출시간으로 잡으면 안 될까요?

A 온도를 높이면 수축이 심해진다는 말은, 맞는 말입니다. 그러나 이것은 두께가 두꺼울 때 하는 이야기이고 얇을 때는 다릅니다. 두께가 얇을 때는 성형온도와 금형온도, 둘 다 높여줘야

수축이 잡힙니다. 이유는 두께가 얇은 관계로 굳는 속도가 빨라 보압이 미처 가해지기도 전에 굳어버리기 때문입니다. 이때는 보압을 아무리 높여줘도 소용없습니다. 특히, 게이트로부터 멀리 떨어진 곳은 압력전달이 용이하지 않아 수축이 심하게 나타납니다. 이때는 금형온도를 높여 고화를 지연시켜 보압 전달을 용이하게 해줘야 수축을 잡아낼 수 있습니다.

사출은 수축만 잡는다고 되는 것이 아니라 충전단계에서 나타나는 불량도 함께 잡아야 합니다. 알다시피 사출은 충전이 먼저이고, 보압은 나중입니다. 그러다보니까 성형온도는 충전단계에서 결정될 수밖에 없습니다. 만약, 두께가 얇아 미성형이 발생한다면 어떡하시겠습니까? 이때도 열을 높이면 수축이 심해지니까 열을 낮출 생각이십니까? 이때는 열을 높이지 않으면 수축은 고사하고 미성형도 잡아낼 수 없습니다.

열을 설정할 때는 성형품의 두께와 점도 및 밀도를 두루 고려해서 설정해야 하고, 이렇게 설정된 열은, 미세 컨트롤을 요할 경우가 아니면 손 댈 일이 없어야 합니다. 이는 충전뿐만 아니라 보압까지(수축까지) 겨냥한 조치로서, 이 상태에서 수축이 발생하면 열을 낮춰 잡겠다는 발상은 버리고(열을 낮추면 사출압력을 높여줘야 하는 등 조건전반을 다시 손봐야 하는 상황 발생) 보압을 높이거나 보압시간의 연장 또는 수축 발생 부위의 금형온도를 높이거나 낮추는 등의 조치를 취하는 것이 제대로 된 접근방법일 것입니다.

A.1 온도를 내리면 압을 높여줄 수밖에 없으므로 과도한 압력으로 기계 수명을 단축시킬 수도 있겠다는 생각이 드는군요. 온도는 과열되지 않는 선에서 올리고, 필요하다면 금형온도도 함께 올려주면 흐름이 좋아져 기계에 무리가 안 가도록 할 수 있습니다. 유동이 좋아지니까 압과 속도도 낮춰 작업할 수 있겠고요. 적정 배압과 충분한 사출시간도 빼놓을 수 없습니다. 밀 핀이 부러질 정도라면 금형에도 문제가 있지 않을까 사료됩니다. 즉, 이동측 금형이 제품을 꽉 물고 안 놔주는 현상도 있을 수 있고, 붙잡고 있는 제품을 과도한 압(=이젝터 압력)으로 밀어 냄으로써 밀 핀이 부러질 수도 있다는 얘깁죠. 덧붙여, 높은 압으로 밀핀 사이에 수지가 차고 들어갈 수도 있는 문제 아니겠습니까? 저희도 난연재료를 취급하면서 성형온도의 민감성을 깨달은 바 있습니다. 온도를 높이면 수축상태가 개선되는 제품이 있고 나빠지는 제품이 있습니다. 이는 성형품에 따라, 수지 특성에 따라 다릅니다. 성형품에 따라 달라지는 경우는 두께, 크기, 게이트 수, 게이트 위치 및 형상 등이 복합적으로 작용합니다.

A.2 저도 난연재료(grade Vo)를 경험해봤는데요. 난연재료 사용 시 제일 큰 문제는 난연재 첨가에 따른 금형 내 gas 발생과 난연재라는 것이 자기소화성은 있지만 열에는 민감하거든요. 그래서 screw 탄화 문제가 심각한 것 같습니다.

Q 사출 재질 중 수축이 잘 안 가는 재질을 알고 싶습니다. 왜냐면요, screw를 성형하는데 PC로 했더니 수축이 발생해서 크기가 안 맞더라고요. 사출에 대해 아무것도 모르는 초짜입니다.

A 제 경험으로, 스크루 피스는 나일론 싱글(PA-6)로도 가능합니다. 예전에 작업한 경험이 있거든요.

A.1 PC는 수축률이 약 0.005㎜정도 되는 비결정성 플라스틱입니다. 결정성 플라스틱과 비결정성 플라스틱의 수축률은 비결정성 플라스틱이 훨씬 작습니다. 재질은 임의로 바꿔서는 안 될 줄로 알고 있습니다. 나일론 싱글로도 가능하다면 이는 처음부터 재료선정이 잘못된 것이 아닌가 싶군요.
수축이 덜 되는 재질도 있습니다. 섬유강화 플라스틱이 좋은 예입니다. 섬유강화 플라스틱은 본래의 플라스틱에다 글라스나 석면 등을 섞어 만드는 관계로 물성도 강화되어 있고 수축률도 작습니다. 그러나 섬유강화 플라스틱을 사용해야 하는 이유에 대해 충분히 검토하신 후 사용하셔야지 무턱대고 수축만 잡기 위해서라면 곤란합니다.

Q 안녕하세요. 제가 근무하는 곳에서 PE로 사출한 제품이 있는데 제품 두께가 두꺼운 관계로 시간이 지나면 수축이 많이 가거든요. 조언 부탁드립니다.

A PE(폴리에틸렌)는 결정성 수지입니다. 그래서 수축률도 큽니다. 거기다 두께마저 두껍다면 수축은 훨씬 심할 겁니다. 그렇다고 성급하게 다른 재료를 찾으려 하시지 말고 조건을 재검토해 보실 것을 권고 드립니다. 조건은 답이 없는 듯하면서도 있는 것이니까 말이죠.
일단, 성형온도를 낮춰보십시오. 사출조건 panel에서는 압과 속도가 그리 높지 않아도 될 것 같습니다. 이는 사출 1차압과 속도를 말하는 것입니다. 소위 충전단계를 말하는 것이죠. 두께가 두껍다보니까 유동 중에 쉽게 굳지 않아 낮은 압과 느린 속도로도 능히 충전이 가능할 것 같기에 드리는 말씀입니다. 보다 천천히 주입시키십시오.
사출2차는 '외벽 굳히기 조건'으로 활용하셔야 합니다. 그래야 본격적인 보압인 사출 3차압을 높게 가해도 burr가 터지지 않고 수축이 잡혀 나옵니다. 수축상태를 예의주시하면서 3차압을 만족할 때까지 올리십시오. 단, 압은 올리되, 속도는 느리게 하는 것이 좋습니다.
사출시간은 모르긴 해도 길게 줘야 할 겁니다. 수축을 잡기 위해 꾸준히 밀어줘야 할 것이기에 그렇습니다. 보압을 충분히 가함으로써 수축 부위로 수지를 꾸준히 밀어 넣어 수축될 여지를 없애겠다는 것이 본 컨트롤의 골자입니다. 이렇게 되면 사이클은 길어질 수밖에 없습니다.

사출 4차는 사출기 무리방지용 조건으로 활용하십시오. 사출 4차에서 머무는 시간은 최대한 짧게(0.1초 정도)하되, 압과 속도는 0%로 해도 무방합니다. 이렇게 하지 않으면 사출 3차압이 높음으로 인해 매 쇼트마다 "쿵쿵" 거리며 이상소음이 발생하게 될 것입니다. 이렇게 되면 기계적으로 무리가 따름은 불가피합니다.

배압(背壓)을 높여 밀도(密度)를 높여주는 조치도 수축을 향상시키는데 도움이 될 수 있습니다. 이른바 '보배(保背)의 이치'를 말하는 것입니다.

A.1 속도를 느리게 하고 압을 높이면 수축을 잡는데 도움이 됩니다. 그리고 열, 압력, 냉각 등 전반적으로 고려해야 할 사항이 많습니다. 보압시간은 길게 주는 편이 유리합니다.

2.4 곰보

곰보는 보는 관점에 따라 자그마한 수축을 연상시킬 수도 있고, 플로마크처럼 보일 수도 있으며, 금형 면이 날카로운 송곳에 미세하게 찍힌 것처럼 보일 수도 있다.

⇨ 곰보가 자주 발생하는 수지로는 POM, PC 등을 들 수 있으며, 이들의 공통점은 유동성이 떨어진다는 점을 꼽을 수 있다.

1) Part별 원인 및 대책
(1) 성형조건
① 사출압력과 속도↑, 혹은 보압↑ control

⇨ 본 경우 유동불량에 기인한 곰보(플로마크 형 곰보)와 자그마한 수축을 연상시키는 곰보(수축 형 곰보)의 대처요령이다. 압과 속도를 높이면 플로마크가 잡히고, 보압을 높이면 수축이 잡힌다(보압시간을 길게 주는 것도 같은 맥락).

② 배압↑

⇨ 배압을 높이면 밀도가 높아져 자그마한 곰보 정도는 쉽게 메워지지 않겠는가 하는 판단에 따른 것이다.

③ 성형온도와 금형온도↑   ⇨ 성형온도와 금형온도를 높이는 것은 유동성을 향상시키기 위한 조치다.

〈사출조건 제어〉
- 사례-Ⅰ 플로마크 형 곰보

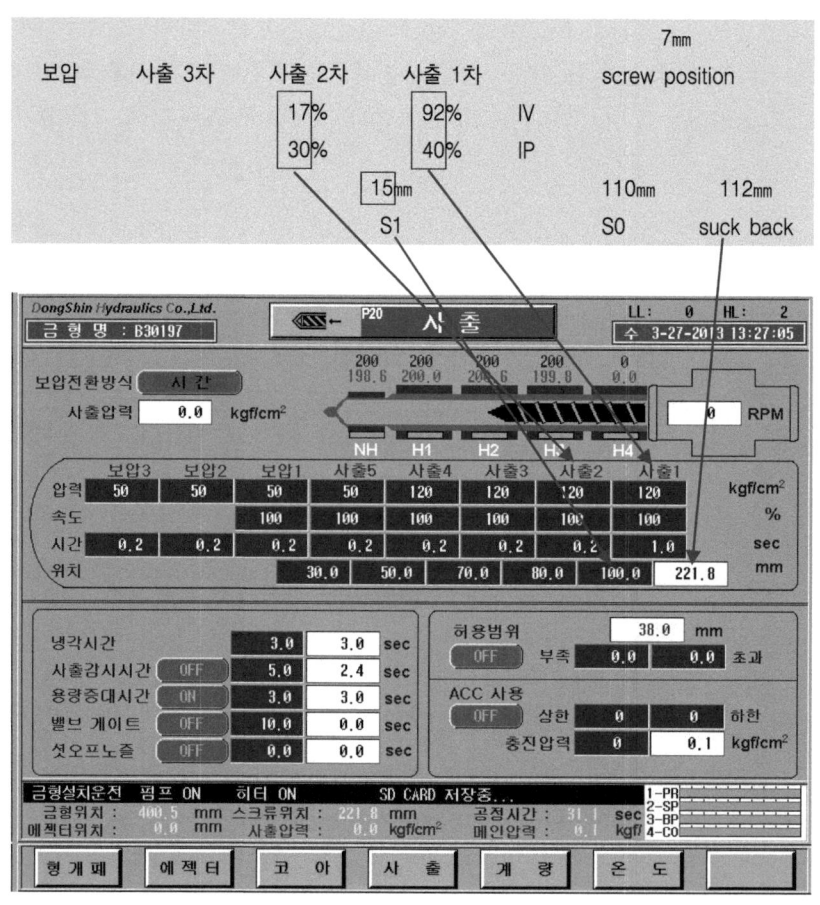

플로마크 형 곰보는 수지가 금형 내를 매끄럽게 흐르지 못한 데서 비롯된 것이므로, 가소화조건을 개선하고 압과 속도를 높여 빠르게 주입시킬 필요가 있다.

⇨ 가소화 조건 개선책으로는 배압을 높이고 성형온도를 높인다. 금형온도는 수지특성과 성형품의 두께에 따라 차등 제어한다. 사례는 1차 속도를 92%로 하여 플로마크 형 곰보를 제압한 것이며, 이렇게 하면 자칫 burr가 차 나올 수 있는데 이때의 burr는 1차 절환(mm)을 상향제어해서 제압한다. 사출 2차는 수축제압이 목적이다.

• 사례-II 수축 형 곰보

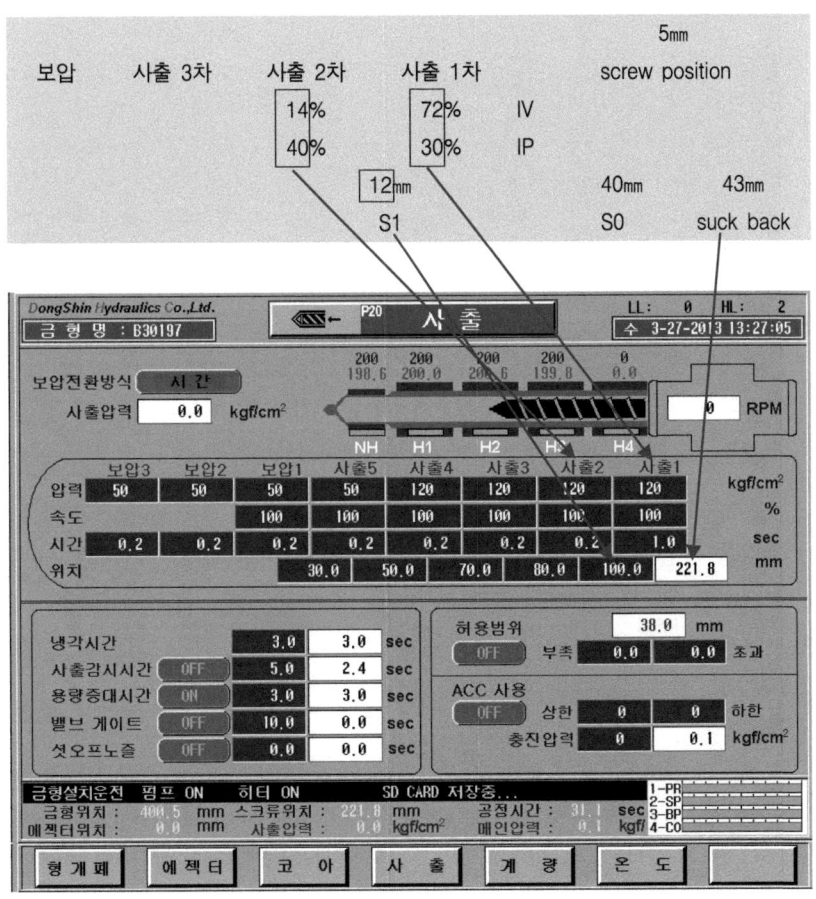

수축 형 곰보는 자그마한 수축을 연상시키는 것으로서, 취지에 걸맞게 수축에 포커스를 맞춰 제압한다. 사례의 조건에서 보압 중 주입된 수지는 7mm(12mm(1차 절환)-5mm(cushion))이다.

(2) 성형기
사출시 스크루가 회전하면서 전진
⇨ 스크루가 회전하면서 전진하면 스크루의 이상마모를 의심해봐야 한다 (check valve가 마모되어 수지가 역류하면 주입량 부족으로 곰보 발생).

(3) 금형
금형 면 가공불량
⇨ 금형 면을 매끄럽게 가공한다.

(4) 수지
유동불량
⇨ 유동성이 좋은 재료로 교체하는 방안 검토.

Q & A

Q 곰보가 발생합니다. 재료는 ABS 회색이고 조건은, 성형온도 243℃(NH) 239℃(H1) 227℃(H2) 219℃(H3)이며, 사출압력은 37%, 사출속도 42%, 보압은 45%, 보압속도 45%입니다. 이 조건에서 곰보가 잡히질 않네요. 이래도 해보고 저래도 해봐도 안 됩니다. 꼭 잡고 싶습니다. 도와주십시오.

A 제 생각에는 충전이 원만하게 되질 않아서 곰보가 생긴 걸로 보입니다. 제시한 조건은 기계마다 사양이 다르기 때문에 무어라 말씀드리기가 좀 그렇고요. 다만, 보압절환 위치가 어떻게 되어있는지 확인해보시고 사출이 충분히 이루어진 다음 보압으로 전환되는지 확인해보시기 바랍니다. 이런 저런 방법을 다 동원해도 해소되지 않으면 게이트 크기와 위치도 고려해봐야 할 겁니다.

사이클 타임을 줄이려고 chiller를 사용하고 있다면 금형온도도 생각해봐야 할 것이고, 사출이라는 게 조건을 만지는 사람의 주관적인 생각이 많이 들어가는 기술이다 보니까 힘들 수가 있겠지만, 1차 사출이 충분이 이루어진 다음 보압으로 다져주면 별 문제는 없을 것으로 보이는데….

질문자 답변

제가 완전 초짜라서요. 1차 절환 · 2차 절환 · 3차 절환이란 것이 있긴 있는데 전부 0으로 되어 있습니다. 제가 설정한 것이 아니라서 딱히 뭐라 말씀드리기는 좀 그렇구요. 보압절환이라면 3차 절환을 말씀하시는 건가요? 스크루 위치는 71mm에서 21mm까지 움직입니다. 죄송하지만 자세한 설명 좀 부탁드리면 안 될까요?

A   기계 메이커가 뭔지가 중요합니다. 사출이 시간으로 되어 있는지 위치로 되어 있는지가 중요하니까. 일단, 사출이 시간으로 설정되는지부터 확인하시구요. 71mm에서 21mm까지 들어가고도 사출시간이 남는지도 확인해보십시오.

질문자 답변

시간이네요. 사출시간 7초입니다. 사출시간은 안 남구요. 딱 맞습니다. 냉각은 20초. 메이커는 대영기계공업이라고, 지금은 회사가 없어졌다고 하네요.

A   아! 그럴 수도 있을 거라 봅니다. 압을 높게 가해도 표면이 좋아지질 않고 거리(mm)를 늘려 봐도 변화가 없질 않습니까? 일부러 burr를 생기게 하려고 해도 잘 안 되고. 일단 압을 올려보십시오. 그래도 안 되면 사출될 때 스크루가 회전하면서 사출되는지 확인해보십시오. 만약 회전하면서 사출된다면 체크 링이나 스크루가 마모되어서 그런 겁니다.

2.5 플로마크(flow mark)

손가락의 지문형상을 띈, 용융수지의 유동불량에 기인한 불량현상이다.

⇨ 플로마크의 대표적인 형상은 지문형상(또는 파상형 흐름)이다. 그러나 반드시 지문형상(또는 파상형 흐름)이 아니더라도 유동궤적(또는 유동흔적)이 성형품의 표면에 남아 외관불량으로 분류되면 넓은 의미에서의 플로마크라 생각해도 좋다.

그림 7.6 flow mark

1) Part별 원인 및 대책

(1) 성형조건

- 수지온도가 낮다 ➡ 수지온도↑
- 금형온도가 낮다 ➡ 금형온도↑
- 압과 속도가 낮다 ➡ 압·속도↑

플로마크(flow mark)는 용융수지가 금형 내를 매끄럽게 흐르지 못한 것이 원인이므로, 수지온도와 금형온도를 높이고 압과 속도를 높여 빠르게 주입시키면 해결된다.

⇨ 투명제품에 발생하는 플로마크(flow mark)는 눈에 잘 띄지 않으므로 세심한 관찰이 요구된다.

〈사출조건 제어〉

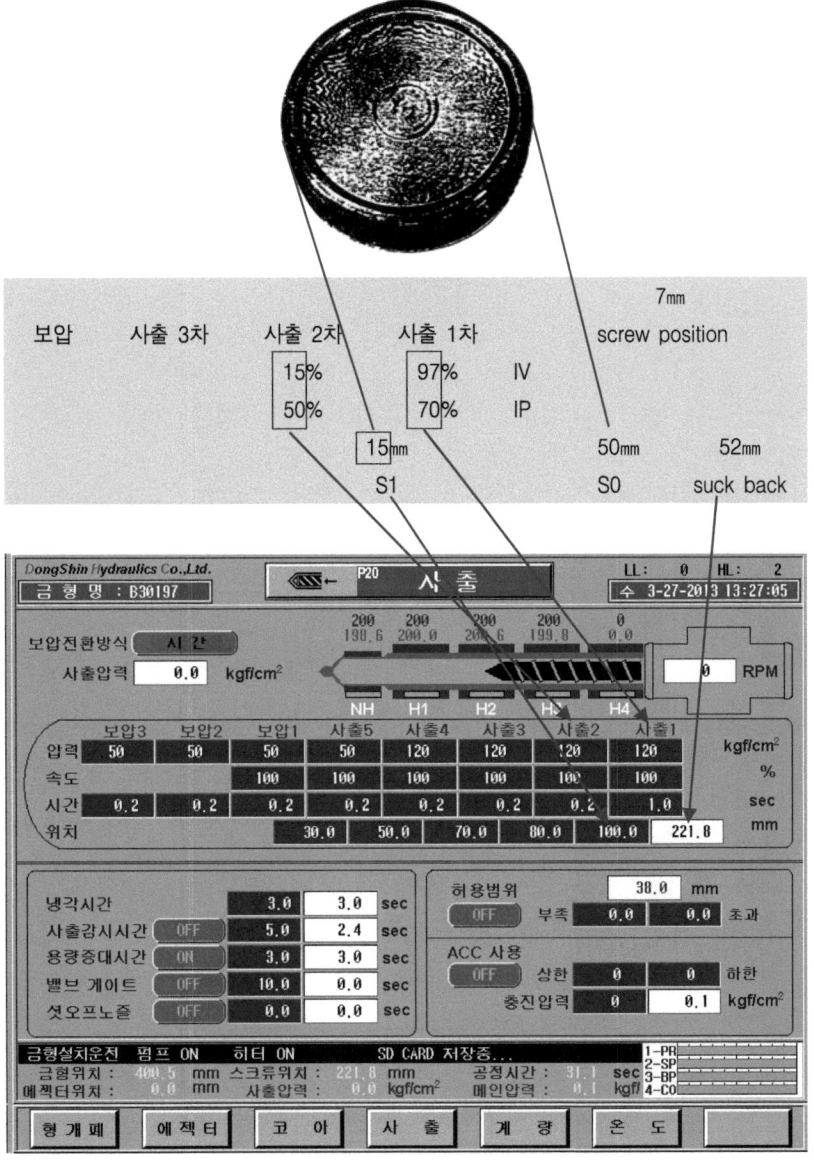

사례는 사출 1차를 압 70%, 속도 97%로 하여 플로마크를 제압한 사례이다(압과 속도를 높였는데도 효과가 없으면 성형온도가 낮거나 금형온도가 낮음이 원인). 압과 속도가 높고 빠르면 burr가 발생할 수 있는데, 이때의 burr는 1차 절환의 상향제어로 빠져나간다(1차 절환(mm)을 16mm, 17mm, 18mm … 등으로 상향제어하면 burr가 잡혀 나온다. 양을 필요 이상 줄이면 다 잡은 플로마크를 놓쳐버릴 수 있으므로 주의한다).

사출 2차는 보압조건이다(수축을 잡기 위해 주입시킨 수지는 8mm(15mm(1차 절환)-7mm(cushion))이다).

(2) 금형
살두께 완만하게

⇨ 살두께가 완만하면 수지 유동이 좋아져 플로마크(flow mark)가 잘 생기지 않는다(살두께가 급격히 변하면 두께 변동부위를 기점으로 주름살 모양의 플로마크가 생긴다. 이를 해결하려면 두께 변동부위 도달 직전 slow로 전환하는 것이 사출조건 control point).

(3) 수지
중점도(혹은 저점도)로 교체

⇨ 점도가 낮을수록 유동이 좋아져 플로마크가 발생할 확률이 현저히 떨어진다.

> **Note**
> 작업을 하다보면 분쇄재가 신재보다 유동성이 탁월함을 경험한다. 그래서 성형품의 강도만 문제되지 않는다면 유동불량에 기인한 플로마크는 분쇄재의 함량을 높이는 것만으로도 해결 가능성이 높다.

Q & A

Q 궁금해서 글 올립니다. 재질은 ABS V2-B 어댑터, 성형온도 공히 205℃, 제품에 사각 각인(SONY, 음각)이 들어 있습니다. 사각 각인 옆으로 눈물모양의 흐름자국이 생깁니다(글로는 설명이 잘 안 되는군요). 해결방법이 뭐 없을까요?

A 질문내용과 비슷한 사례를 예전에 경험한 바 있습니다. 해결책이 될런가 모르겠습니다만, 몇 가지만 나열해보도록 하겠습니다. 우선, 금형온도를 올리고 성형해보시기 바랍니다. 이때, 문제부위만 뜨겁게 할 수 있다면 더욱 좋습니다. 현재 설정된 열이 205℃라면 좀 더 높여보는 것도 괜찮을 듯싶군요. 전체적으로 10℃정도만 올려보십시오. 이렇게 한 후 성형을 시켜보아

음각부위에 변화가 없는지 관찰하시기 바랍니다. 만약 개선의 징후가 보이면 열을 좀 더 올려주는 쪽으로 가닥을 잡아야 할 겁니다. 이렇게 되면 금형온도도 자연적 높이는 쪽으로 갈 수밖에 없겠죠. 반대의 경우라면 성형온도와 금형온도 둘 다 내리는 쪽으로 선회하셔야 할 겁니다.

질문자 답변

감사합니다. 지금은 괜찮게 나오는데 압과 속도로도 해결될 수 있나요?

답변자 재 답변

압보다는 속도가 좌우할 걸로 봅니다. 성형품에 나타나는 외관 트러블은 대부분 속도가 빠르거나 느릴 경우가 태반이기 때문에 그렇습니다.

또 다른 답변

질문하신 플로마크는 게이트 구조도 간과해서는 안 되며, 속도도 느리게 해줘야 되지 않을까 싶습니다. 3단 제어가 가능하다면 slow → fast → slow로 말이죠.

Q 터널게이트로 사출시 게이트 부근에 생기는 해바라기 무늬는 어떤 식으로 해결하면 될까요? 한 가지만 더, PC작업 시 꼭 노즐을 전, 후진시키면서 작업을 해야 하는지요.

A 게이트 주위에 생기는 외관 트러블은 제팅(jetting) 제압조건인 slow → fast → slow control 방식을 적용하면 대부분 잡힙니다. PC라 하더라도 굳이 시프트 성형을 고집할 필요는 없습니다. 때로, 터치성형도 가능하기 때문입니다. 시프트 성형을 해야 할지 터치성형을 해야 할지는 작업자가 알아서 판단할 문제이나, 노즐이 굳어 다음 쇼트 성형이 불가능하다고 판단되면 물어볼 것도 없이 시프트 성형으로 전환해야 합니다.
PC는 유동성이 떨어지는 고점도 수지이다 보니까 온수기를 가동시켜 성형하려는 경향이 많습니다. 그러나 온수기를 가동하지 않고도 성형이 가능한 제품도 있으므로 무조건 온수기 사용을 의무화한 것은 아니란 점을 유념하셔야 합니다.

Q 안녕하십니까, PC를 사출하는데 한동안 헤매다가 요즘은 길이 좀 보이는 것 같습니다만 아직도 어렵네요. 회원님들, PC자료나 조언 그리고 know-how 있으시면 가르쳐 주십시오.

A PC는 매우 강인한 재료로서, 잘못하면 스크루가 부러지는 수가 있어 주의를 요하는 수지입니다. 항간에는 shot 수를 늘리기 위해 무리하게 열을 낮추는 경우도 봅니다만 결코 바람직한 방법이 못됩니다.

PC는 점도가 높은 고점도 수지입니다. 그래서 유동성이 떨어지는 수지이기도 합니다. 그러므로 유동성을 확보하려면 열을 높여줘야 합니다. 그러나 열을 꽤 높였는데도 응답이 없으면 금형온도를 높이는 쪽으로 가닥을 잡아야 합니다.

강제후퇴는 되도록 설정을 하지 않는 것이 좋습니다. 이유는, gas 때문입니다. 부득이할 경우 3mm 이내로 짧게 설정하십시오. 단, 배압은 높여줘야 할 겁니다.

호퍼로 재료를 빨아올릴 때도 건조가 따라붙을 수 있도록 원료이송을 소홀히 해선 안 됩니다. 요즘은 예전에 비해 좋은 재료가 많이 시판되는 관계로 성형을 하는 데 크게 문제가 없는 걸로 알고 있습니다.

2.6 제팅(jetting)

게이트를 기점으로 지렁이가 기어간 자국모양의 용융수지 흐름자국이 생기는 불량현상이다. 사이드 게이트(side gate)를 채용한 금형에서 많이 나타나며, 콜드 슬러그 웰(cold slug well)이 없거나 있어도 작을 경우 발생한다.

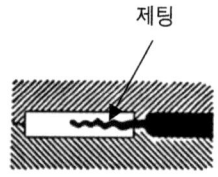

그림 7.7 Jetting

■ cold slug well과 Jetting

콜드 슬러그 웰(cold slug well)은 노즐의 굳은 수지가 cavity로 유입되지 못하도록 걸러주는 역할을 하는 부분이다.

> *Note*
>
> jetting은 노즐의 굳은 수지가 원인일 수도 있고 게이트 위치의 부적절, 게이트 선정의 부적절이 원인일 수도 있다. 본서는 노즐의 굳은 수지가 원인일 경우를 상정해서 해설한다.

⇨ 사출 시 노즐은 금형의 sprue와 터치상태를 유지하므로 식을 가능성이 높다. 노즐이 식으면 노즐에 잔류해 있는 수지가 굳어, 굳은 수지가 여과 없이 cavity로 유입되면 특유의 불량인 jetting을 발생시킨다(cavity는 항상 맑고 깨끗한 수지가 유입되어야 외관도 깨끗하고 강도도 뛰어난 성형품을 얻을 수 있다).

cold slug well의 크기가 작으면 굳은 수지를 다 담아낼 수 없어, 미처 걸러지지 않은 수지가 cavity 내로 유입되면 jetting을 발생시킨다.

1) Part별 원인 및 대책
(1) 성형조건
slow → fast → slow control

jetting을 제압하기 위한 조건으로는, slow → fast → slow control 방식이 주효하다. 이 방식은 sprue에서 gate까지는 느리게, gate 이후는 빠르게, cavity 성형 후는 다시 느리게 하는 제어방식이다.

⇨ jetting을 잡으려면 처음부터 빠르게 해서는 절대로 잡을 수 없다. 이유는 유속(流速)이 빠르면 굳은 수지가 cold slug well에 담기지 못하고 튕겨져 나와 cavity로 유입되어 jetting을 발생시키기 때문이다.

초속을 느리게 한 것은, 굳은 수지가 sprue와 cold slug well 및 runner를 거치는 동안 굳어가는 유로(流路)의 외벽에 달라붙어 제거되도록 하기 위함이다(이 조건은 외벽 굳히기 조건과 매우 유사하다).

📝 *Note*

> 본 경우는 cold runner를 예로 든 것이며 hot runner일 경우는 다른 시각으로 봐야 한다. 알다시피 hot runner는, runner가 항상 뜨거운 상태에 놓여있으므로 초속을 저속으로 한다고 하더라도 외벽이 굳을 일은 결단코 없다. 대신 저속으로 함으로써 cold slug가 뜨거운 runner에 녹아들 수 있는 시간적 여유는 있을 것이다.

⇨ 사출 시 최초로 노즐을 빠져나간 수지(cold slug, 굳은 수지)는 일차적으로 cold slug well에 의해 걸러지고, 미처 걸러지지 않은 굳은 수지는 속도를 느리게 한 만치 유로(流路, sprue와 runner를 말한다)의 외벽이 굳을 수 있는 시간적 여유를 줌으로써 굳어가는 유로(流路, sprue와 runner를 말한다)의 외벽에 달라붙어 제거되고, 중앙을 타고 흐르는 수지(sprue와 runner의 중앙을 타고 흐르는 굳지 않은 내부수지)만 2차 압과 속도를 받은 수지(다음 조건인 fast 조건에 의해 주입되는 수지)에 떠밀려 cavity 내로 유입된다.

굳은 수지를 온전히 걸러내기 위해서는 압과 속도를 최대한 떨어뜨리고 이렇게 하는 구간은 sprue에서 gate까지로 국한한다. gate 이후는 빠르게 해서 플로마크를 억제하고, 마지막 구간은 다시 느리게 함으로써 weld 부위로 내몰린 가스를 몰아내고 burn을 방지함과 동시에 수축을 제압한다는 것이 본 control의 골자이다.

⇨ slow → fast → slow control의 경우 성형 사이클이 길어짐은 피할 수 없다.

최초조건은 sprue에서 gate까지 성형되는 부분이다. 취지에 부합되기 위해서는 1차 절환(㎜)을 잘 컨트롤해야 한다.

⇨ 금형에 따라서는 sprue로부터 gate까지의 거리(㎜)가 긴 것도 있고 짧은 것도 있다. 어떤 금형은 거리(㎜)는 짧으나 굵기가 굵은 것도 있다(multi cavity의 경우 성형품은 작으나 sprue와 runner가 굵은 것이 좋은 예). 거리(㎜)가 짧아도 runner가 굵으면 양이 많아져 sprue로부터 gate까지의 거리(㎜)를 길게 해줘야 한다는 사실을 유념한다.
길든 짧든, 굵든 가늘든 최초 slow로 제어하는 구간은 gate를 넘지 않도록 하는 것이 좋다. gate를 넘도록 1차 절환(㎜)을 설정해버리면 slow로 지속되는 구간이 gate 이후로 이어져 플로마크로 나타난다. 이를 막으려면 1차 절환(㎜)을 잘 컨트롤해서 gate를 넘지 않도록 하는 것이 관건이다.

> **Note**
>
> 경우에 따라서는 1차 절환 거리(㎜)를 굳이 gate까지 맞춰주지 않아도 될 때도 있다. 이 경우는 짧은 거리(㎜), 다시 말해 sprue나 runner의 일부에서 굳은 수지가 완전히 걸러질 경우를 말하며, 이때는 1차 절환(㎜)을 굳이 gate까지 맞춰줄 필요가 없고 짧게(필요한 만큼) 주면 된다. 필요 이상 긴 거리(㎜)는 사출시간만 연장시킬 뿐 득(得)이 될 게 없다.

gate 주위에 나타나는 트러블을 효과적으로 제압하기 위해서는 사출 1차압과 속도의 저압·저속 구현과 sprue에서 gate까지의 거리(㎜) control이 point다.

⇨ gate 주위에 나타나는 트러블 정도가 심하면 저속·저압으로 이행되는 구간이 길어지고, 반대이면 짧아진다. 이 말은 정도가 심하면 걸러줘야 될 양도 많아지기 때문에 gate까지 저속·저압으로 밀어붙일 수밖에 없고, 반대이면 굳이 gate까지 가지 않아도 된다는 얘기다.

> **Note**
>
> gate 주위에 나타나는 트러블은 유형을 막론하고 slow → fast → slow control 방식을 적용하면 좋은 결과를 얻는다. 이를테면, 수염상 흐름이라든가 주름이 잡히는 현상 등등의 경우 말이다.

slow → fast → slow control 방식은 게이트 주위에 나타나는 불량현상을 제압하기로는 딱 안성맞춤이지만, 너무 느리게 주입되다 보니까 이후에 전개될 cavity성형에 있어서 플로마크와 미성형을 우려하지 않을 수 없다. 물론, 다음 조건이 fast 조건이다 보니까 우려했던 부분은 해소가 되나 이것도 유동성이 떨어지는 수지를 사용한다든가 게이트가 지나치게 작고 가늘면 목적달성이 용이하지 않으므로 게이트를 키우고 노즐온도와 금형온도를 높이는 등 유동성을 확보하는 조치가 따라야 한다.

후자는, slow로 제어해야 될 구간이 현저히 줄어들어 1차 절환(mm)과 계량완료와의 간격도 그만큼 줄어들게 된다. 가장 좋은 방법은, sprue나 runner의 일부에서 굳은 수지를 완전히 걸러내고 fast로 전환하면 사이클 희생도 막고 품질은 품질대로 향상시킬 수 있다. 그러나 의도한 대로 되지 않을 경우가 많으니 그것이 문제다.

⇨ 노즐의 slug를 제거하기 위해서는 노즐온도를 바짝 올려주는 방법이 있으나 속성상 100%를 기대하기 어려우므로 slow → fast → slow control 방식과 혼용해서 써먹을 수 있도록 한다. 노즐온도를 올리는 것은 노즐 수지가 굳지 않도록 하기 위함도 있지만, slow → fast → slow control 방식을 제대로 구사하기 위해서라도 반드시 필요한 조치다(초속을 slow로 한 상태에서 노즐열마저 낮으면 유입단계에서부터 유동성을 상실하여 목적달성이 용이하지 않기 때문).

> **Note**
>
> sprue·runner·gate까지 느리게 하면 의외의 소득인 burr도 잡힌다. burr가 잡히는 이치는, 압과 속도의 낮고 느림도 있지만 sprue와 runner의 외벽이 굳을 수 있는 시간적 여유를 준 것도 하나의 이유이다.

〈사출조건 제어〉

- 사례 - Ⅰ

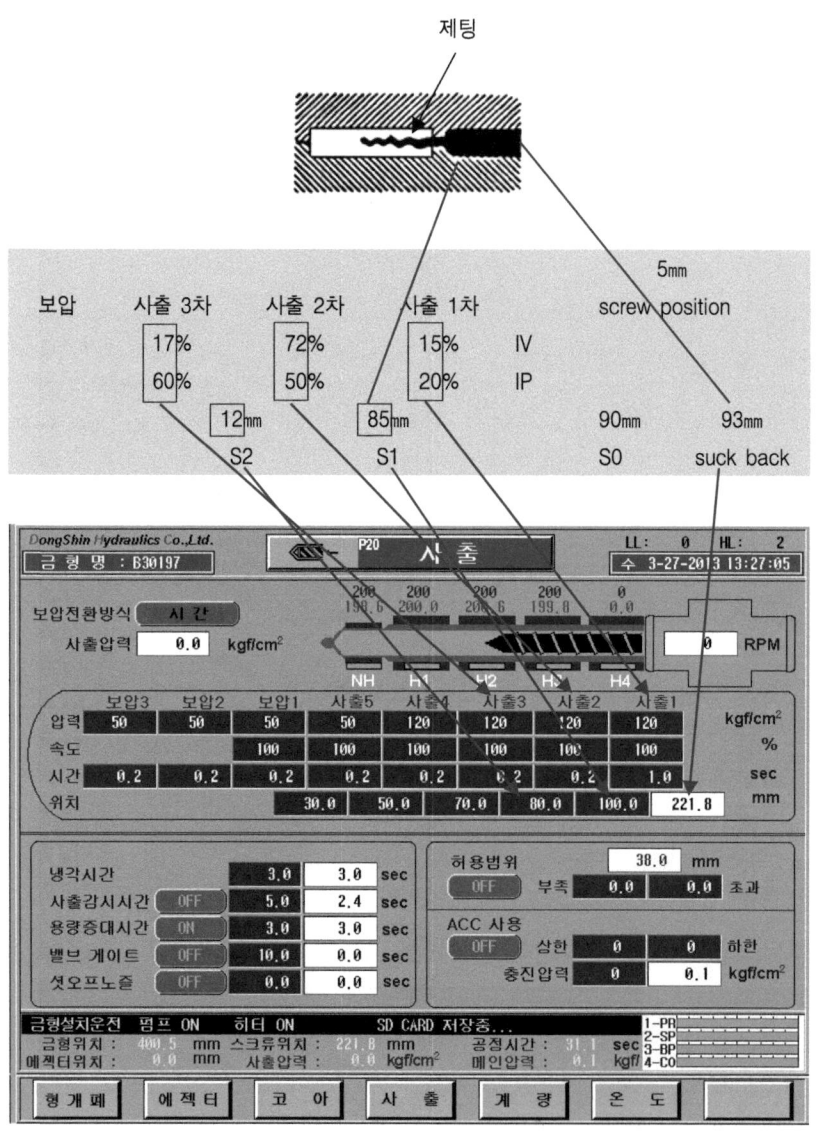

사례의 조건이 slow → fast → slow control 방식이다. 사례는 jetting이 주된 트러블로서 저속구간인 1차 절환(㎜)까지는 느리게 밀어주고, 느리게 밀어주는 동안 cold slug는 sprue의 외벽에 달라붙어 제거되고, 중앙을 타고 흐르는 수지만 runner, gate를 거쳐 cavity로 유입된다.

1차 절환 85㎜에서 2차 절환 12㎜까지는 잔여 sprue와 runner 및 gate, cavity를 성형하는 구간이다. 이 구간은 사출 2차 조건이 관장하며, flow mark(이 flow mark는 본격적인 cavity 성형에서 나타나는 flow mark를 말한다)를 없애고 burr(1차 burr)를 제거하는 것이 control point이다.

2차 절환 이후는 사출 3차 조건이 관여하게 되는데, 수축을 제압하고 완전성형을 지향하는 것이 목표다.

⇨ 본 조건의 특징은 slow로 지속되는 구간이 gate까지가 아닌 sprue의 일부란 사실에 주목한다(사례의 조건구성상 저속구간을 통해 주입되는 수지는 5㎜(90㎜(계량완료)-85㎜(1차 절환))에 불과하다는 사실에 주목). 사례는 cold slug의 양이 적어 굳이 gate까지 느리게 할 필요성이 없거나, slow → fast → slow control 방식을 구사하고자 할 때 어디까지 느리게 하는 것이 적정할 건지 가늠해보기 위한 조치로 이해한다. 이렇게 해도 스크루는 약 3초 정도(또는 그 이상) 매우 느리게 전진하다가 1차 절환에 도달한다. slow → fast → slow control 방식을 적용할 때는 사례와 같은 조건으로 탐색부터 해보고 여의치 않으면 절환 거리(1차 절환 거리를 말한다)를 점진적으로 늘려나가는 전략이 그 나마 time loss를 줄일 수 있는 유일한 방법이다.

⇨ flow mark는 압과 속도를 높여서 잡고 그로 인한 burr는 2차 절환을 상향제어해서 제압한다. 사례는 사출 2차압과 속도를 제법 빠르게 해도 weld line에 탄화(burn)가 생기지 않는 경우를 가정한 조합이다.

⇨ 성형이 종료된 후 burr(2차 burr)가 발생하면 3차 절환을 추가로 설정해서 burr 크기에 해당되는 양을 cutting시켜 제압한다(스크루 위치가 보다시피 5㎜에 위치해 있으므로 6㎜, 7㎜ 등으로 상향제어하거나 미세한 burr일 경우 5.1㎜, 5.2㎜ 등으로 컨트롤하면 된다).

• 사례-II

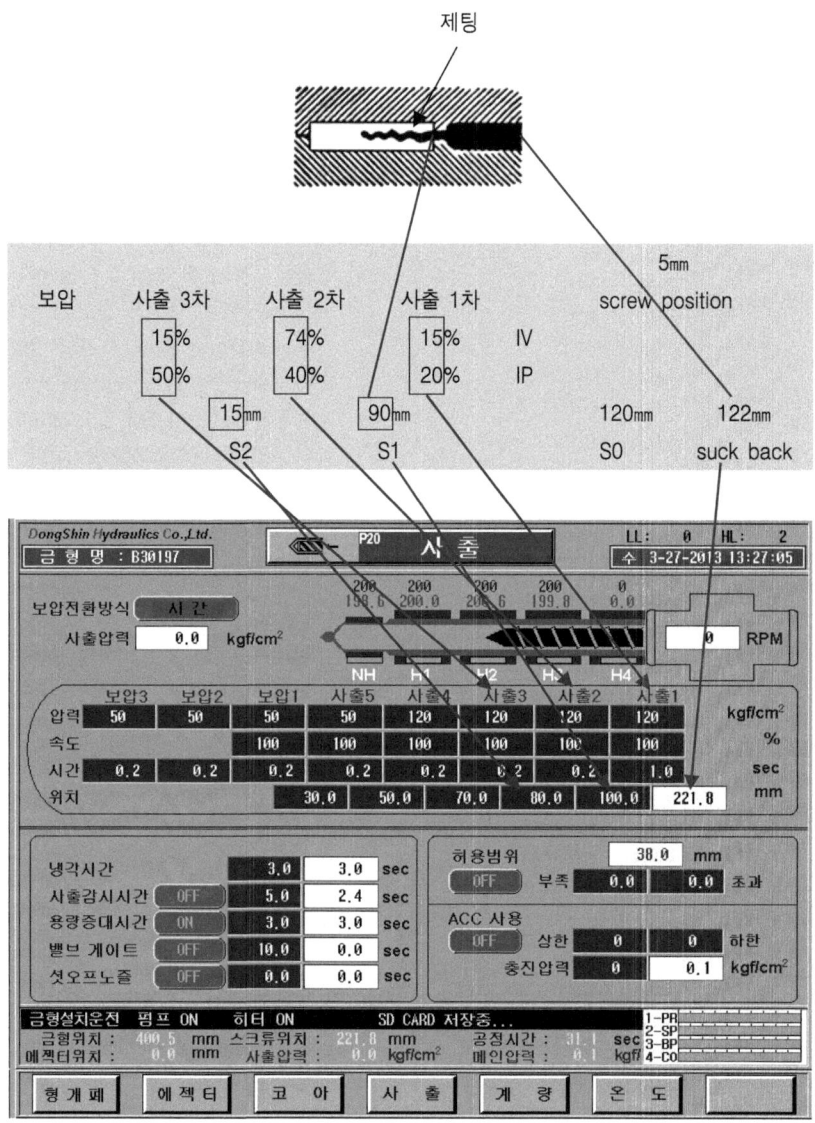

사례는 계량완료로부터 1차 절환까지의 거리가 보다시피 길다. 거리가 길다는 것은 걸러 줘야 될 양(cold slug)이 많다는 것을 의미한다. 계량완료 120mm에서 1차 절환 90mm까지는 sprue·runner·gate까지 성형되는 부분이며, 이 부분까지 최대한 저속·저압으로 밀어붙 여야 jetting이 사라진다. 1차 절환 90mm에서 2차 절환 15mm까지는 cavity 성형부분이다.

cavity 성형부분에서 burr(1차 burr)가 터져 나오면 2차 절환 15㎜를 16㎜, 17㎜ … 등으로 상향제어해서 제압한다. 수축은 사출 3차에서 제압하되, burr(2차 burr)가 터져 나오면 압을 낮추거나 3차 절환을 추가로 설정해서 burr(2차 burr) 크기만큼의 양을 cutting시켜 제압한다.

⇨ cavity 성형에 있어서 weld line에 탄화가 발생하면 사출 2차압과 속도를 낮춰도 효과를 보지만, 플로마크가 우려될 것 같으면 2차 절환 15㎜를 3차 절환으로 옮기고(사출 3차 압과 속도는 보압으로 옮김), weld 부위만큼의 거리(㎜)를 2차 절환 수치로 재설정해서 사출 3차압과 속도를 탄화를 제거할 수 있는 조건(slow control)으로 변경시켜 제압할 수도 있다.

때로, gate 주위에 반달모양의 원호(검은 줄 모양의 원호)가 생겨날 수도 있는데 이는, gate 마찰로 수지가 타버려서 생겼을 가능성이 높다.

⇨ 원호도 마찬가지로 slow → fast → slow control 방식을 적용하면 감쪽같이 사라진다.

(2) 금형

게이트 위치를 변경하거나 팬 게이트 또는 탭 게이트를 사용해도 효과를 볼 수 있고, cavity 벽면에 게이트를 직각으로 붙여도 효과를 본다(이 경우는 cold slug가 아닌 jumping flow(수지가 금형 내를 점프하듯이 흐르는 현상)일 경우 금형 수정요령이다).

⇨ 본 경우 금형을 수정하였으므로 굳이 초속(사출 1속)을 slow로 하지 않아도 된다. 이 말은, 처음부터 빠르게 해도 jetting이 발생되지 않는다는 뜻이다.

Q & A

Q 게이트 주위 주름제거 방법 좀~

게이트 주위에 주름이 발생합니다. 재료는 PP, PVC 두 종류를 사용하는데 사진의 재료는 PP입니다. 조언 부탁드립니다.

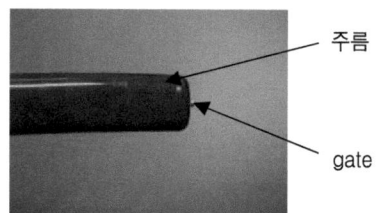

A slow → fast → slow control 방식을 적용해보십시오. 본 방식은 sprue · runner · gate까지는 느리게, gate 이후는 빠르게, cavity 성형 후는 다시 느리게 하는 방식입니다. 첫번째 조건인 사출 1차압과 속도는 최대한 낮춰주어야 하며, 이렇게 하면 1차 절환(㎜)까지 매우 느리게 진행될 겁니다(특별한 경우가 아니면 이 단계에서 사진의 주름은 말끔히 제거됩니다). 1차 절환(㎜)이후는 빠르게 해서 미성형과 플로마크를 제압하십시오. 2차 절환(㎜)이후는 다시 느리게 해서 수축을 잡아야 합니다. 압을 높이고 속도를 낮춰 제압하시기 바랍니다(수축은 '압(壓) 위주'로 제어해야 잘 잡힙니다).

A.1 slow → fast → slow control 방식은 사출성형에 있어서 매우 요긴하게 쓰이는 방식입니다. PC나 아크릴을 원료로 하는 렌즈성형의 경우 이 방식을 적용하면 유리알같이 맑고 투명한 성형품을 얻을 수 있습니다. 렌즈 외에도 다양한 성형품에 응용이 가능하므로 한껏 활용하시기 바랍니다.

2.7 웰드라인(weld line)

두 개 이상의 서로 다른 흐름이 만나서 생기는 가느다란 선을 weld line이라고 한다. weld line은 성형과정상 피할 수 없는 것이기는 하나 되도록 엷게 해서 강도상, 외관상 나쁘지 않게 해야 한다.

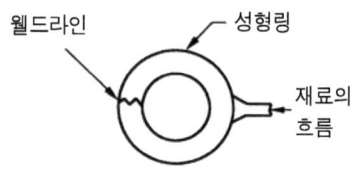

그림 7.8 weld line

1) Part별 원인 및 대책

(1) 성형조건

weld line을 희미하게 하려면 용융수지가 접합부위(weld 부위)까지 흐르는 동안 유동성을 잃지 않도록 해줘야 한다. 그러기 위해서는 수지온도와 금형온도를 높이고 압과 속도를 높고 빠르게 가할 필요가 있다.

⇨ 본 경우는 충전 말단에 생기는 weld line 대책을 기술한 것이고, 충전 중에 발생하는 weld line은 속도를 느리게 하는 것이 효과를 볼 경우가 많다. weld 부위 살두께를 증가시키는 것도 weld line을 희미하게 하는데 일조한다.

> **Note**
> 이형제를 사용하면 수지에 이형제가 실려 weld 부위까지 흘러들어가 접합을 방해하므로 되도록 사용을 자제하는 것이 좋다.

(2) 금형

① weld line 위치 부적절

⇨ weld line이 생겨서는 안 될 위치에 생겼다면 금형을 수정시켜 원하는 위치로 바꿔주는 것이 옳다. 수정방법은 게이트 위치변동을 고려해 볼 수 있다.

② weld line 제거

⇨ weld line을 제거하려면 오버플로(over flow)를 설치하는 방법과 금형 순간 가열 냉각 방식(사출될 때 순간적으로 열 변형 이상 온도까지 올리고, 사출이 끝나면 급속도로 내리는 방식) 등이 있다.

(3) 수지

① 유동이 불량하다.

⇨ 유동이 좋은 재료로 교체한다. 수지의 유동이 좋으면 weld line을 희미하게 할 수 있다.

(4) 기타

① 착색제에 의한 불량

⇨ 알루미늄박과 파알 착색제가 들어간 수지로 성형하면 weld line이 선명해지므로 조건으론 해결방도가 없다. 금형 설계 당시부터 weld line을 없애는 쪽으로 가닥을 잡는 것이 해결책이다.

2.8 태움(burn, 탄화)

성형품의 일부가 타는 현상이다. 주로 공기가 빠지기 어려운 위치(보스나 리브 등 금형 구조상 깊고 구석진 곳)나, weld line 부위에서 발생한다.

⇨ 탄화는 수지 유입속도에 비해 공기가 빠져나가는 속도가 느릴 때 발생하며, 미처 빠져나가지 못한 공기가 압축(=단열압축)되면서 열을 받아 수지를 태워버리는 현상이다. air vent를 점검하고 필요시 가스빼기 핀을 설치해서 가스가 빠질 수 있도록 조치한다.

〈사출조건 제어〉

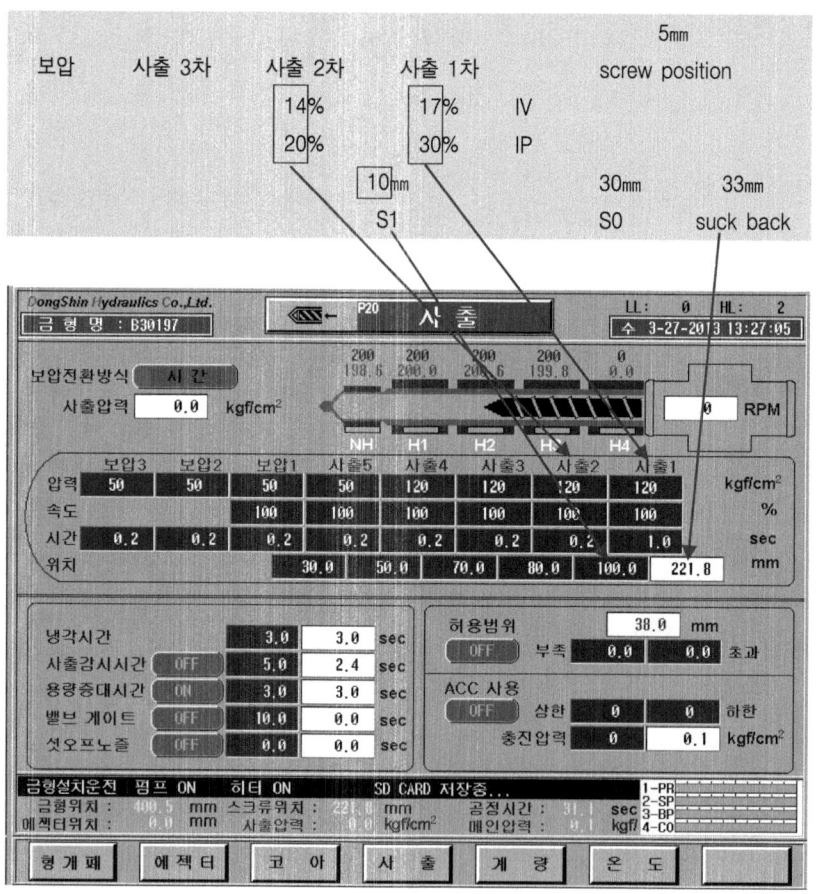

사례는 탄화만 잡으면 weld line은 그 자체로서 만족할 수 있을 것이기에 1, 2차 공히 압과 속도를 낮추었다.

사출 1차 조건에 의해 주입되는 양은 20mm(30mm (S0)-10mm(S1))이고, 압과 속도가 낮고 느린 만치 weld line에 탄화는 발생되지 않았다. 사출 2차 역시 압과 속도가 낮고 느려 탄화는 더더욱 발생할 수가 없고, 천천히 그리고 꾸준히 밀어주는 스탠스를 취함으로써 수축도 무리 없이 잡혀 나왔다. 수축을 잡기 위해 주입시킨 양은 5mm(10mm-5mm(screw position))이다.

⇨ 사례는 1차를 충전으로 2차를 보압으로 조합한 조건조합이다.

⇨ 속도를 느리게 하면 미성형, 높이면 탄화가 생길 경우 탄화는 속도로, 미성형은 압으로 제압하는 방법도 있다. 한편, 속도가 아닌 압으로도 탄화제압이 가능하다. 이때는 탄화부위의 gas 배출을 압이 담당하므로 속도는 미성형과 외관트러블을 제압하는 용도로 사용해야 한다.

Note

PP와 ABS 중 어느 쪽이 가스가 더 잘 빠지고 weld line 접합이 용이할 런지 알아보려면 유동성을 비교해보는 것도 나쁘지 않다. 수지 유동이 좋으면 속도를 느리게 해도 접합이 잘 돼 가스가 잘 빠지고 weld line도 희미해질 것이기 때문이다. 결론은 PP가 월등하다.

Q & A

Q PVC를 성형하는데 게이트 주위에 탄화가 생겨 온도, 압력, 속도, 시간 등등 다 만져봤지만 시정이 되질 않습니다. 다른 사출기에서는 깨끗하게 나왔는데 유독 구형사출기에서만 나옵니다. 재료는 신재만 사용합니다. 조언 부탁드립니다.

A slow → fast → slow control 방식을 적용해보십시오. 즉, 게이트까지는 느리게, 게이트 이후는 빠르게, cavity 성형 후는 다시 느리게 하는 방식, 말입니다. 질문의 경우 수지가 게이트를 빠르게 통과하다보니까 마찰을 일으켜 탄화가 생긴 게 아닌가 싶어 그러는 것입니다.

질문자 답변

조언 감사드립니다. 게이트 주위에 생긴 탄화는 말씀하신 대로 하니까 흔적 없이 사라졌습니다. 구형사출기라 속도밸브가 없어 압을 최소로 낮추는 대신 온도를 올리고 계량속도를 느리게 하고 2차압과 시간을 늘려서 낮춘 압을 보충하도록 하여 완전한 제품을 생산할 수 있었습니다. 감사합니다.

Q 안녕하세요. 저는 사출한 지 딱 6개월 되는 초보자입니다. 여러 선배님들의 조언을 구하고자 글 올립니다. 원래는 사출공장에서 7년 정도 일했지만 납품, 외주관리(사양서 관리), 마감정리, 수주 및 발주정리, 생산관리, 생산품질, 재고, 데이터 관리, 기타 경리업무 쪽으로 일을 6년 정도 하다 사출에 손대기 시작했습니다. 저 나름대로는 회사 운영에 아무런 문제가 되지 않는 것 같았는데 하면 할수록 끝이 없는 게 사출인 것 같습니다. 기본적인 조건은 어느 정도 하고 있다고 생각되지만 설비정비·전기 분야·금형분야 쪽으로는 완전 꽝입니다. 앞으로 문제가 생기면 선배님들께 많이 문의할 테니 가르침 주시면 고맙겠습니다. 일단 한 가지만 문의하겠습니다.

gas 발생 시 조치사항입니다(원료 : PC/ABS 난연 or PC 난연, HIPS 난연의 경우).
1. 원료 건조
2. 배압 증가
3. 계량 속도 및 사출속도 감소
4. 실린더 온도 감소, 사출압력 증가(미성형 방지)
5. 노즐 외부 공기유입 확인
6. 금형 내부 에어벤트 설치여부 확인

상기 조건으로 했는데도 gas가 발생한다면 다른 방법은 없는지 알려주십시오.

A 예전에 제가 컴퓨터나 게임기용 main frame, tray를 작업할 때 사용하던 재료 같군요. 그때 저희는 핫 러너로 사출하였는데 가스 때문에 애를 먹었습니다. 일단 재료부터 검토해보십시오. 지금 사용하고 있는 재료가 신재만 사용하는지 아니면 분쇄재료와 섞어서 사용하는지 말입니다. 그게 문제를 푸는 열쇠일 걸로 보입니다. 분쇄재료를 사용하면 다량의 분진이 실린더 내에서 분해되어 가스로 나타날 수 있기 때문입니다.

2.9 치수 및 중량 불균일

치수를 안정적으로 관리하기 위해서는 사출조건과 계량조건 및 온도(성형온도, 금형온도), 시간 등 조건전반을 잘 컨트롤해야 한다.

⇨ 두께가 두꺼우면 고화가 느리게 진행되어 후 수축으로 인한 치수편차가 우려되고, 얇으면 빨리 굳어 치수관리가 용이하다.

1) 치수 control 요령

치수는 외측치수(바깥 쪽 치수)와 내측치수(안쪽 치수)가 있으며, 외측치수를 키우려면 보압을 높게 가해 양을 꾸준히 주입시키는 조건 컨트롤이 주효하고, 줄이려면 반대로 보압을 낮춰야 한다. 내측치수는 보압을 낮추면 커지고, 높이면 작아진다. 이러다 보니까 내·외측을 동시에 만족시켜야 할 경우 보압 제어만으로 빠져나가기는 역부족이다. 이때는 충전조건을 만지되, 문제부위를 헐겁게(내측을 크게) 하고자 할 경우 충전에 꼭 필요한 양만 주입시키겠다는 마음가짐으로 컨트롤해야 하고, 반대의 경우라면 over packing될 우려가 있어 권장할 만한 방법이 못된다. 이 경우는 앞서 설명한 대로 보압을 컨트롤하는 것이 현명하다.

⇨ 외측을 키우고 내측을 줄이려면 보압을 높여야 하고, 외측을 줄이고 내측을 키우려면 보압을 낮춰야 한다. 그러나 내·외측을 동시에 키우거나 줄여야 할 경우 내·외측의 속성상 어느 한쪽을 맞추면 다른 한쪽은 희생양이 될 수밖에 없으므로 보압 제어만으로 원하는 치수를 잡아내기란 쉽지 않다. 이 경우 내측치수는 충전(량)을, 외측치수는 보압(량)을 컨트롤하는, 소위 역할분담이 필요하다(역할분담을 한다고는 하나 어느 한 쪽에 포커스를 맞추면 나머지 한쪽은 희생양이 될 수밖에 없을 터, 이 역시 100% 만족은 불가능하다).

■ gate balance와 치수
gate balance를 정확히 맞춘다는 것은 쉽지 않은 노릇이며, 그러다보니까 양이 조금이라도 더 들어간 cavity의 내측은 작아지고 덜 들어간 cavity의 내측은 커진다(외측은 반대).

■ burr와 치수
burr가 터지면 압축부족으로 인한 치수 트러블이 우려된다. 특히 외측치수를 키운답시고 분별 없이 압과 속도를 높이면 burr는 burr대로 터지고 치수는 커지는 것이 아니라 도리어 작아진다. 본 경우 치수를 키우는데 들어가야 할 양이 burr가 되면서 치수가 작아진 케이스이며, 원하는 치수가 나오지 않는다고 압과 속도를 자꾸 높이면 burr만 더욱 크게 터지고 치수를 키운다는 사실 자체가 의미를 상실하게 된다.

보압시간을 당기면 당긴 시간만큼 수지가 덜 들어가게 돼, 덜 들어간 양만큼 외측은 작아지나 내측은 커진다. 스크루 배압도 치수에 관여하며, 배압을 높이면 외측은 커지나 내측은 작아진다.

⇨ 치수제어는 성형품의 두께에 따른 열(熱) 제어와 금형냉각 및 사출조건을 통한 양 제어, 계량조건을 통한 배압 제어, 냉각시간의 길고 짧음 등이 두루 결합되어 완성된다.

Note
냉각시간을 단축하면 치수가 작아지는 경향이 있다. 고로, 냉각시간을 당길 때는 치수가 작아질 수 있다는 사실을 유념해야 한다.

〈사출조건 제어〉
● 사례 - Ⅰ

■ 1차 절환과 치수
사례의 1차 절환 10㎜를 11㎜, 12㎜, 13㎜ … 등으로 상향제어하면 계량 완료와의 간격이 갈수록 좁아져, 좁아진 거리(㎜)만큼 양이 덜 들어가게 되고, 덜 들어간 양만큼 치수(내측치수)가 커진다. 반대로 하면 양이 더 들어가게 돼, 더 들어간 양만큼 치수(내측치수)는 작아진다.

⇨ 사례의 경우 계량 완료로부터 1차 절환까지를 충전만 간신히 달성될 수 있도록 해놓은 상태라면 의미가 없고, 충전을 넘어 보압 중 주입되는 양까지 뒤섞여있는 상태라면 효과를 본다.

Note
사출조건에서의 치수 컨트롤은 cavity 내로 수지를 조금이라도 더 집어넣느냐 덜 집어넣느냐의 차이이며, 미세한 양 제어는 미세한 거리(㎜) 제어에서 비롯된다고 해도 과언이 아니다. 압과 속도를 컨트롤해서 주입량을 조절할 수도 있으나, 압과 속도를 건드리지 않고 거리(㎜) 제어만으로 치수 컨트롤이 가능하다는 사실은 눈여겨봐야 할 대목이다.

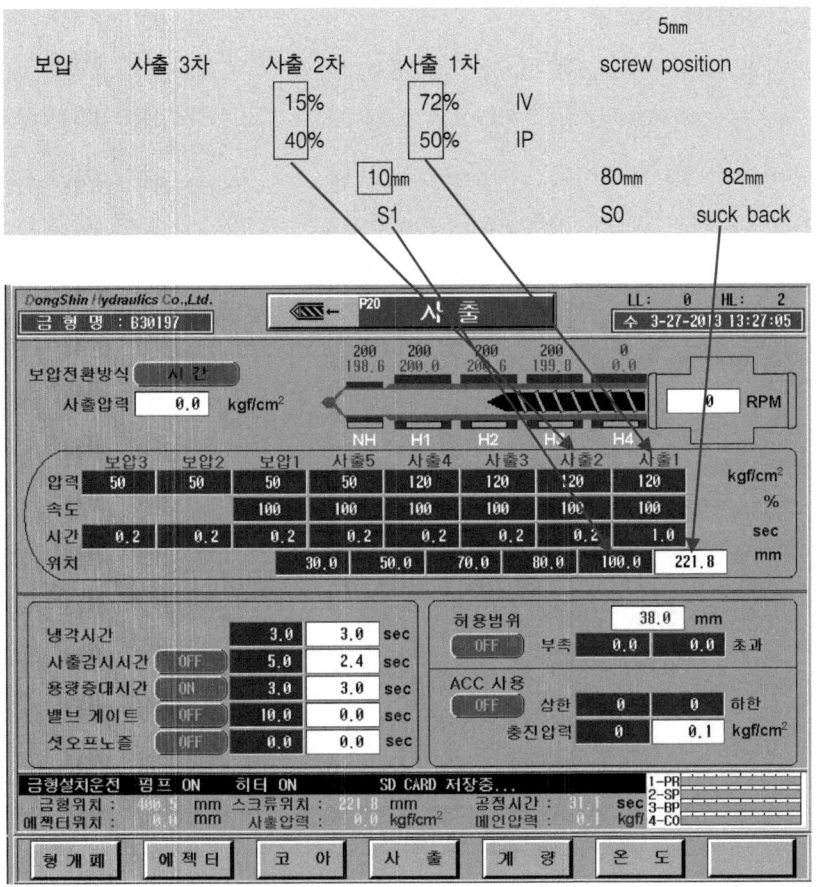

■ 1차조건(충전조건)과 치수

사례의 조건에서 외관을 좀 더 좋게 하기 위해 1차압과 속도를 올리면 올린 수치만큼 치수변동을 초래한다는 사실을 간과해서는 안 된다. 본 경우 내측은 작아지고 외측은 커지므로 본래 치수를 회복하기 위해서는 보압을 낮춰 줄어든 치수(=내측치수)를 키우고 커진 치수(=외측치수)는 줄여줘야 한다. 이와 같이 충전과 보압은 '시소((日)シーソー, seesaw)'처럼 반대로 움직이는데, 이를 '시소 법칙'(the law of seesaw)이라 명명한다.

⇨ 사출은 정교한 숫자놀음이다. 충전과 보압을 매우 타이트(tight)하게 설정해놓았을 때 어느 한쪽을 수정하면 반드시 그것과 연관되는 조건을 함께 수정함을 원칙으로 해야 한다.

■ 2차조건(보압)과 치수

1차 조건과 1차 절환(㎜)을 현 상태 그대로 두고 2차압(속도는 일단 제외)을 만지면, 만진 수치만큼 cavity 내로 수지가 더 들어가거나 덜 들어가게 돼 치수 변동을 일으킨다. 특히, 2차압은 본연의 임무인 수축도 의식해야 하므로 각별한 주의가 필요하다.

⇨ 사출조건에서의 치수 컨트롤은 내·외측을 막론하고 충전과 보압 메커니즘(mechanism)만 제대로 이해하고 있으면 문제될 게 없다.

• 사례 – II

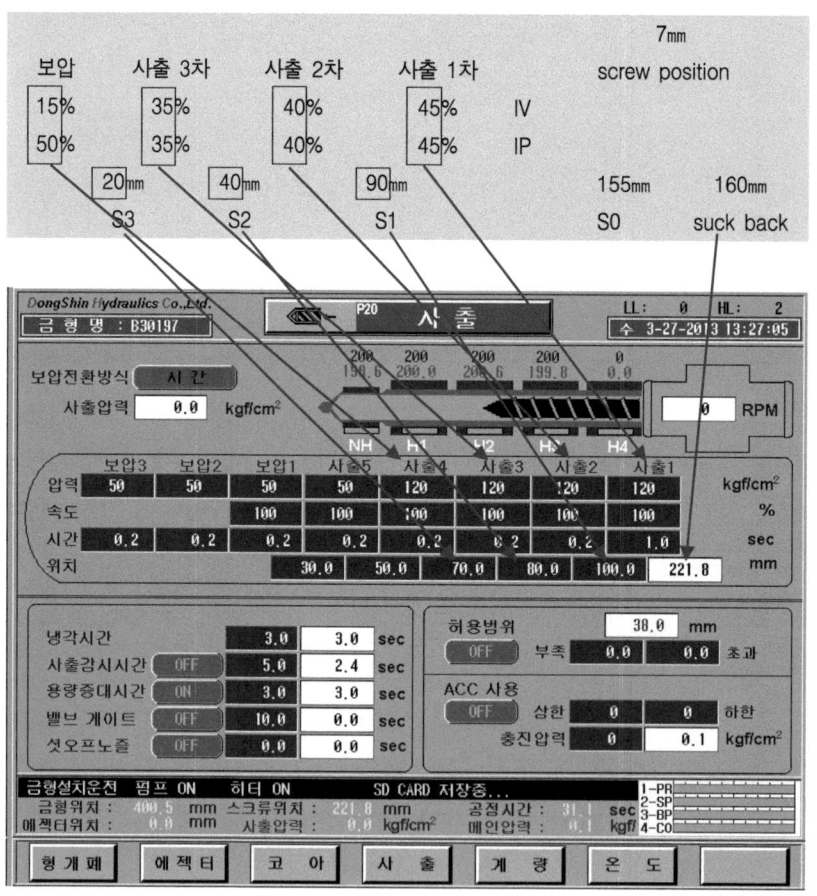

사례는 1차에서 3차까지를 충전으로, 보압은 압 50% 속도 15%로 마무리지었다. 치수(= 외측치수)는 보압 50%를 up or down 하는 식으로 크게 하거나 작게 한 것이 point다.

2.10 긁힘

성형품이 긁히는 현상이다. 긁히는 현상을 접하면 대부분 금형부터 먼저 손보려고 하지만 의외로 조건이 잘못 설정되어 있는 경우도 배제할 수 없다.

⇨ 긁히는 현상은 형 개 될 때 성형품이 고정측으로부터 분리되면서 긁혀 나올 경우와, 이형될 때 성형품을 밀어내는 과정에서 긁힐 경우 두 부류를 상정해 볼 수 있는데, 이런 현상은 빼기구배가 부족하거나 over packing이 원인이다.

〈사출조건 제어〉

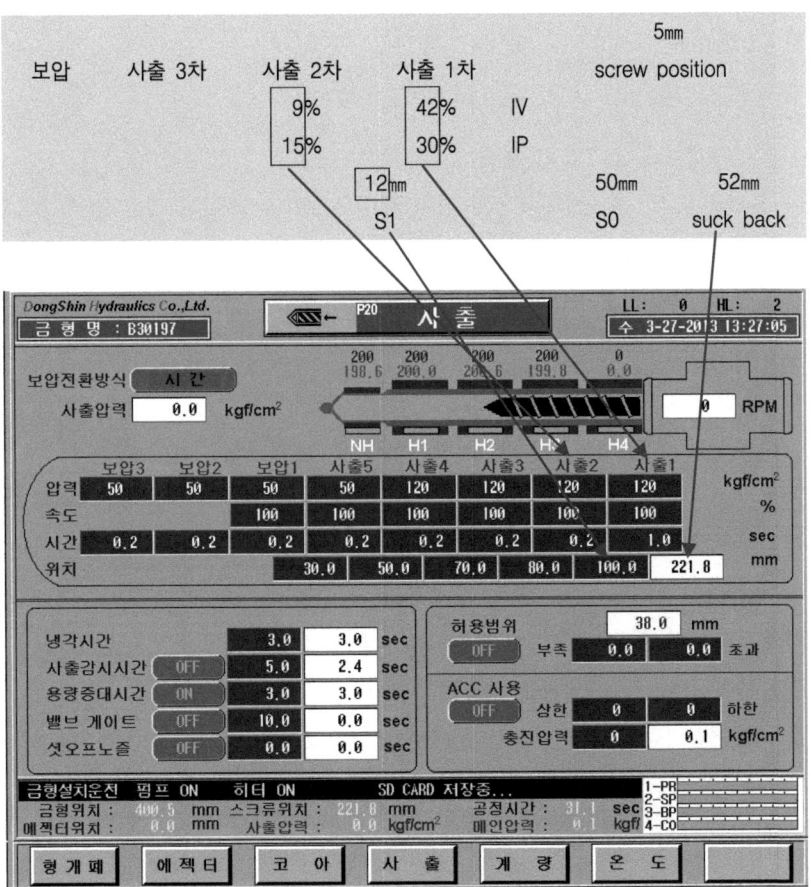

굵히는 현상을 없애려면 성형에 꼭 필요한 양만 주입될 수 있도록 주입량 control은 필수이다. 12㎜로 설정되어 있는 1차 절환을 13㎜, 14㎜ … 등으로 상향제어해서 굵힘이 사라지는가를 확인한다. 여기까지가 충전(량) 컨트롤이다.

⇨ 성형기 메이커에 따라서는 0.1㎜(또는 0.01㎜)까지 제어할 수 있도록 된 것도 있으므로 미세한 굵힘까지 잡아낼 수 있다.

보압에 의한 굵힘은 수축을 다소 감수하는 한이 있더라도 보압을 낮추는 수밖에 방도가 없다.

📝 *Note*

양도 양이지만 냉각도 무시할 수 없다. 금형이 차가우면 성형품을 무는 힘이 강해져 억지로 이형되는 모양새가 됨으로써 굵혀 나오기 때문이다.

Q & A

Q 인쇄모델이 많다보니 스크래치 불량이 50%이상 나오고 있어 공정불량을 가중시키고 있습니다. 2단 금형은 로봇으로 잡아서 컨베이어로 이동시키면 불량이 거의 없으나, 3단 금형은 로봇이 부착되어 있지 않아 스크래치의 주범이 되고 있습니다. 3단 금형이 저희 회사의 주력 모델인데 무슨 방법이 없을까요. 선배님들의 고견을 듣고 싶습니다. 참고로, PC사출 후 배면 인쇄입니다.

A 로봇을 사용하지 않고 제품을 낙하시키면 스크래치는 피할 수 없습니다. 지금 로봇 팔이 1개 달린 것을 사용하고 계신 것 같은데, 이 경우 제품은 로봇으로 잡아내고 러너는 금형하시는 분과 상의해서 자동 러너 시스템을 만들 수 있는지 알아보는 것이 좋을 듯싶습니다. 그러면 러너는 자동으로 떨어지고 제품은 로봇이 취출하게 될 테니까 말입니다. 로봇은 싱글타입입니까? 그럼 거기서 더블타입(흡착, 척)으로 A/S 받으시면 금액도 저렴하게 나옵니다. 트윈 방식 흡착기를 장착하더라도 문제점은 남습니다. 현재 작업하고 있는 제품 크기가 어느 정도인가가 중요하기 때문입니다. 흡착고무는 크기가 한정돼 있거든요.

다른 방식으로는, 제품의 외각 러너를 양쪽에서 물고나오는 방식이 있습니다. 흡착방식을 사용할거면 제품설계 시 흡착 면이 넓은 가상의 제품을 만들어 주는 것도 한 가지 방편이 될 수 있습니다. 어떤 방법을 쓰건 좋은 결과 얻으시기 바랍니다.

2.11 크랙/크레이징(crack/crazing)

성형품에 실금이 가는 것을 크레이징(crazing), 깨지는 것을 크랙(crack)이라고 한다.

1) Part별 원인 및 대책
(1) 성형조건
사출압력(보압 포함)과 사출시간(보압시간 포함)이 필요 이상 높거나 길다.

사출압력(보압 포함)과 사출시간(보압시간 포함)이 필요 이상 높거나 길면 수지가 다량 유입되어 over packing에 의한 crack, crazing 및 잔류응력에 의한 crack, crazing이 발생한다. 사출압력(보압 포함)을 내리고 사출시간(보압시간 포함)을 성형에 지장이 없는 범위 내에서 단축하는 것이 해결책이다.

⇨ 사출압력(보압 포함)을 내리기 위해서는 수지온도와 금형온도를 올리는 조치가 따라야 한다. 특히 crack 부위의 온도(=금형온도)를 집중적으로 올리면 이형에 따른 저항을 최소화 할 수 있어 깨지지 않고 잘 빠져나온다.

📝 *스크루 배압과 crack*

> 배압(背壓, back pressure)이 높아도 수지(PMMA 또는 AS(SAN) 등)에 따라서는 crack이 발생하는 수가 있다. 이런 현상은 계량 중 높은 배압이 기성형된 cavity 내 성형품에 그대로 전달되어 그런 것이다.

〈사출조건 제어〉

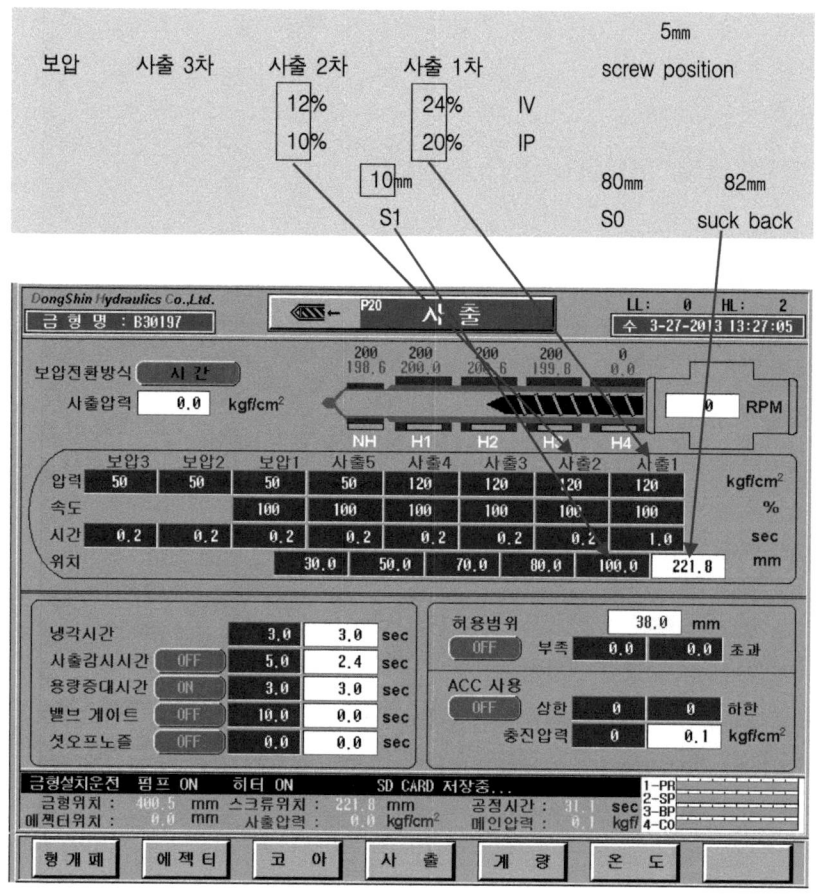

사출조건 상에서의 control point는 양을 조금이라도 덜 주입시키려고 노력하는 것이 핵심이다.

사례는 압과 속도가 보는 바와 같이 낮다. 이는 수지온도와 금형온도를 높여준 결과물이며, 금형이 정상적으로 열을 받은 상태에서는 crack, crazing이 생기지 않으나 가동을 멈췄다가 다시 가동하면

⇨ 사출조건에서의 양 제어는 압과 속도 및 위치절환, 사출시간, 보압시간 등이 관여한다. 이들을 어떻게 컨트롤하느냐에 따라 양이 더 들어갈 수도 있고 덜 들어갈 수도 있다.

⇨ 금형이 식으면 성형품을 억지로 밀어내는 모양새가 되어 crack, crazing이 발생한다. 본 경우 정상 작업 때의 온도(금형온도를 말한다)를 빨리 회복할 수 있도록 시간(사출시간

어김없이 발생한다.

  이유는 금형이 식어 이형 시에 성형품을 물고 안 놔주기 때문이다.

> **Note**
>
> PMMA로 성형할 때 온수기를 가동하는 이유는 다른 이유도 있겠지만 crack, crazing을 방지하기 위함도 있다.

과 냉각시간 등)을 최대한 당기고 무는 부위(주로 core 부위가 해당)에 이형제를 분사하는 등의 조치를 취한다(이형제를 분사하고 냉각시간을 단축시켜서 얻은 성형품은 전량 불량 처리). 이런 일련의 조치는, 일정부분 loss를 감수하고라도 금형 온도를 정상작업 때의 온도로 빨리 되돌려놓겠다는 의도에 다름 아니다. 금형이 정상온도를 회복하고 나면 당겨놓았던 시간(사출시간과 냉각시간 등)을 원래대로 환원시키는 것을 잊어서는 안 된다.

(2) 금형

급격한 살두께를 피하고 코너부분에는 곡률(R, rounding)을 줘서 응력이 집중되는 것을 막는다.

⇨ 코어 부(core 部)에 성형품이 꽉 끼이면 이형 시에 변형을 동반한다. 이런 현상은 over packing되었을 때와 코어 부 밀폐로 공기가 통하지 않았을 때 주로 나타나는데, 주입량을 조절하고 공기가 들어갈 수 있도록 ejector pin의 클리어런스(clearance, 틈새)를 크게 해주면 해결된다.

인서트 성형 시 금속과 수지와의 온도차에 의한 crack

⇨ 인서트 물(物)을 예열(豫熱)시켜 삽입한다.

인서트 물(物)이 각이 져 있을 때 인서트 주위에 발생하는 crack

⇨ 플라스틱이 수축되면서 인서트 조임이 일어나 crack이 발생한 케이스다. 인서트 물(物)은 되도록 둥글게 제작하는 것이 좋다.

Q & A

Q 제품 일부가 실 크랙 현상이 나옵니다. 저희가 취급하는 제품은 냉장고에 들어가는 야채 통입니다. 제가 판단하기로, 잔류응력에 의한 현상이 아닌가 싶습니다. 사용수지는 GPPS와 SAN, 두 종류입니다. 조언 부탁드립니다.

A 크랙(crack)은 성형품이 깨지는 현상이고, 크레이징(crazing)은 실금이 가는 현상입니다. 사용재료가 GPPS와 SAN이라면 크랙, 크레이징이 발생할 만도 하겠다는 생각이 드는군요. 아시다시피 크랙과 크레이징은 cavity에 필요 이상 많은 양의 수지가 들어가서 성형되었을 경우 주로 나타납니다. 말씀하신 대로 오버패킹(over packing)에 의한 잔류응력이 원인이란 얘깁죠. 이를 해결하려면 주입량 조절이 필수적입니다. 조건전반을 재검토해서 적정량의 수지가 유입될 수 있도록 컨트롤하시기 바랍니다. 한편, 금형을 뜨겁게 해주는 것도 괜찮은 방법일 듯싶습니다. 금형을 뜨겁게 하면 이형 시의 저항을 줄일 수 있어 크랙, 크레이징을 방지하는 데 도움이 될 것이기에 그렇습니다.

2.12 백화(白化, white mark)

성형품을 밀어내는 핀(=밀 핀)이 성형품을 부드럽게 밀어내지를 못하고 억지로 밀어내다보니까 성형품에 핀 자국(밀 핀 자국)을 만드는 현상이다. 밀 핀이 위치한 부위가 하얗게 된다 하여 백화(白化, white mark)라 부른다.

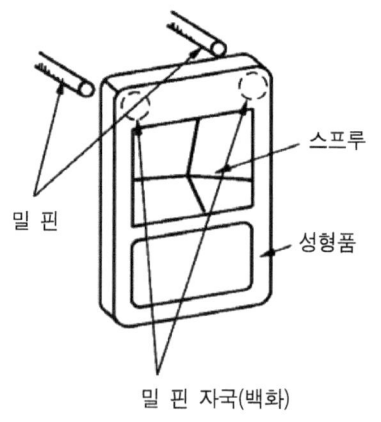

그림 7.9 white mark

1) Part별 원인 및 대책

(1) 성형조건

① over packing에 의한 백화

⇨ 백화도 over packing이 일차적인 원인이며, 성형에 꼭 필요한 양만 주입될 수 있도록 사출조건(압과 속도 및 거리(㎜), 시간 등)을 잘 컨트롤한다.

② 금형온도가 너무 낮다.

⇨ 금형온도가 너무 낮으면 성형품을 무는 힘이 강해 백화를 발생시킨다. 금형온도를 높여주면 해결된다.

③ 냉각 불충분

⇨ 냉각이 덜 된 상태에서 이형시키면 최악의 경우 밀 핀 부위를 ejector pin이 관통하여 성형품만 고스란히 금형에 남는 수가 있다. 냉각라인을 점검하고 냉각시간을 증가시키는 등의 조치를 취한다.

때로 ejector 압과 속도를 떨어뜨려도 효과를 볼 수 있고, 이형제를 분사해도 효과를 본다.

〈사출조건 제어〉

사례는 사출 2차가 충전과 보압을 병행하면서 백화와 굵힘 및 burr와 수축까지 제압한 조합이다.

⇨ 사출이 개시되면 스크루는 압 50%, 속도 92%로 1차 절환 26㎜까지 전진한다. 사출 1차는 사이클 단축을 위해 빠르게 주입시켰으며 속도가 빠른 만치 over packing이 우려되어 1차 절환을 상향 제어하여 26㎜에 고정시켰다.

1차 절환(㎜) 이후는 압 70%, 속도 14%로 2차 절환 8㎜까지 전진하게 되는데, 사출 2차 조건의 하이라이트는 바로 이 압 70%, 속도 14%에 있다.

⇨ 사출 2차는 높게 밀어주면서 느리게 주입되는 모양새다. 압이 높아도 속도가 느리면 스크루 포지션 상에 디스플레이되는 수지 흐름은 느릴 수밖에 없다. 흐름이 느리면 burr를 약화시킬 수 있고, over packing을 막아 백화와 굵힘까지 해소가 가능하다(수축은 당연 제압).

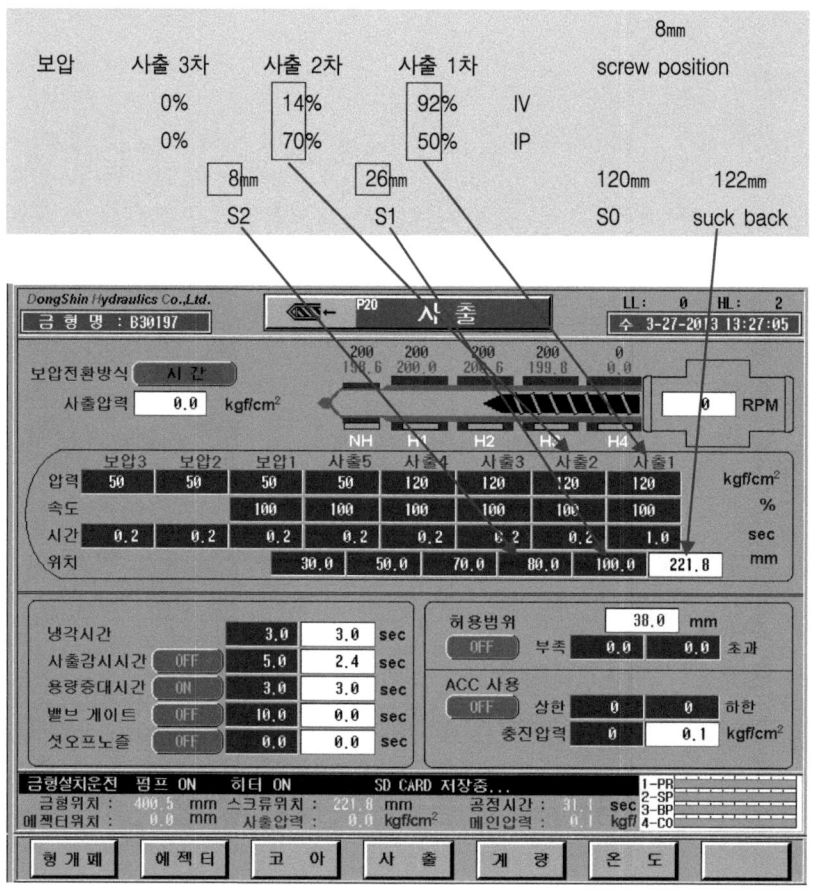

사출 3차는 0%로 해서 성형기 무리 방지조건으로 하였다.

(2) 금형
① 이형불량에 기인

⇨ 이형불량에 기인한 백화는 빼기구배가 제대로 되어 있는지 점검하고 백화부위를 집중 사상한다. 또 코너부위의 'R'을 점검하고 ejector pin의 면적증대 및 필요시 pin 추가, 코어 쪽 under cut 여부 점검 등의 조치를 취한다.

② 살두께가 얇다.

⇨ 살두께가 얇으면 백화가 발생할 가능성이 높다. 살두께를 증가시키는 것이 해결책이다.

(3) 기타

헤어드라이어(hair dryer)로 백화 부위를 따뜻하게 불어주면 사라진다.

2.13 박힘

금형에 성형품의 일부 또는 전부가 박혀 빠져나오지 못하는 현상이다. 본 경우도 over packing이 원인일 경우가 태반이다.

1) Part별 원인 및 대책

(1) 성형조건

① over packing에 의한 박힘
박히는 현상이 over packing에 의한 것이라면 적정 양을 주입하는 것이 해결책이다.

⇨ 박히는 현상을 막으려면 성형품에 맞는 이상적인 양이 주입되도록 해야 한다.

② 성형품은 빠져나오는데 스프루가 상측에 남을 때

⇨ 본 경우 강제후퇴를 설정하지 않은 채 배압을 잔뜩 높이고 저속 형 개시키면 빠져나온다. 이같이 했는데도 안 되면 언더컷(under cut)을 내서라도 빼내야 한다. 언더컷을 내는 방법으로는, 끝이 뾰족한 펀치 또는 루타 등을 사용하여 코어 쪽 runner 부위에 약간의 홈집을 내주면 되는데, 이렇게 하면 홈집 난 부위로 수지가 차고 들어가 sprue를 강제로 잡아당기게 되어 빠져나온다.

(2) 금형

빼기구배 점검, 코너 R 점검, ejector pin 면적 증대(필요시 pin 추가), sprue 내부 under cut 제거, sprue 냉각 충분히 할 것 등등의 조치를 취한다.

2.14 변형(strain)

성형품이 휘거나 구부러지거나 뒤틀리는 현상이다. 변형은 그 대부분 불균일한 수축에 기인한다.

⇨ 변형은 냉각이 빠른 부위와 느린 부위와의 수축률 차이가 원인이다. 해결책으로는 균일한 냉각 모색, 살빼기, 외벽 굳히기 조건 활용 등등의 방법이 있다(외벽 굳히기 조건은 원인제공자인 수축을 잡아 변형을 없애겠다는 발상(burr를 방지하고 수축부위 수지 집중 공급)).

> **Note**
>
> 변형을 막기 위해서는 '성형온도·계량 속도·배압'을 잘 컨트롤해서 균일한 온도분포를 갖도록 할 것(그러기 위해서는 가소화시간과 냉각시간을 일치시키는 것이 유리)과 사출 시 수지를 보다 빠르게 주입시켜 성형품 전체적으로 균일한 온도분포를 갖도록 할 것, 그리고 냉각 중 금형온도를 균일하게 유지할 것 등이 요구된다.

1) 휨(warp)

성형품이 휘는 현상이다. 주로 상자모양 성형품에 잘 나타나며, 오목 휨과 볼록 휨이 있다.

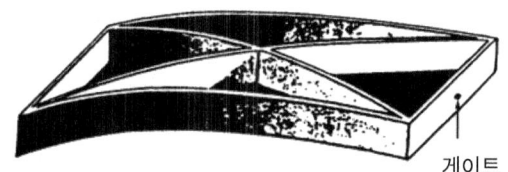

그림 7.10 warp

■ Part별 원인 및 대책

(1) 금형

① 살두께 차이

⇨ 두께가 두꺼운 부분과 얇은 부분과의 냉각 속도 차이에 따른 수축률 차이가 원인이다. 두께는 되도록이면 균일하게 하는 것이 좋다.

② core와 cavity 냉각 불균일

⇨ core와 cavity 냉각이 불균일하면 안쪽으로 인장되는 오목 휨(주로 상자모양 성형품에서 잘 나타난다)이 발생한다(core는 구조상 cavity에 비해 간섭이 많고 복잡하여 균일한 온도제어가 어렵다). 오목 휨은 core 쪽 온도가 cavity 쪽보다 높을 때 나타나므로, core 쪽 온도를 낮춰주면 해결되나 너무 낮추면 볼록 휨이 되므로 주의한다.

2) 구부러짐(bending)

성형품이 구부러지는 현상이다. 볼펜의 축이나 잉크가 든 심과 같이 살두께가 얇고 긴 통 모양의 성형품에서 주로 나타나며, 사출압력에 코어가 밀려서 빚어진 현상이다.

⇨ gate 위치변경 또는 압(壓)을 낮추고 속도를 빠르게 하되, 초속은 저속으로 해서 심이 흔들리지 않도록 하고 이후는 빠르게 하는 전략 구사. 단, 속도를 빠르게 하면 weld 부위에 탄화가 생길 소지가 있어 weld line 도달 직전 slow로 전환.

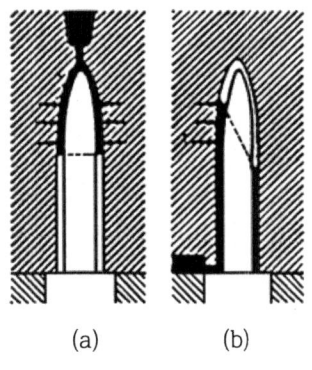

그림 7.11 구부러짐

3) 뒤틀림(twisting)

성형품이 뒤틀리는 현상이다. 주로, 평판에 가까운 성형품에 잘 나타나고 직각방향의 수축률이 흐름방향의 수축률보다 작을 때 발생한다.

⇨ 성형 직후나 성형종료 후 나중에 발생
ex) 원판의 뒤틀림
 (gate수정 : direct → pin point)

그림 7.12 원판의 뒤틀림

대책으로는 지그(jig)를 사용할 수도 있고, 양산 전 끓는 물에다 10~15분 정도 집어넣어 뒤틀림 여부를 검출하는 방법도 있다.

⇨ 변형은 ejector 압(壓)을 필요 이상 높게 가하거나 냉각이 덜 된 상태에서 이형시켜도 발생할 수 있고, 제품을 적재하는 과정에서 무리하게 쌓아도 하중에 의한 변형이 우려된다.

〈사출조건 제어(휨 컨트롤)〉

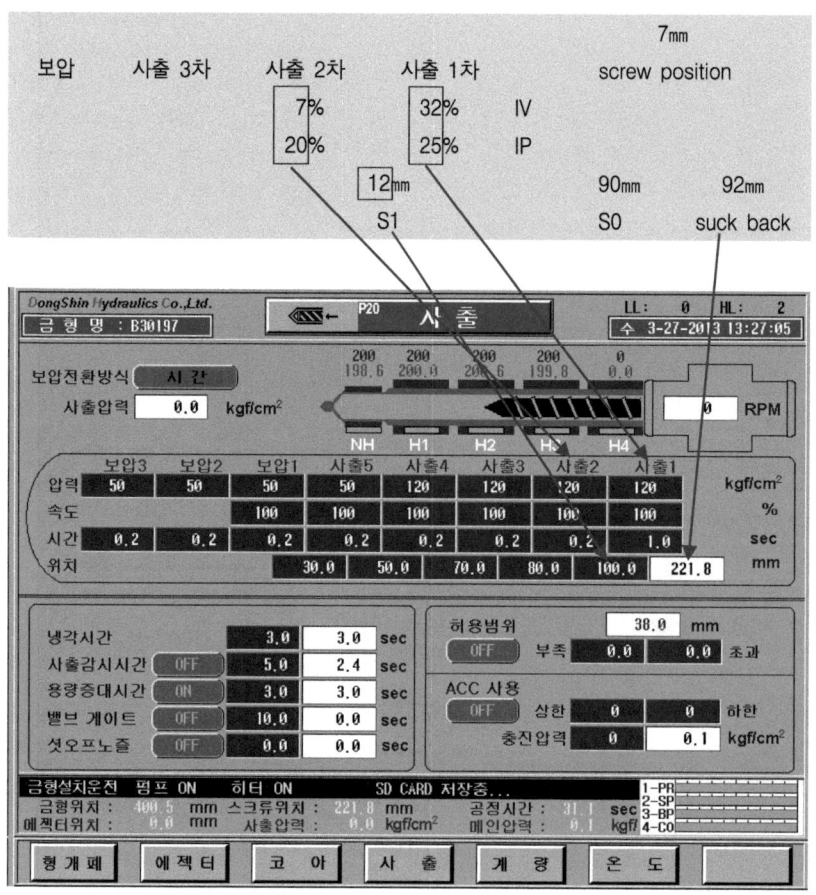

휨을 방지하기 위해서는 잔류응력을 최소화할 수 있는 조건으로 컨트롤해야 한다. 그러기 위해서는 압과 속도를 낮추고 보압시간을 수축에 지장이 없는 범위 내에서 최대한 짧게 한다.

⇨ 잔류응력을 최소화하려면 전단응력과 압축응력을 최소화하기 위한 조건 control이 유용하다. 전단응력을 최소화하기 위해서는 압과 속도를 낮춰 수지와 금형 면과의 마찰을 최소화하는 것이 좋으며, 압축응력을 최소화하기 위해서는 보압을 낮추는 노력도 필요하지만, 보압시간을 짧게 하는 조건 control 또한 그에 못잖게 중요하다(보압을 낮추고 보압시간을 길게 하면 보압을 높이고 보압시간을 짧게 한 것보다 잔류응력이 크게 내장된다는 사실은 유의해야 할 대목이다).

냉각시간은 길게 줘서 구속효과를 볼 수 있도록 한다.

⇨ 금형은 성형품이 금형 내에 머무는 동안 지그(jig) 역할도 수행한다. 이를 가리켜 '금형 내 구속효과'라고 하는데, 냉각시간을 길게 주는 건 금형 내 구속효과를 보기 위한 노림수다(구속시간을 길게 주면 당장의 변형은 없다 하더라도 잔류응력을 영구적으로 내장하게 되어 고온에 노출되면 crack되는 등, 물성저하를 일으킬 수 있으므로 주의를 요한다).

현장기고

IC tray의 'U'자 휨

제가 소개하고자 하는 제품은 핸드폰 하우징인 IC tray로서, 살두께가 매우 얇은 초박막 제품입니다. IC tray는 형상으로 말하자면 굉장히 단순한 제품입니다. 그러나 단순하다고 얕보면 큰 코 다칩니다. 게이트는 8개가 기본이구요. 수지는 compounding 수지를 사용합니다. 일반적인 수지와는 다르지요. 정전기를 차단해야 하는 관계로 첨가제를 넣어 compounding하면 본래의 수지와 전혀 다른 성격의 수지가 나옵니다. 성형온도는 대략 340℃정도이고, bake처리를 해야 합니다. bake처리할 때의 온도는 약 150℃~180℃정도 됩니다.

제가 금형을 하다보니까 처음에는 성형해석을 통해 접근하였습니다. 그러나 이거다 싶은 문제점은 발견하지 못했습니다. 정말이지 미칠 지경이었습니다. 휨의 경우 금형 쪽으로 생각하면, 휘는 방향과 반대방향으로 가공하는 방법이 있습니다. 그러나 이렇게 하는 것은 굉장한 노하우를 가져야 합니다. 무작정 가공만 한다고 될 일이 아닌 휨의 정량적인 값을 알아야 하기 때문입니다. 그러다보니까 현실적으로 매우 어렵습니다. 사출기도 갖은 설정을 다 해 보았지만 아무런 소용이 없었습니다. 수지도 compounding 수지이므로 다른 걸로 교체할 수도 없습니다. 그러나 발상의 전환이 문제를 해결해 주었습니다. 냉각수 온도 컨트롤로써 말이죠. 본 경우는 휨의 근원적인 요인을 가지고 해결한 사례가 되겠습니다.

휨에 영향을 미치는 인자로는 배향에 의한 요인과 압력에 의한 요인 및 냉각에 의한 요인 등으로 나눌 수 있는데, 이 중 어떤 것이 영향을 미치는 인자인지 알아야 해결의 실마리를 찾을 수 있습니다. 결론적으로 IC tray는 냉각에 의한 휨이었던 것으로 밝혀졌습니다. 냉각이 휨에 영향을 미치는 정도는 대략 70%정도로서 참으로 지대한 영향을 미치고 있었습니다. 지금은 해결되었지만 이 건은 하나의 문제라 할 수 있습니다. 근본적인 문제점은 여전히 남아있다고 보기 때문입니다.

2.15 기포(void)

성형품은 냉각될 때 통상 외측이 먼저 굳고 내측은 나중에 굳는다. 이때, 먼저 굳은 외측이 굳지 않은 내측을 끌어당김으로써 형성되는 진공의 구멍이 기포(void)이다.

■ 금형온도와 sink mark, void
금형온도가 높으면 서냉되어 수축(sink mark)이 발생하고(이때 기포는 없다), 금형온도가 낮으면 급냉되어 수축은 생기지 않는 대신 굳지 않은 내부 수지를 끌어당겨 기포(void)를 발생시킨다.

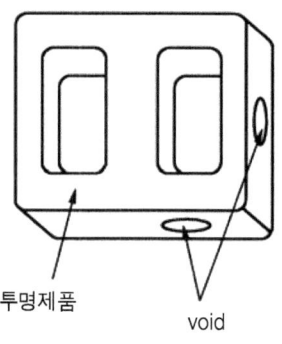

그림 7.13 void

> 기포(void)와 기공(氣孔)
>
> 기포(void)는 공기가 들어있지 않은 진공의 구멍을, 기공(氣孔)은 공기(또는 가스)가 들어있는 구멍을 말한다.

1) Part별 원인 및 대책

① 수지에 묻어있는 수분 또는 휘발분에 의한 기포

⇨ 수지에 수분이나 휘발분이 묻어 있으면 은줄(silver streak)과 기포(void)가 동시다발적으로 나타난다. 건조를 잘하고 배압을 높게 가하는 것이 해결책이다.

② 수지의 분해 또는 수지에 첨가된 첨가물의 분해에 의한 기포

⇨ 열(熱)을 낮추고 체류시간 단축방안을 강구한다. 계량조건 설정 시 강제후퇴(㎜)를 너무 길게 줘도 기포가 발생한다. 강제후퇴(㎜)를 짧게 하는 것이 해결책이다.

③ 유동불량에 기인한 기포(혹은, 기공) ⇨ 유동이 불량하면 압과 속도를 높일 수밖에 없을 터, 높은 압과 빠른 속도로 주입하면 미처 빠져나가지 못한 공기(또는 가스)가 기공(氣孔)을 형성한다. 수지온도와 금형온도를 높이고(경우에 따라서는 둘 중 하나만 높인다) 압과 속도를 낮추면 해결된다('보배의 이치'에 입각, 보압과 배압을 충분히 가하고 꾸준히 밀어주는 조건 control이 유용하다). 여의치 않을 시 저점도 수지로 교체하는 방안을 강구한다.

④ 압축부족에 기인한 기포 ⇨ 이 경우는 보압 중 충분한 양의 수지가 제때 공급되지 못했다는 말과도 일맥상통한다. 수지가 빼곡히 들어차면 공극(空隙)이 생길래야 생길 수가 없기 때문이다. 본 경우도 '보배의 이치'로 접근하면 좋다. 배압을 높여 밀도를 한껏 높인 상태에서 보압으로 꾸준히 밀어주면 효과를 본다. 압(壓)이 빨리 그리고 골고루 전달되게 하려면 sprue, runner, gate의 단면적을 크고 짧게 해서 압력 손실을 줄여주는 것도 괜찮은 방법이 될 수 있다.

⑤ 금형온도와 기포(혹은, 기공) ⇨ 기포(혹은, 기공)를 없애기 위해 금형온도를 높이는 것은 저속사출을 구현해서 가스를 몰아내기 위한 목적(기공제거)과 기포를 내부에 발생시키지 않고 외부에 발생시켜 싱크마크로 처리하기 위한 목적(기포 제거) 등 두 가지가 있다.

> **Note**
>
> 두께가 특히 두꺼운 성형품에 있어서의 기포는 금형온도를 높여 대응하고 그로 인한 수축은 보압의 다단제어로 극복하는 방법도 있다(보배의 이치는 당연 적용). 본 경우 사출·보압시간을 길게 주고 천천히 주입시키되 외벽 굳히기 조건을 충전 끝자락에 삽입, 보압 1단은 저압(burr 제거를 위한 외벽 굳히기용), 보압 2단은 고압(수축제압용), 보압 3단은 저압(성형기 무리 방지용)으로 조합하면 된다.

〈사출조건 제어〉

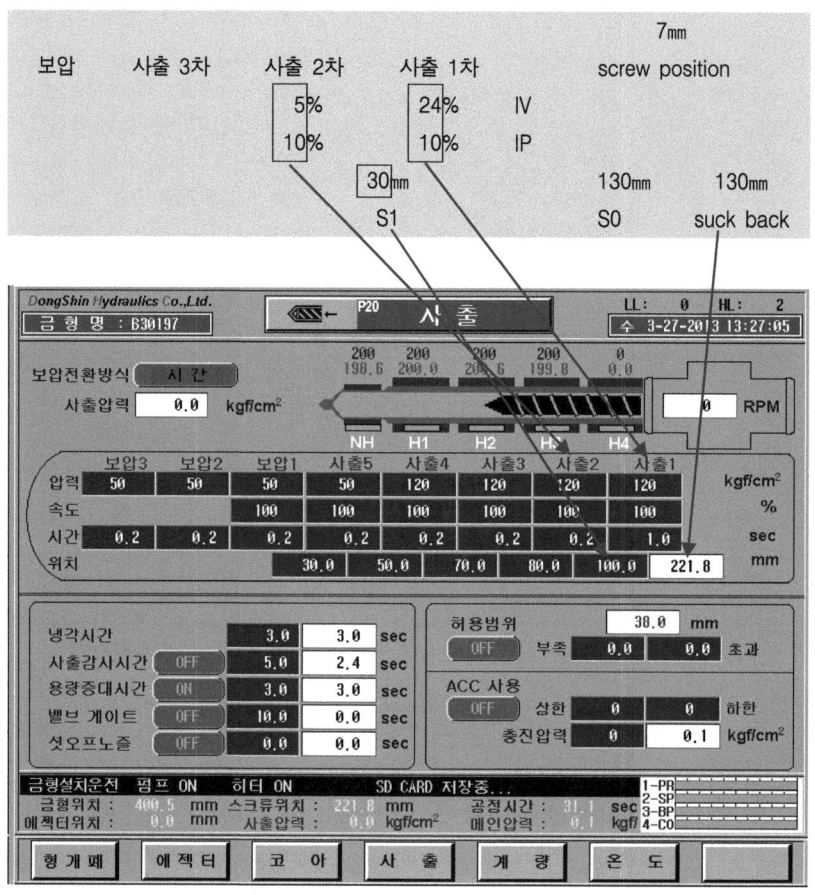

사례는 weld line을 엷게 하고 기공(氣孔)을 없앤 조건이다.

사출 1차는 충전용이면서 기공퇴치용이자 weld line을 엷게 하기 위한 조건이고, 사출 2차는 기공퇴치용이면서 충전과 보압을 병행하는 조건이다.

⇨ weld line을 엷게 하기 위해서는 수지온도와 금형온도를 올리고 속도를 빠르게 해줘야 되나, 속도를 빠르게 하면 가스가 퇴출되지 않아 기공(氣孔)을 형성한다는 것이 문제다.

⇨ 1차 속도 24%는 보다시피 높은 수치가 아니다. 허나, 이 수치는 수지온도와 금형온도의 상승에 힘입어 얻은 수치이므로 결코 낮은 수치라고 볼 수도 없다.

사례의 weld line은 금형온도를 높여주지 않고서는 해결방도가 없었으며, 온수기를 사용하여 75℃에 맞춰놓았다. 사출압력은 1, 2차 공히 10%로 하여 최대한 낮춰주었으며, 낮춘 이유는 기공을 의식한 조치다. 반면, 속도를 빠르게 함으로써 weld line이 엷어지도록 하였다.

사출 2차는 기공을 없애고 수축을 제압하기 위한 조합이다. 속도를 5%로 한 것은 가스를 몰아내고 가스가 빠져나간 자리를 수지로 채워 기공과 수축을 동시제압하기 위함이다. 본 조건을 수용하기 위해서는 사출시간(보압시간 포함)이 길어짐은 피할 수 없다.

Q & A

Q 재료는 PMMA이고요, 제품에 기포가 생겨 냉각시간을 30초에서 35초로 늘렸더니 잡힌 것 같습니다. 막상 잡고 보니 냉각시간과 관련이 있어 보이긴 한데, 기포 발생시 여러분은 어떻게 대응하는지 궁금합니다.

A 안녕하세요. 저 또한 기포 문제와 많이 부딪쳐 봤습니다. 일단, 건조를 충분히 하시고요. 흘림방지 거리(㎜)를 너무 길게 설정했을 때 공기가 유입되어 그럴 수도 있고요. 배압을 좀 더 감아주는 것도 좋은 방법입니다. 온수기 사용도 고려해 볼 수 있습니다. 저의 경우 기포 문제가 해결되지 않아서 조건 컨트롤로 답을 찾았는데요. 최단 시간 내에 압과 속도로 밀어 넣어서 말이죠(금형에 무리가 가지 않을 만큼만). 그리고 보압에서도 단 시간 내 밀어주는 방법을 시도해서 좋은 결과를 얻은 바 있습니다. 사출은 생각하는 기술 아니겠습니까. 수고 하세여.

A.1 전 사출을 직접 하는 사람은 아니고 설계자인데, 제 생각은 이렇습니다. 기포가 생긴다면 필시 gas vent를 생각해봐야 할 것 같습니다. 사출조건에서 기포를 제거하는 방법은 배압을 감아주는 방법도 있지만(이건 위에서 이미 답변을 주신 거고), 그 외에도 마지막 속도를 느리게 해주는 것 역시 좋은 방법이 아닐까 생각합니다. 공기가 빠질 수 있는 시간을 충분히 주는 것도 고려해봐야 할 사항이기에 그렇습니다. 건조는 당연히 해야 할 것 같고요. 냉각하고 기포는 연관성이 없는 것 같은데? 물론, 제 개인적인 생각이긴 하지만요. 이유인 즉 이미성형이 다 된 상태에서 기포가 생겼다면 냉각시간을 길게 줘도 기포는 남아있을 것이기 때문입니다. 냉각시간 35초로, 5초 더 늘렸다고 하셨는데, 물론 양품을 얻기 위한 셋업(set up)이겠지만 생산량은 그만큼 줄어들어 납기에 문제가 생길 수도 있겠다는 생각이 듭니다. 수율도 생각해

서 5초를 더 늘리지 않고 금형온도를 낮게 셋업(set up)하여 문제를 해결할 수 있다면 그것이 더 좋은 방법 아닐까요? 사용수지가 PMMA라고 하셨는데, 사출시 기포가 들어가는지 확인하시려면 sprue에 기포가 얼마나 생겼는지 확인하는 것도 괜찮은 방법일 듯싶습니다.

A.2 냉각시간과 기포는 위에서 말씀하신 것처럼 관련이 없어 보입니다. 그러나 간과할 수 없는 건, 냉각시간을 늘림으로써 당장은 영향이 없다고 하더라도 점진적으로 압과 속도에 영향을 미쳐 기포(질문의 경우 기포보다 기공이란 표현이 차라리 옳을 것 같음) 제거에 일조했을 것이란 사실은 결코 가벼이 볼 수 없는 사안입니다. 사이클을 늦춘 만치 금형온도가 점진적으로 하락하여 현재 설정된 압과 속도가 다운되는 효과로 나타나 기포(=기공) 제거에 일조했을 것이란 얘깁니다. 아시다시피 기포(=기공)는 압과 속도가 높을 때보다 낮을 때 잘 잡혀 나옵니다(물론, 사안에 따라 다를 수는 있겠지만). 이런 현상은 비단 기포에만 국한되는 것은 아닐 것입니다. 당장 보기에는 상관이 없는 걸로 보일지 몰라도 어떤 식으로든 연관이 될 수밖에 없는 것이 성형조건일 것이기에 더욱 그렇습니다. 예를 하나 들어보겠습니다. burr를 잡으려면 통상, 압과 속도를 낮추잖습니까. 이유는, 그것이 가장 쉽고 빠르기 때문입니다. 그러나 냉각시간을 늦춰도 burr가 잡힙니다. 늦춘 시간만큼 금형온도가 하락함으로써 하락한 온도만큼 수지유입을 방해하는 꼴이 되어 현재 설정된 압과 속도로는 burr를 만들기가 어려워지기 때문에 그렇습니다(압과 속도의 다운 효과). 물론, burr를 잡기 위해 냉각시간을 늦출 바보는 그 어디에도 없겠죠. 굳이 표현하자면 그렇다는 얘깁니다. 다른 경우도 생각해보면 많습니다. 미세한 미성형을 잡기 위해 냉각시간을 당기는 것이나, 형 개 폐 속도를 빠르게 하면 없던 burr가 생겨 나오는 등 말이죠. 이렇듯 사출은 매우 민감한 기술입니다.

현장기고

불량이 생겼을 때 후 공정인 도장 공정을 거치게 되면, 그 부분에 이물질 혹은 기름기가 존재하게 됩니다. 물론, 세척과정을 거치긴 하겠지만 완전히 제거되지 않으므로 그 부분은 공백 혹은 이물질이 그대로 남게 됩니다. 그 위에 도장막이 올라가고 내산성/염수분무/침염 등의 도장 테스트를 거치고 나면(특히, 내산성 테스트를 거치게 되면) 기포가 생긴 부분이 볼록하게 올라오는 현상이 생겨 외관불량이 됩니다. 사출조건 상의 플로마크나 weld line은 사출 자체의 문제일 수 있지만, 실제 눈에는 보이지 않으면서 존재하게 되면 후 공정에서 많은 불량을 야기하게 됩니다. 예를 들면, 플로마크의 경우 도장으로 커버할 수도 있고 더 보여질 수도 있으며, weld line도 마찬가지로 커버될 수도 있고 더 보여질 수도 있을 것입니다. 기구적인 측면에서 보면, 강도상 중요한 부분에서는 도피할 수 있게 금형제작자와 설계자에게 게이트 위치를 가이드해줄 수 있어야 한다고 생각합니다. 사출하시는 분은 사출만 잘하면 그만이겠지만, 자사의 후 공정에 미칠 수 있는 공정 flow까지 파악해서 문제점을 잡아나갈 수 있다면 최고의 엔지니어로 거듭나지 않을까 생각됩니다.

2.16 실버 스트리크(silver streak, 은줄)

성형품에 은백색의 줄이 생기는 현상이다.

1) Part별 원인 및 대책
(1) 성형조건

① 공기 유입
⇨ 사출 시 공기가 유입되면 silver streak을 발생시킨다. 공기는 호퍼로부터 재료와 함께 유입되며 배압을 높이면 퇴출된다.

② 강제후퇴 거리(㎜)가 너무 길다.
⇨ 강제후퇴 거리(㎜)가 필요 이상 길면 공기가 유입되어 silver streak(경우에 따라서는 black streak)을 발생시킨다. suck back 거리(㎜)는 성형 재료에 따라 설정치를 달리하며, ABS의 경우 3㎜ 이상 설정하면 silver streak가 발생하는 수가 있으므로 주의를 요한다.

③ 수지의 과열 또는 첨가제의 분해
⇨ 수지의 과열 또는 수지에 첨가된 첨가제가 분해되면 silver streak(경우에 따라서는 black streak)을 발생시킨다. 열을 낮추고 체류시간 단축방안을 강구한다. 계량 속도도 느리게 하면 마찰열을 감소시킬 수 있어 효과적이다.

④ 가소화 불량이 원인이 된 실버 스트리크(혹은 블랙 스트리크)
⇨ 계량 속도를 낮추고 배압을 높인다.

(2) 금형
① 금형 면의 수분 또는 휘발분 ⇨ 금형 면에 수분이나 휘발분이 묻어 있는 상태에서 사출하면 뜨거운 수지에 의해 기화되었다가 다시 성형품에 내려앉아 silver streak을 발생시킨다. 금형 면을 깨끗이 하는 것이 해결책이다.

(3) 수지
① 수지에 묻어 있는 수분 또는 휘발분 ⇨ 수지에 수분이나 휘발분이 묻어 있으면 가열실린더 내에서 기화된 상태로 있다가 사출되면서 성형품에 내려앉아 silver streak을 발생시킨다. 건조를 잘 하는 것이 해결책이다.

2.17 블랙 스트리크(black streak, 흑줄)

성형품에 검은 줄이 생기는 현상이다. 공기가 유입되었거나 수지의 분해 또는 첨가물의 분해가 원인이다.

1) Part별 원인 및 대책
(1) 성형조건
① 열이 너무 높다. ⇨ 열이 너무 높으면 수지가 타버리면서 black streak을 발생시킨다. 온도범위가 좁은 수지(예 : PVC 등)는 체류시간 단축방안을 강구한다.

② 금형과 성형기의 밸런스가 맞지 않다. ⇨ 성형기 용량이 금형에 비해 과대하면 체류 과다로 black streak이 발생한다. 용량에 맞는 성형기로 교체하는 것이 해결책이다.

③ pin point gate 금형에서 발생하는 black streak
⇨ pin point gate는 게이트 크기가 바늘구멍만 하여 black streak(경우에 따라서는 silver streak)이 종종 발생한다. 이는 게이트를 통과하는 용융수지의 마찰이 주된 원인이며, 중간판 냉각을 생략하고 사출속도를 느리게 하면 해결된다.

④ 배압 부족
⇨ 배압이 부족하면 silver streak으로도 되지만, black streak으로 되는 수도 있다. 배압을 높이면 해결된다.

(2) 성형기
① check valve 틈새 분해 수지 끼임
⇨ check valve 틈새는 구조상 수지가 잘 끼이는 장소로서, 끼인 수지가 분해되면 black streak을 발생 시킨다. check valve를 분해해서 깨끗이 태우는 것이 해결책이다.

2.18 흑점

성형품에 검은 점이 생기는 현상이다.

(1) 성형기
screw 상처
⇨ screw에 상처가 생기면, 상처 난 부위로 수지가 눌어붙어 장시간 체류함으로써 분해되어 흑점이 된다. screw를 내마모성으로 하고 표면을 코팅 처리하면 좋다.

📄 *PMMA와 흑점*

> PMMA로 성형 시, 연속으로 성형할 때는 흑점이 없다가 휴식(식사시간 등)을 취하고 난 뒤 재 가동하면 흑점이 다량 발생하는 수가 있다. 이때는 사출만 시켜내고 계량은 시키지 않은 채 멈췄다가 다시 가동하면 흑점이 덜 나오는 수가 있으므로 유의한다(굳이 흑점이 아니더라도 수지 종류를 막론하고 통상 이런 식으로 가동을 멈출 경우가 많다(계량을 시킨 채 방치하면 성형재료에 따라서는 흑점과 황변 및 실버스트리크, 블랙스트리크를 동반하는 수가 있으므로 주의를 요한다. 이는 계량을 시킨 채 방치하여 과열되었음이 원인이다)).

Q & A

Q   ABS 투명으로 작업하는데 흑점이 나와서 고민입니다. 실린더 청소도 해주었는데 어떻게 된 일인지 계속 나옵니다. 흑점을 없앨 수 있는 좋은 방법 뭐 없을까요? 실린더 세정제에 대해서도 좋은 자료 있으시면 부탁드립니다.

A   흑점이 나오면 다음 경우를 생각해 볼 수 있습니다.
첫째, 스크루 청소를 한 지 오래 돼서 스크루 산에 누런 가스가 발생할 때
둘째, 건조기 필터에서 이물질이 흡입되었을 때 등입니다.
스크루 실린더는 세정제로 청소하는 것보다 스크루를 분해해서 청소하는 것이 좋을 것 같습니다.

A.1   저희와 비슷한 경우를 겪고 계신 것 같네요. 투명작업을 하기 전, 블랙이나 비슷한 계열로 작업했을 때 대체로 보름정도는 흑점이 나오더군요. 흑점이 나오는 원인은 위에서 지적한 것처럼 두 가지가 대부분을 차지합니다. 재료 투입 시 포대를 깨끗이 청소하는 것도 중요합니다. 될 수 있으면 호퍼로더는 사용을 안 하시는 게 좋을 것 같고요, 호퍼로더로 빨아들이는 것보다 직접 붓는 게 흑점이 덜 나오니까 힘이 들더라도 그렇게 하는 것이 좋습니다.

Q   저희는 핸드폰 window를 생산하고 있습니다. 재료는 PMMA이구요. 금형은 hot runner를 채용한 2단 금형에 valve gate를 채용하고 있습니다. 2단 금형이라 사이클도 상당히 단축시킬 수 있었고 valve gate를 사용하기에 runner가 없으니 재료 loss도 상당히 줄일 수 있었습니다. 말 그대로 생산에 아주 적합했습니다. 그런데 문제가 생겼습니다. PMMA에 hot runner를 채용하다보니까 흑점이 다량 발생하는 것이었습니다, 흑점 발생 시 노즐히터와 M/F히터 valve gate를 청소해주어 흑점을 제거하고 있습니다. 하지만 만족할 만한 수준은 아닙니다. 청소하는 것도 아주 원시적인 방법을 사용하고 있습니다. 철사나 노즐직경보다 조금 작은 핀으로 청소하는 게 고작인데, 청소할 때마다 노즐이 다치지 않을까 걱정하면서도 별 수 없이 하고 있습니다. 현재 저희 회사에서 사용하는 히터는 manner, husky, hotsis를 사용하고 있는데 그 중 husky가 제일 나은 것 같습니다. 사출 동호인 여러분! valve gate system 노즐히터와 M/F히터를 어떻게 하면 노즐을 다치지 않게 깨끗이 청소할 수 있을까요. 조언 부탁드립니다.

A valve gate를 채용한 핫 러너 금형을 성형하시는군요. 저도 많이 해봐서 압니다. valve gate는 air로, 사출될 때는 게이트를 열어주고 사출이 끝나면 게이트를 막아주죠. 그리고 청소는 보통 일주일에 한 번 정도는 해 주셔야 합니다. 그래야 금형을 오래 보존할 수 있습니다. valve gate를 채용한 핫 러너 금형은 분해청소를 해야 합니다. 그게 까다롭다면 까다로운 일이죠. 저는 구미 쪽에 있는데 여긴 전문적으로 청소를 해주는 사람이 있습니다. 구미 지역만 담당하는 사람도 있고요. 그 사람이 바쁠 땐 제가 직접 합니다. 금형을 분해하기가 조금 까다롭지만 그래도 한 번 해보면 할 수 있을 겁니다. 단, 시간이 많이 걸립니다. 청소 한 번 하는데 꼬박 이틀은 잡아야 하니까요. valve gate는 기계를 정지했다가 가동할 때 반드시 노즐을 금형에 터치시켜 금형을 열어둔 채 사출을 시켜줘야 합니다. 쉽게 말해, 과열된 걸 짜내줘야 한다는 말씀이죠. 물론, 과열된 수지가 완전히 배출되었다 싶을 때 가동해야 하구요. valve gate는 생각보다 관리하기가 좀 까다롭습니다. 반드시 일주일에 한 번 정도는 청소를 해줘야 하니까요. 금형 자체가 핫 러너다보니까 열이 많이 나는 관계로 금형 내 오링(O ring)도 자주 갈아줘야 합니다. 오링을 교체하려면 분해를 해야 하구요. 특히, 분해할 때 주의해야 합니다. 잘못하면 valve gate 코어가 손상을 입을 수 있기 때문입니다.

질문자 답변

의견 고맙습니다. 핫 러너 금형을 전문적으로 청소해주는 사람이 있다는 거 오늘 처음 알았습니다.

A.1 저희 회사에서는 작업 종료 시 밸브 게이트나 핫 러너를 약품으로 세정한 후 가동하고 있습니다. 이렇게 하면 익일 가동 시 흑점 발생, 이물불량이 거의 없습니다.

2.19 뺀질이

뺀질이는 부식처리를 한 금형에서 많이 나타나는 현상으로, 성형품의 표면이 뺀질뺀질하게 된다고 하여 붙여진 이름이다.

⇨ 부식금형은 부식 면이 살아나지 않고 뺀질뺀질하면 불량이다.

1) Part별 원인 및 대책

(1) 성형조건

① 보압↑

⇨ 보압을 높이면 수지와 cavity 면과의 밀착이 좋아져 부식 면 재현성이 우수하다. 보압을 높이면 burr(2차 burr)가 발생하는 관계로 더 이상 높여서는 안 되겠다 싶으면 보압시간을 길게 줘도 효과를 본다(성형품에 따라서는 압을 너무 높이거나 시간을 너무 길게 주면 빼질이가 가중되는 수가 있으므로 주의한다). 배압을 높여줘도 좋다. 배압을 높이면 수지밀도가 증가하여 부식 면과의 밀착이 좋아지기 때문이다. 금형의 air vent를 점검하는 것도 필요하다. air vent가 역할을 다하지 못하면 미처 배출되지 못한 가스가 압력을 형성하여 수지유입을 방해함으로써 빼질이를 발생시키기 때문이다.

2.20 실 끌림

금형이 열릴 때(형 개, mold open) sprue 끝단으로부터 수지가 실 모양으로 길게 늘어지면서 딸려 나오는 현상이다.

⇨ 실 끌림이 발생하면 다음 쇼트 성형 시 불량이 우려된다.

현장기고

실 끌림이 발생하는 요인으로는 노즐 열의 높음, 배압의 높음, 금형온도의 높음, 건조불량, suck back 거리 조정 미흡, 수지 특성(유동성이 너무 좋다), 계량 속도 제어 미흡 등을 들 수 있습니다. 이 중 가장 큰 영향을 미치는 인자는 다음 네 가지로서 노즐온도, 배압, suck back, 건조 등입니다. 실 끌림을 없애려면 노즐 열을 낮추는 대신 1번 히터를 올려주고 배압을 풀어주면서 suck back 거리는 길게 주고 건조를 잘 시키면 해결됩니다.

노즐 열을 낮추라는 건, 실 끌림의 발원지인 노즐구멍의 수지 끄트머리를 끊어주기 위한 조치로서, 노즐 열이 낮으면 노즐이 식어 실 끌림이 생기기 어려울 것이란 판단에 따른 것입니다. 1번 히터를 올려주라는 건, 낮춰준 노즐 열을 보완시켜줄 필요성이 있어서 취한 조치입니다. 대략 10℃정도만 올려줘도 성형을 하는 데는 문제가 없을 겁니다.

배압을 풀어주라는 건, 배압을 낮춰주는 것을 의미하며 배압을 낮춤으로써 내압(內壓)을 떨어뜨리는 효과가 있어 노즐구멍으로부터 흘러내림을 막아 실 끌림을 방지하는데 도움이 됩니다. suck back 거리를 길게 주라는 것도 같은 맥락으로 이해하셔야 합니다.

건조가 안 되면 노즐구멍으로부터 다량의 가스가 분출되면서 수지가 줄줄 흘러내리는 현상이 발생합니다. 이를 막으려면 건조를 잘 시켜야 합니다.

재미있는 거 하나 알려드릴께요. 저희는 몇 년 전만 해도 문구제품을 생산했었는데 실 끌림으로 애를 먹은 적이 있었습니다. 그러나 해결했습니다. 어떻게 했냐고요? 금형의 sprue를 빼내 노즐과 터치되는 끝단 부위를 방전으로 가른 후 핀을 박아주었더니 감쪽같이 사라지더라고요. 이 방법은 수지 특성에 따라 다르며 ABS나 PP와 같이 주로 무른 재료에 잘 먹혀드는 것 같았습니다. 효과는 만점입니다. 단, 심주 봉 사용은 금물입니다.

2.21 광택 불량

성형품의 표면이 수지 본래의 광택이 나지 않고 흐릿하게 되는 현상이다.

1) Part별 원인 및 대책

(1) 성형조건

① 사출속도가 느리다.
⇨ 사출속도가 느리면 수지와 cavity 면과의 마찰이 덜 돼 광택이 떨어진다. 속도를 빠르게 해서 마찰 효과를 극대화한다.

② 금형온도가 낮다.
⇨ 이 역시 속도를 느리게 했을 때와 같은 맥락이다. 금형이 뜨거워지면 광택이 우수한 성형품을 얻을 수 있다(금형온도가 부분적으로 차이 나면 광택도 부분적으로 차이 나므로 주의한다).

③ 성형온도가 낮다.
⇨ 이 역시 금형온도가 낮을 때와 같은 맥락이며, 열을 높여 유동성을 향상시켜 마찰효과를 극대화하면 효과를 본다.

(2) 금형
① 금형 면 가공 불량 ⇨ 금형 면의 가공이 불량하면 용융수지의 유동이 불량하여 광택도 덩달아 떨어지므로 매끄럽게 가공하는 것이 해결책이다.

② 금형 면의 윤활제나 이형제 ⇨ 금형 면에 윤활제나 이형제가 묻어 있으면 광택이 좋아질 리 만무하다. 깨끗한 보루 등을 사용해서 깨끗이 닦아내면 해결된다.

(3) 수지
① 고점도 수지 ⇨ 고점도 수지는 유동성이 현저히 떨어지므로 마찰에 의한 광택효과를 기대할 수 없다. 성형품의 용도상 지장이 없는 범위 내에서 저점도 수지로 교체하는 것이 해결책이다.

2.22 색상 변화

수지 본래의 색상이 나지 않고 색깔이 바래지는 현상이다.

1) Part별 원인 및 대책
(1) 성형조건
① 열이 지나치게 높고 체류시간이 길다. ⇨ 열이 지나칠 정도로 높고 배럴(barrel, 가열 실린더) 내 체류시간이 길면 색깔이 바래지게 마련이다. 열을 낮추고 체류시간 단축방안을 강구한다.

② 용량이 큰 성형기에 금형을 걸었을 때 ⇨ 용량이 큰 성형기에 금형을 걸면 체류과다로 색상이 바래진다. 적정기종을 선택하는 것이 해결책이다.

> **Note**
> 계량 중 스크루가 잘 후퇴하다가 어느 시점 후퇴를 멈추고 제자리에서 공회전만 거듭하는 걸 볼 수 있는데, 매 쇼트마다 이런 식이면 능률도 떨어지고(색깔도 바래진다), 신경도 여간 쓰이는 게 아니다(본 경우 문제 부위의 온도를 높이거나 낮추면 해결된다(필요시 배압과 screw rpm도 함께 조절)).

(2) 성형품과 사출기 사양과의 관계

① 성형품에 비해 사출기 용량 과대시 ⇨ 수지의 과열 우려가 있고, 가스 생성이 잦으며, 짧은 사출 stroke로 인해 조건 control에 어려움이 따른다.

② 성형품에 비해 사출기 용량 과소시 ⇨ 양 부족으로 인한 미성형이 우려된다.

2.23 색의 얼룩

색상이 균일하게 퍼지지 못하여 얼룩이 지는 현상이다.

① 게이트 주위 얼룩 ⇨ 게이트 주위 얼룩은 착색제 분산불량이 원인이며, 드라이 칼라로 텀블링할 때 미처 부서지지 않은 안료가 주범이다. 덩어리진 안료를 잘게 부숴 텀블링하면 해결 가능하다.

② 성형품 전체적으로 나타나는 얼룩 ⇨ 수지 자체 또는 착색제의 열 안정 결여가 원인이다. 열을 낮추고 체류시간 단축방안을 강구한다.

2.24 가스 얼룩

가스로 인한 축적물로 금형 면이 얼룩지면서 흑갈색으로 변하는 현상이다.

1) Part별 원인 및 대책

(1) 성형조건

① 열분해로 인한 가스, 건조 불충분으로 인한 가스
열이 한계 이상으로 높으면 수지가 분해되면서 가스가 발생한다. 열을 낮추고 체류시간 단축방안을 강구한다. 건조가 불충분해도 가스를 발생시키므로 건조 ⇨ 가스 발생이 많은 수지로는 난연 수지를 들 수 있다.

를 충분히 한다.

(2) 금형

가스가 자주 침식되는 금형은 내식성과 내마모성 재질로 하는 것이 좋으며, 도금을 하는 것도 한 가지 방편이다.

2.25 박리(delamination)

성형품의 표면이 층층으로 벗겨지는('층상 박리'라고 한다) 현상이다.

1) Part별 원인 및 대책

(1) 성형조건

① 수지온도와 금형온도가 극단적으로 낮다.
⇨ 수지온도와 금형온도가 극단적으로 낮으면 성형품의 표면이 층층으로 벗겨지는 층상박리로 나타난다. 수지온도와 금형온도를 높이는 것이 해결책이다.

(2) 수지

① 퍼지 불완전, 이종수지 혼입
⇨ 퍼지가 불완전하거나 이종수지가 혼입되면 응집력 결여로 박리된다. 퍼지를 완전하게 하고 오염된 재료는 가려내거나 여의치 않으면 폐기처분한다.

Q & A

Q 원료는 magnumn 9555 ABS재질입니다(배관 fitting류). 100% virgin을 써야 하는데 제가 잘못해서 80kg 중 PP가 약 5~10%정도 섞인 것 같습니다. 원료를 전량 폐기하는 것이 좋은지 아니면 다른 문제는 없는지. 이런 경험 해보신 분 있으시면 답변 부탁드립니다. 저희 회사에서는 일 년에 한 번 정도 이 재질을 쓰는데 확인하려면 일 년을 기다려야 합니다. 상식적으로, 다른 재질이 섞이면 안 되는 것 아닌가요?

A 다소 불편하긴 하겠지만 비중을 이용해서 ABS와 PP를 분리하는 방법이 있습니다. ABS는 비중이 1.02이고, PP는 0.9이하이기 때문에 물의 비중이 1인 점을 감안하면 물보다 무거운 ABS는 가라앉고 가벼운 PP는 뜹니다. 큰 용기에 물을 채우고 재료를 적당량씩 넣으면서 선별하면 됩니다. 그러나 ABS에 첨가제가 들어갔을 경우 비중이 1이하로 내려가는 수가 있으므로 물에 뜰 수도 있다는 사실을 유념하셔야 합니다.

Q 신뢰성에 관한 질문입니다. 저는 휴대폰 케이스를 제작하는 업체에 근무하는데 한 가지 문제가 있어서 글 올립니다. 저희는 신뢰성 테스트를 합니다. 항목 중에 내화장품이라고 하는 항목이 있습니다. 사출을 한 다음 U.V 코팅을 올립니다. 그것의 표면에 화장품을 바르고 24시간 방치한 후 코팅막이 떨어지는 현상을 test하는 것입니다. 제가 맡고 있는 모델 중 하나가 코팅막과 함께 사출물이 떨어져나가는 현상이 발생하였습니다. 물론 불량이죠. 코팅업체에 문의하니까 사출물과 같이 떨어지는 현상은 사출물 상태와 관계가 있다는 말을 하더군요. 재료는 PC입니다. 수지온도는 대략 300℃ 정도입니다. 저희의 경우 사출은, 다음 공정과 맞물리는 매우 중요한 공정 중 하나입니다. 혹시 경험이 있으시면 상기 테스트를 통과하기 위한 아이디어 좀 알려주십시오.

A 일종의 박리현상 같군요. 박리현상은 cavity 내에서 수지가 유동할 때 발생하는 shear stress(전단응력)와 thermal damage(열에 의한 손상)에 기인합니다. 예전엔 수지 칼라를 blending 하는 경우 착색제의 영향을 받기도 하였으나, 요즘과 같이 수지회사에서 착색 후 입고하는 경우는 극히 드물게 발생합니다. 또한, 건조가 덜 된 상태에서도 발생할 가능성이 있습니다. 즉, shear stress(전단응력)는 빠른 충전 속도로 인하여 skin layer(표피 층)에 유동수지가 빠르게 이동함으로써 발생하고, thermal damage(열에 의한 손상)는 수지가 실린더를 통과할 때 높은 열을 받아서 발생하는 것입니다. 만약 hot runner를 사용하신다면 이 부분의 온도제어의 신뢰성을 확인하십시오. 요즘 삼성전자에서 2cavity hot runner를 많이 채용하고 있으니까요.

정리하면 충전시간을 0.5~0.6초 사이에 끝낼 수 있도록 하고, 실린더와 hot runner의 온도설정 및 제어의 정확도를 점검토록 하십시오. 금형온도는 기존보다 20℃정도 높게 설정하시고, 재료는 신재만 사용하십시오. 건조 상태도 확인하시고 가능하면 제습건조기 사용을 추천 드립니다.

2.26 몰드 마크(mold mark, 금형 상처)

금형 면에 생긴 상처를 말한다. mold mark는 조건으론 해결이 불가능하며, 금형을 수리하는 것이 해결책이다.

2.27 금형 이상 소음

금형이 합쳐질 때 나는 이상 소음이다. 형 폐 시 가이드 핀(guide pin)이 긁히면서 닫히는 소리가 좋은 예로, 가이드 핀이 긁히는 원인은 형 체결이 느슨하여 금형의 상측 또는 하측이 아래로 약간 쳐진 상태에서 억지로 합체되었을 경우와, 성형목적상 상측은 냉각을 시키고 하측은 냉각을 차단하였을 때 열을 받은 하측의 가이드 핀이 팽창되면서 상측의 가이드 부시와 억지로 합체되었을 경우 등이다.

전자(前者)는 금형과 노즐센터를 새로 맞추고 형 체결을 완전히 해주면 해소되고, 후자(後者)는 상, 하측 냉각을 정상적으로 시키거나 냉각방식을 반대로 하면(상측 온수, 하측 냉수) 해소된다.

⇨ 성형목적상 냉각을 차단하고 성형할 경우 가이드 핀의 팽창이 심하면 형 폐가 되지 않는 수가 있으므로 주의한다.

2.28 FRP(fiber reinforced plastics) 성형 시 트러블과 대책

FRP(fiber reinforced plastics)는 플라스틱에 섬유를 집어넣어 강도를 강화시킨 플라스틱(섬유강화 플라스틱이라고 한다)의 총칭이다. 강화플라스틱으로 성형하면 가볍고 단단하고 강한 재질을 가진 성형품을 얻을 수 있다.

⇨ 강화플라스틱은 알루미늄과 같은 강성을 유지하고 선팽창계수 및 성형수축률이 일반수지의 절반정도로 작아 내약품성, 내열성, 내구성, 치수안정성 등이 우수하다. 반면, 유동이 불량하여 표면상태가 좋지 않고 스크루와 실린더 및 금형을 마모시키는 점은 단점이다. 열가소성 수지의 강도와 열적 성질 및 치수안정성을 개량할 목적으로 섬유를 집어넣어 강화한 플라스틱을 특별히 FRTP(fiber reinforced thermo plastics)라 부른다.

강화플라스틱의 종류로는 글라스를 첨가한 것과 탄소섬유를 첨가한 것을 들 수 있는데, 글라스를 첨가한 것을 GFRP(glass fiber reinforced plastic), 탄소섬유를 첨가한 것을 CFRP(carbon fiber reinforced plastic)라 한다. 함유량은 백분율(%)로 나타내며, 함유량이 많을수록 유동성이 떨어져 수지온도와 금형온도를 높이고 압과 속도를 높여 성형해야 한다.

Q & A

현장기고

저희 회사에서는 glass가 함유된 제품을 주로 취급하고 있습니다. 사용수지로는 PET GF 45%, POM GF 15%, PA GF 15%, PC GF 10% 등이 있으며 하도 시행착오를 많이 겪다보니까 어려운 점들을 속속들이 알고 있습니다. 참고하실 수 있도록 주의사항 몇 가지만 나열해보겠습니다.

1) 스크루 실린더 교체주기가 짧다.

glass가 함유되지 않은 수지로 성형하면 스크루 실린더를 몇 년에 한 번 교환할까 말까 하는데 glass가 함유된 수지로 성형하면 짧게는 6개월, 길게는 1년 정도밖에 못 버팁니다. 그래서 glass 작업을 하려면 전용 스크루 실린더를 미리 준비해두시는 게 좋습니다.

2) 휴지 시 퍼지(purge)는 필수

glass가 함유된 수지를 실린더 내에 장시간 체류시키면 바탕재료는 녹아 흘러내리고 glass만 남아 딱딱하게 굳습니다. 이렇게 되면 스크루 실린더를 분해해야 할 경우가 생깁니다. 그래서 휴지시간이 길어질 것 같으면 귀찮더라도 PP나 PE 등으로 퍼지를 해두는 게 좋습니다. glass 함유량이 5~15%정도라면 크게 문제되지 않으나, 저희 회사의 경우 GF 45%이다보니까 퍼지를 우선적으로 실시합니다. 그리고 비교적 높은 열을 사용하기 때문에 화상에도 주의해야 하며, 실린더 내에 생성된 가스압력으로 노즐이 튕겨 나가거나 호퍼가 날아갈 수도 있기 때문에 안전사고에 유의해야 합니다.

3) 분진 주의

scrap을 분쇄하면 분진이 어마어마하게 발생합니다. 분진은 다른 제품에 달라붙어 외관불량을 초래하고, 탄화하여 강도나 외관에 좋지 않은 영향을 끼치며, 금형을 부식시키기도 합니다. 분진을 제거하는 장치로는 정선기라는 것이 있는데 이게 가격이 만만찮습니다.

Q 저희도 PBT GF 30%를 쓰고 있습니다. 그런데 온도를 극단적으로 높이지 않아도 작업에 문제가 없던데요? 재료업체가 어딘지요? 저희는 델파이 듀폰 걸 씁니다만. 온도는 245℃~260℃ 정도로 놓고 작업합니다.

기고자 답변

제가 말씀드린 재료는 PBT GF 30%가 아니라 PET GF 45%입니다. 저희도 그전에 PBT GF 30%를 사용해서 hot runner valve gate로 성형한 적이 있었는데 지금처럼 힘들지는 않았습니다.

Q 저희는 현재 PC에 글라스가 60% 함유된 수지로 사출하는데 처음 시도하는지라 많은 어려움을 겪고 있습니다. 무엇보다 금형온도를 올리는데 어려움이 있고 변형, 수축 등 기존 수지(PC/ABS)와는 확연히 다른, 많은 차이점을 보이고 있습니다. 저희는 핸드폰 케이스를 성형하는 업체로, 제가 직접 사출을 하는 건 아니지만 제가 설계한 제품이다 보니까 신경이 여간 쓰이는 게 아닙니다. 글라스가 들어간 수지에 대한 정보나 사출기법을 알고 계시는 분 있으시면 조언 부탁드립니다. 내일 천 개를 납품해야 되는데 큰 일 났습니다.

A PPS를 성형하시는 것 같군요. 저도 예전에 고생 꽤나 했는데. 금형온도를 필히 올려주셔야 합니다. 단, 수지온도를 확인한 후에 말이죠. PPS는 결정성 수지이기 때문에 완전히 용융시켜야 유동성을 확보할 수 있습니다. 금형온도를 올리는 방법은, 온유기를 사용할 것을 권고 드리고 싶습니다. PPS는 금형온도를 110℃ 이상 올려줘야 하는 관계로 온유기를 사용하지 않으면 안 됩니다.

금형의 코어가 수축률에 맞게 제작되었는지도 확인하셔야 합니다. 일반 PC의 경우 수축률은 6/1000(실제로는 4/1000 정도)입니다. 그러나 PPS의 경우 2/1000이거든요. 이것은 수축이 거의 되지 않는다는 뜻입니다. 이런 결과는 성형품을 취출할 때 문제가 됩니다. 즉, 리브가 조금이라도 있으면 상측에 박히는 현상이 생긴다는 거죠. 만약 sprue가 박히는 날이면 사출 자체가 안 되니 납기를 맞추기가 힘이 들 겁니다. 이형제를 뿌려도 잘 안 빠질 겁니다. 코어 수축률 적용정도를 모델링에서 확인하시는 게 좋을 듯싶습니다. 금형업체에 문의해보십시오. 수축률을 어떻게 적용했는지. 아마 PC에 적응된 분들이 하셨다면 4/1000로 제작되어서 금형자체의 문제로 남을 수 있습니다.

수축률이 잘못 적용된 상태에서 금형이 만들어졌다면 취출을 위해 몇 가지 방편이 있습니다. 내측에 강제로 언더컷을 주던지 부식처리를 해서 강제로 하측에 물리게 하는 방법 등이 그것입니다. 그러면 성형품을 밀 핀으로 밀어낼 때 휘거나 부러지는 현상이 생길 겁니다. 이때, 구배 가능 부위에 래핑을 하시고 이형제를 뿌리도록 하십시오.

성형조건으로는 보압을 낮춰 취출을 좋게 할 수도 있고, 냉각시간을 늘려 완전히 고화된 상태에서 취출하면 백화(白化)를 방지할 수 있습니다. 지금까지 소개한 내용은 임시방편에 불과하며 양산까지 가능하게 하려면 금형수정을 반드시 해야 할 겁니다.

08 부 록

1. 성형 사이클 단축방안
2. 과열 수지 배출작업
3. 퍼지 (purge)
4. 분쇄요령

08 Chapter 부 록

1. 성형 사이클 단축방안

① 형 폐 공정 ⇨ 금형의 구조에 따라 빠르기를 달리하되 금형이 상하지 않는 한, 최대한 빨리 닫는다.

② 사출공정 ⇨ 사출속도가 빨라서 생긴 불량이 아닌 한, 최대한 빠르게 해서 충전시간을 단축한다.

> **Note**
>
> 사출공정에서의 사이클 단축은 두께가 두꺼울 때보다 얇을 때가 효과적이다. 두께가 두꺼우면 수축이 문제될 수밖에 없어 사출시간이 길어질 수밖에는 없으나, 얇으면 수축은 크게 신경 쓰지 않아도 되고 외관만 잡으면 되기 때문이다.

③ 계량공정(냉각시간 포함) ⇨ 마찰에 의한 과열, 분해 및 물성저하가 일어나지 않는 한 스크루 회전은 빠르게 하는 것이 좋으나, 냉각시간이 종료되지 않으면 사이클 단축의 의미가 없으므로 screw rpm과 배압을 조화롭게 컨트롤한다.

④ 형 개 공정 ⇨ 금형과 성형품에 이상이 없는 한, 빨리 연다.

⑤ 이형 공정 ⇨ 금형과 성형품에 이상이 없는 한, 빨리 밀어낸다.

※ 위 ①에서 ⑤까지가 1 cycle이다.

2. 과열 수지 배출작업

가열실린더 내 용융수지는 체류시간이 길어지면 과열되면서 분해된다. 수지가 분해되면 분자구조가 취약해져 제품으로 된다고 하더라도 취약한 제품이 될 수밖에 없다. 이런 이유로, 작업 전에는 반드시 과열수지를 배출시켜내고 작업에 들어가야 한다.

호퍼 하단부에 위치해 있는 원료 투입구는 작업종료 10분 전에 막는 습관을 들이는 것이 좋다. 이렇게 한 후 잔여 수지를 남김없이 성형품으로 소화해내면 깔끔한 원료떨이가 된다.

과열 수지 배출작업을 실시할 때는 주변청결에 각별히 신경 써야 한다. 주변이 깨끗하지 못하면 배출된 수지가 오염되어 재생이 불가할 수 있으므로 청결은 필수다. 배출작업을 할 때도 무작정 배출시키지 말고(재료 로스를 방지하기 위해서는 무작정 배출만 시켜서는 곤란하다), 배출되어 나오는 수지 상태를 봐가며 이상이 없다고 판단되면 성형작업에 돌입한다.

⇨ 과열수지 배출작업을 소홀히 했다가 낭패를 보는 경우는 허다하다. 심하면 수지가 cavity 구석구석에 틀어박혀 애를 먹는다.

⇨ 작업 종료 10분 전 투입구를 막는 습관은 익일 작업 시 승온시간 단축과 수지 과다배출 억제 등 다목적효과가 기대된다.

⇨ 열가소성 수지는 재생해서 재사용할 수 있다는 점이 강점이다. 그러나 단 한 번이라도 실린더를 통과한 재료는 그렇지 않은 재료에 비해 물성이 떨어져 B급 재료로 전락하기 십상! 거기다 분쇄까지 해야 할 상황이고 보면 2차 오염까지 우려된다.

3. 퍼지(purge)

재료 교체나 색상 교체를 위해 가열실린더 내부를 깨끗이 닦아내는 것을 퍼지(purge)라고 한다(과열수지 배출작업도 일종의 퍼지 작업). 퍼지용 재료로는 PP나 PE가 주로 이용된다.

⇨ PP나 PE는 온도범위가 넓어 웬만한 수지는 다 수용 가능하기 때문에 퍼지용 재료로 많이 이용된다(PMMA 분쇄재도 퍼지용 재료로 간혹 사용).

> **Note**
> 퍼지용 재료는 버리는 재료이므로 분쇄재료를 사용하는 것이 좋다.

퍼지 요령은 작업이 끝남과 동시에 잔여 수지를 배출시켜내고 PP나 PE를 투입, 열을 바짝 올린 뒤 계량 속도를 빠르게 하고 배압을 높여 실행한다(이렇게 해도 때가 빠지지 않으면 세정제를 사용해서 닦아낸다).

⇨ 열을 올리면 때가 잘 빠진다. 단, PVC는 예외다. PVC는 작업이 끝남과 동시에 잔여 PVC를 배출시켜내고 곧장 PP나 PE를 투입, 그 상태(PVC 성형온도)에서 퍼지한다. <주>PVC는 약간만 체류해도 쉽게 분해되므로 작업종료와 동시 퍼지를 우선적으로 실시해야 한다.

굳이 PP나 PE로 청소할 필요 없이 원재료끼리 퍼지해도 무방할 때도 있다. 이 경우는 퍼지용 재료인 PP나 PE로 성형하였거나 퍼지용 재료와 타 재료 또는 색상만 다른 동종재료로 교체할 경우이다. 이때는 교체하고자 하는 수지로 퍼지해내고 곧장 성형작업에 돌입하면 된다. 동종재료이나 색상이 다를 경우 예컨대, 전(前) 수지가 교체할 수지보다 어두운 계열의 색상일 때는 퍼지용 재료로 퍼지 하는 것이 좋다. 어두운 계열의 색상은 잘 닦여 나오지 않기 때문에 다소 번거롭더라도 퍼지용 재료를 사용해서 열을 바짝 올려 닦아내는 것이 효과적이기 때문이다. 반면, 교체하고자 하는 수지가 어두운 계열의 색상일 때는 그대로 퍼지해내고 곧장 성형에 돌입하면 된다.

이종수지의 경우, 온도범위만 비슷하면 전(前) 수지를 밀어내고 곧장 성형에 들어가는 경향이 많은데, 퍼지가 잘 되었으면 문제될 게 없으나 그렇지 못하면 PP나 PE로 다시 퍼지를 해야 하는 우(愚)를 범

⇨ 퍼지를 하면 잔여 color 또는 잔여 수지가 노즐 쪽으로 몰리게 되는데, 노즐을 풀어서 깨끗이 태우면 깔끔하게 마무리된다.

하는 수가 있으므로 주의해야 한다.

(1) PVC와 POM

PVC와 POM은 상생할 수 없는 극과 극을 달리는 수지이다. 이런 이유로 PVC작업 후 POM으로 바꿀 때는 퍼지에 각별히 신경을 써야 한다.

⇨ PVC는 약간만 체류해도 분해되어 타버리는 성질이 있고, POM은 분해가 일어나면 유독가스를 내뿜는 아주 고약한 수지다.

POM으로 성형을 한 후 퍼지를 하고 PVC를 밀어 넣으면 애로를 못 느끼나, 반대의 경우라면 사람 잡는다(check valve 내에 타버린 PVC가 잔존하여 POM과 지속적으로 반응함으로써 끊임없이 유독가스를 발산하기 때문). PVC로 작업할 때는 check valve가 없는 스크루를 채용하라는 것도 이런 이유 때문이다.

⇨ 본 경우 check valve 내 잔존 PVC를 완전히 제거시켜야 정상작업이 가능하다.

4. 분쇄요령

분쇄는 스크랩(scrap)을 파쇄해서 성형공정에 재투입하는 공정이다(분쇄는 제2의 성형).

(1) 이종 재료 혼입 금지

분쇄를 할 때 가장 금기시해야 할 사항이다. 이종 재료는 용융온도도 다르고 물성도 달라, 섞이면 낭패를 본다.

⇨ 비록 이종 재료라고는 하나 PP와 PE는 친화력이 있는 수지여서 약간 섞여도 문제가 되지 않는다. 그래서 PP(또는 PE)로 분쇄하다가 PE(또는 PP)로 바꿔 분쇄하더라도 분쇄기 청소를 말끔하게 할 필요 없이 굵은 입자만 걷어내고 가루는 그대로 둬도 된다(동종 재료라 할지라도 원재료 메이커에 따라서는 물성이 조금씩 차이나므로 가루는 둬도 되나, 입자는 걷어내는 것이 좋다).

> **Note**
>
> 글라스가 함유된 스크랩과 바탕재료로만 구성된 스크랩의 분쇄에 있어서는 바탕재료로 구성된 스크랩을 먼저 분쇄하고 글라스가 함유된 스크랩은 나중에 분쇄하는 것이 훨씬 능률적이다. 예를 들면, PA 6과 PA 6 GF 33% 또는 PA 66과 PA 66 GF 35% 분쇄에 있어서 바탕재료인 PA 6과 PA 66을 먼저 분쇄하고 PA 6 GF 33%와 PA 66 GF 35%는 나중에 분쇄하면 분쇄기 청소를 완벽하게 하지 않아도 문제가 되지 않으나, 거꾸로 하면 가루까지 완벽하게 제거해야 글라스 유입을 차단할 수 있어 비능률적이다.
>
> 분쇄를 할 때는 마스크 착용을 습관화하는 것이 좋다.
> 특히 글라스가 함유된 수지는 분진이 다량 발생하므로
> 방진 마스크 착용은 필수다.

(2) color에 따른 분쇄

색상이 바뀔 때마다 분쇄기 청소를 일일이 하지 않으려면 밝은 계열에서 어두운 계열로 분쇄해나가면 좋다.

⇨ 동종 재료이면서 color만 다를 경우 밝은 계열에서 어두운 계열로 분쇄해나가면 분쇄기 청소를 전혀 할 필요 없이 부수기만 하면 된다.

분쇄를 하고 난 후에는 분쇄한 날짜와 분쇄재료 명(名) 및 grade를 포대에 기록해두면 좋다.

■ *일침*

- 사출은 오래했다고 잘하리란 보장은 그 어디도 없다. 얼마를 했느냐가 중요한 것이 아니라 어떻게 했느냐가 중요하기 때문이다.
- 생각하는 기술인 사출은, 어떻게 생각하느냐에 따라 우수한 조건이 탄생될 수도 있고 그렇지 않을 수도 있다. 이는 경력에서 비롯된 것이 아닌 생각의 차이에서 비롯된다는 사실을 각별히 유념해야 할 것이다.

■ 저자 profile

- 1958年 대구 출생
- 대구공고 화공과 卒
- 플라스틱 사출성형 실무경력 30年
- 저서
    - 플라스틱 사출 성형조건 control 법(01년, 기전연구사)
- 강의 및 consulting
    - 한국산업 기술협회
    - 광주대학교 산업인력교육원
    - 대한상공회의소 광주인력개발원
    - 구미 기업주치의 센터
    - (주)GL인재개발원
    - (주)삼성전자 - 수원
    - 기타, 기업체 강의 및 consulting 다수
- 現 : 사출전문 web site
    플라스틱인재닷컴(www.plasticinje.com) 운영

■ 양해의 말씀

이 책 해설을 위해 사출성형기 메이커의 협조를 구하는 과정에서 D사 제어패널(사출·계량·형 개폐·온도(화면) 등)을 다수 인용하게 되었는데, 저자는 D사와 전혀 무관하며 순전히 이 책 해설을 목적으로 인용만 하였다는 사실을 각별히 유념하시기 바랍니다(형평을 고려해서 타사 제어패널도 균등하게 수록할 예정이었으나 협조를 구해본 결과 사정이 여의치 않아 부득이 D사 위주로 수록한 점, 양해 바랍니다).

사출기술 이론과 실제

2013년 7월 12일 제1판제1발행
2025년 8월 12일 제1판제6발행

저 자 이 성 출
발행인 나 영 찬

발행처 **기전연구사**

경기도 하남시 하남대로 947 하남테크노밸리U1센터 B동 1406-1호
전 화 : 02)2235-0791/2238-7744/2234-9703
FAX : 02)2252-4559
등 록 : 1974. 5. 13. 제5-12호

정가 20,000원

◆ 이 책은 기전연구사와 저작권자의 계약에 따라 발행한 것이므로, 본 사의 서면 허락 없이 무단으로 복제, 복사, 전재를 하는 것은 저작권법에 위배됩니다.
ISBN 978-89-336-0786-0
www.kijeonpb.co.kr

불법복사는 지적재산을 훔치는 범죄행위입니다.
저작권법 제97조의 5(권리의 침해죄)에 따라 위반자는 5년 이하의 징역 또는 5천만원 이하의 벌금에 처하거나 이를 병과할 수 있습니다.